网络系统集成

（第2版）

赵立群　范晓莹　主　编

陈　杨　张志才　副主编

清华大学出版社

北　京

内 容 简 介

本书根据网络系统集成的规则与要求,具体介绍了综合布线系统设计与实施、基于交换机的网络互联、基于路由器的网络互联、服务器技术与系统集成、网络系统安全与管理等知识,并通过指导学生实训、实践,加强应用技能培养。

本书知识系统、概念清晰、贴近实际,注重专业技术与实践应用相结合。本书可以作为应用型本科和高职高专计算机应用、网络管理、电子商务等专业的教材,也可以作为广大企事业单位信息化从业人员的职业教育和在职培训教材。

本书封面贴有清华大学出版社防伪标签,无标签者不得销售。

版权所有,侵权必究。举报:010-62782989,beiqinquan@tup.tsinghua.edu.cn。

图书在版编目(CIP)数据

网络系统集成/赵立群,范晓莹主编. —2版. —北京:清华大学出版社,2022.3(2023.1重印)
ISBN 978-7-302-54367-1

Ⅰ.①网… Ⅱ.①赵… ②范… Ⅲ.①计算机网络—网络系统 Ⅳ.①TP393.03

中国版本图书馆 CIP 数据核字(2019)第 263731 号

责任编辑:颜廷芳
封面设计:常雪影
责任校对:刘 静
责任印制:刘海龙

出版发行:清华大学出版社
    网   址:http://www.tup.com.cn,http://www.wqbook.com
    地   址:北京清华大学学研大厦 A 座   邮   编:100084
    社 总 机:010-83470000   邮   购:010-62786544
    投稿与读者服务:010-62776969,c-service@tup.tsinghua.edu.cn
    质量反馈:010-62772015,zhiliang@tup.tsinghua.edu.cn
    课件下载:http://www.tup.com.cn,010-83470410
印 装 者:三河市铭诚印务有限公司
经   销:全国新华书店
开   本:185mm×260mm   印   张:17   字   数:385 千字
版   次:2016 年 9 月第 1 版 2022 年 3 月第 2 版   印   次:2023 年 1 月第 2 次印刷
定   价:49.00 元

产品编号:084984-01

编审委员会

序言

随着微电子技术、计算机技术、网络技术、通信技术、多媒体技术等科技日新月异的飞速发展和普及应用,这些技术不仅有力地促进了各国经济发展、加速了全球经济一体化的进程,而且推动着当今世界迅速跨入信息社会。以计算机为主导的计算机文化,正在深刻地影响着人类社会的经济发展与文明建设;以网络为基础的网络经济,正在全面地改变着传统的社会生活、工作方式和商务模式。当今社会,计算机应用水平、信息化发展速度与程度,已经成为衡量一个国家经济发展和竞争力的重要指标。

目前我国正处于经济快速发展的重要时期,随着经济转型、产业结构调整、传统企业改造,涌现了大批电子商务、新媒体、动漫、艺术设计等新型文化创意产业。而这一切都离不开计算机,都需要网络等现代化信息技术手段的支撑。处于网络时代的今天,很多工作都已经全面实现了计算机化、网络化,计算机应用与各行业紧密结合。当前,面对国际市场的激烈竞争、面对巨大的就业压力,无论是企业还是即将毕业的学生,学习掌握好计算机应用技术已成为求生存、谋发展的关键技能。

国家出台了一系列关于加强计算机应用和推动国民经济信息化进程的文件及规定,启动了电子商务、电子政务等具有深刻含意的重大工程,加速推进国防信息化、金融信息化、财税信息化、企业信息化、教育信息化、社会管理信息化,因而全社会又掀起了新一轮计算机应用的学习热潮,本套教材的出版具有特殊意义。

为了适应我国国民经济信息化发展对计算机应用人才的需要,为了全面贯彻国家教育部关于"加强职业教育"精神和"强化实践实训、突出技能培养"的要求,根据企业用人与就业岗位的真实需要,结合应用型本科和高职高专院校"计算机应用"和"网络管理"等专业的教学计划及课程设置与调整的实际情况,我们组织北京联合大学、陕西理工学院、北方工业大学、华北科技学院、北京财贸职业学院、山东滨州职业学院、山西大学、首钢工学院、包头职业技术学院、广东理工学院、北京城市学院、郑州大学、北京朝阳社区学院、哈尔滨师范大学、黑龙江工商大学、北京石景山社区学院、海南职业学院、北京西城经济科学大学等全国30多所高校的计算机教师和具有丰富实践经验的企业人士共同撰写了此套教材。

本套教材包括计算机基础、操作系统、网络系统集成等12本相关专业的教材。在编写过程中,全体作者注意自觉坚持以科学发展观为统领,严守统一的创新型案例教学格式化设计,采取任务制或项目制写法;注重校企结合、贴近行业企业岗位实际需求,注重实用性技术与应用能力的训练培养,注重实践技能应用与工作背景紧密结合,同时也注重计算机、网络、通信、多媒体等现代化信息技术的新发展,具有集成性、系统性、针对性、实用性、易于实施教学等特点。

本套教材不仅适合作为应用型本科及高职高专院校计算机应用、网络、电子商务等专业学生的学历教育教材,同时也可作为工商、外贸、流通等企事业单位从业人员的职业教育和在职培训教材,对于广大社会自学者也是有益的参考学习读物。

教材编委会主任牟惟仲

2021 年 7 月

前 言

随着计算机技术与网络通信技术的飞速发展,计算机网络应用已经渗透到社会经济的各个领域。网络经济在促进生产、促进外贸、开拓国际市场、拉动就业、支持大学生创业、推动经济发展、改善民生、丰富社会文化生活、构建和谐社会等方面发挥着巨大作用,也在彻底改变着企业的经营管理,因而受到企业的高度重视。

管理信息系统是企事业中计算机应用的灵魂,而网络系统集成则是管理信息系统的重要支撑,也是计算机设施、网络设备、软件技术规划组合的关键技术,并在网络管理信息系统、网站建设中发挥越来越重要的作用。目前我国正处于经济快速发展的重要时期,面对国际 IT 市场的激烈竞争、面对就业的巨大压力,掌握现代化网络系统集成的知识与技能,对于今后的发展都具有特殊意义。

网络系统集成是应用型本科和高职高专计算机网络管理专业的核心课程,也是学生就业、从事相关工作必须掌握的关键知识技能。本书作为高等职业教育计算机网络专业教学的特色教材,注重以学习者应用能力培养为主线,严格按照教育部关于加强职业教育、突出实践技能培养的要求,根据网络系统集成软硬件技术设备的发展,结合专业教学改革的实际需要,循序渐进地进行知识讲解,力求使读者在做中学、在学中做,真正能够利用所学知识解决实际问题。

本书共八章内容,采取任务驱动式、案例教学的写法,根据网络系统集成的操作规则与要求,具体介绍:综合布线系统设计与实施,基于交换机的网络互联,基于路由器的网络互联,服务器技术与系统集成,存储体系中的 DAS、SAN、NAS以及相应环境下的数据传输与读/写技术,网络系统安全与管理等专业基础知识,并通过指导学生实训、实践、加强应用技能培养。

本书融入网络系统集成最新的实践教学理念,力求严谨、注重与时俱进,具有知识系统、概念清晰、贴近实际等特点。本书既可作为应用型本科和高职高专计算机应用、网络管理、电子商务等专业的教材,也可以作为广大企事业信息化从业人员的职业教育与在职培训教材,并为中小企业网站建设及管理者提供有益的学习指导。

本书由李大军统筹策划并具体组织,赵立群和范晓莹担任主编,赵立群统稿,陈杨、张志才担任副主编,由网络系统集成专家刘晓晓教授审定。作者编写分工为牟惟仲(序言)、武静(第 1 章)、翟然(第 2 章)、张志才(第 3 章)、陈杨(第

4章、第8章)、范晓莹(第5章、附录)、赵立群(第6章、第7章)、李晓新(文字修改、制作教学课件)。

在本书编写过程中,我们参阅借鉴了中外有关网络系统集成的最新书刊、网站资料,并得到计算机行业协会及业界专家的具体指导,在此一并致谢。因编者水平有限,书中难免存在疏漏与不足,恳请专家、同行和读者批评、指正。

编　者

2022 年 1 月

目 录

CONTENTS

第 1 章　网络系统集成概述 ······················· 1

1.1　网络系统集成基础 ······························· 1

   1.1.1　网络系统集成概念 ····················· 1

   1.1.2　网络系统集成的体系框架 ··········· 1

1.2　网络系统集成基本过程与分层设计 ······· 4

   1.2.1　基本过程 ································· 4

   1.2.2　网络层次结构设计 ····················· 5

   1.2.3　实际校园网拓扑示例 ················· 8

本章小结 ··· 9

思考与练习 ····································· 9

实践课堂 ··· 9

第 2 章　综合布线系统设计与实施 ··············· 10

2.1　常用传输介质 ································· 10

   2.1.1　双绞线 ································· 10

   2.1.2　光纤 ··································· 14

   2.1.3　无线传输介质 ························· 18

   2.1.4　局域网介质传输标准 ················· 19

2.2　综合布线系统的设计 ······················· 20

   2.2.1　综合布线系统的设计原则 ··········· 20

   2.2.2　综合布线系统设计等级 ············· 22

   2.2.3　综合布线系统设计 ··················· 24

2.3　综合布线系统的施工 ······················· 39

   2.3.1　网络综合布线施工要点 ············· 39

   2.3.2　布线工程管理 ························· 41

   2.3.3　施工过程中的注意事项 ············· 42

   2.3.4　施工结束时的工作 ··················· 43

本章小结 ··· 44

思考与练习 ····································· 44

实践课堂 ··· 44

第 3 章　基于二层交换机的组网 ································ **45**

　3.1　交换机基础 ·· 45

　　3.1.1　二层交换机 ·· 45

　　3.1.2　支持 VLAN 的二层交换机 ······························ 46

　　3.1.3　交换机的连接 ·· 48

　3.2　交换机的基本配置 ·· 50

　　3.2.1　Cisco Packet Tracer 模拟器简介 ······················· 50

　　3.2.2　命令行接口(CLI)简介 ······································ 53

　　3.2.3　访问交换机 ·· 58

　　3.2.4　交换机基本配置命令 ··· 62

　3.3　交换机的高级配置与管理 ·· 64

　　3.3.1　Cisco 发现协议 ·· 64

　　3.3.2　配置与管理交换机接口 ······································ 66

　　3.3.3　虚拟局域网(VLAN) ··· 70

　　3.3.4　生成树协议 ·· 72

　　3.3.5　交换机文件的管理 ·· 74

　3.4　交换机配置实例 ··· 78

　　3.4.1　实例简介 ·· 78

　　3.4.2　实例配置步骤 ·· 78

　本章小结 ·· 82

　思考与练习 ··· 82

　实践课堂 ·· 82

第 4 章　网络互联 ·· **83**

　4.1　常用网络互联设备概述 ·· 83

　　4.1.1　路由器概述 ·· 83

　　4.1.2　三层交换机概述 ·· 84

　　4.1.3　路由器与三层交换机的比较 ································ 85

　　4.1.4　组播简介 ·· 87

　4.2　配置路由器 ··· 90

　　4.2.1　路由器的初始化配置 ·· 90

　　4.2.2　路由器的基本操作与命令模式 ····························· 93

　　4.2.3　路由器的基本配置 ··· 94

　4.3　静态路由的配置 ··· 97

　　4.3.1　直接连接目的网络 ··· 98

　　4.3.2　静态路由的配置 ·· 99

　　4.3.3　默认路由 ··· 101

4.3.4　单臂路由 ·································· 102

4.4　动态路由的配置 ······························ 105

4.4.1　RIP 路由 ······························· 105

4.4.2　OSPF 路由 ···························· 109

4.5　三层交换机配置实例 ·························· 112

本章小结 ··· 119

思考与练习 ······································· 119

实践课堂 ··· 119

第 5 章　服务器技术概述 ························ 121

5.1　服务器概述 ·································· 121

5.1.1　服务器定义 ·························· 121

5.1.2　服务器的硬件 ························ 121

5.1.3　服务器的操作系统 ···················· 126

5.1.4　服务器分类 ·························· 132

5.1.5　选择服务器的重要指标 ················ 135

5.2　提高服务器性能的常用技术 ···················· 137

5.2.1　SMP ·································· 137

5.2.2　NUMA ································ 137

5.2.3　MPP ································· 138

5.2.4　Cluster ······························ 139

5.2.5　刀片服务器 ·························· 140

5.3　实例 ······································· 141

5.3.1　实例一：安装操作系统 ················ 141

5.3.2　实例二：IIS 的安装与配置 ·············· 148

本章小结 ··· 155

思考与练习 ······································· 155

实践课堂 ··· 155

第 6 章　存储系统 ···························· 156

6.1　磁盘阵列技术 ································ 156

6.1.1　SCSI 控制卡 ·························· 156

6.1.2　RAID ································· 160

6.2　SAN ······································· 166

6.2.1　FC SAN ······························ 166

6.2.2　FC SAN 集成案例 ···················· 171

6.2.3　ISCSI ································· 171

6.2.4　IP SAN 与 FC SAN 比较 ··············· 174

6.2.5 IP SAN 应用案例 175

6.3 DAS 与 NAS 180

6.3.1 直接附加存储 180

6.3.2 网络附加存储 180

本章小结 183

思考与练习 183

实践课堂 183

第 7 章　服务器集群与虚拟化技术 184

7.1 服务器集群 184

7.1.1 高可用性计算机集群 185

7.1.2 负载均衡集群 189

7.1.3 高性能计算机集群 194

7.2 Windows 负载均衡群集配置实例 199

7.2.1 实验环境 199

7.2.2 配置网络负载均衡群集 200

7.3 服务器虚拟化技术 207

7.3.1 服务器虚拟化分类 207

7.3.2 服务器虚拟化主要产品 VMware 210

本章小结 219

思考与练习 219

实践课堂 220

第 8 章　网络系统安全和管理 221

8.1 防火墙技术 221

8.1.1 什么是防火墙 221

8.1.2 防火墙的分类 222

8.1.3 防火墙的部署 224

8.1.4 防火墙的设计策略、优缺点与发展趋势 226

8.2 防火墙应用配置实例——锐捷硬件防火墙配置 227

8.3 网络管理 236

8.3.1 网络管理的概念 236

8.3.2 SNMP 概述 237

8.3.3 MIB 237

8.3.4 SNMP 通信模型 239

8.3.5 SNMP 的代理设置 240

8.4 支持 SNMP 网络管理软件 242

8.4.1 网管系统 242

8.4.2 SiteView NNM 功能介绍 ·· 244

本章小结 ··· 253

思考与练习 ··· 253

实践课堂 ··· 254

参考文献 ··· **255**

第 1 章

网络系统集成概述

Chapter 1

➡ **知识技能要求**

　　1. 掌握网络层次结构设计的基本原则和层次设计的要点。

　　2. 掌握网络系统集成的系统架构。

　　3. 运用所学知识,对一个网络进行层次结构分析。

1.1　网络系统集成基础

1.1.1　网络系统集成概念

　　计算机与通信技术发展,使得计算机网络通信技术层出不穷。近年来出现的新技术有全双工式交换以太网、三层交换、异步传输模式(Asynchronous Transfer Mode,ATM)、千兆以太网、虚拟专用网(VPN)、非对称数字用户线路(Asymmetric Digital Subscribe Line,ADSL)、混合网、异构网、宽带远程互联系统等。

　　每一项技术标准的诞生,都会带来大批丰富多样的产品,每个公司的产品都自成系列且在功能和性能上存在差异。这就要求网络的建设者必须熟悉各种网络技术,从客户应用和业务需求入手,充分考虑技术的发展变化,帮助用户分析网络需求,根据用户需求的特点来选择应采用的技术和产品,满足用户需求。

　　网络系统集成是以用户的网络应用需求和投资规模为出发点,综合应用计算机技术和网络通信技术,合理选择各种软件、硬件产品,通过相关技术人员的集成设计、应用开发、安装组建、调试和培训、管理和维护等大量专业性工作,使集成后的网络系统具有良好的性价比,能够满足用户的实际需要,成为稳定可靠的计算机网络系统。

　　计算机网络系统集成有 3 个主要层面,即技术集成、软件和硬件产品集成及应用集成,如图 1-1 所示。

　　系统集成绝不是对各种硬件和软件的堆积,系统集成是一种在系统整合、系统再生产过程中为满足客户需求的增值服务业务,是一种价值再创造的过程。一个优秀的系统集成商不仅关注各个局部的技术服务,更注重整体系统的、全方位的无缝整合与规划。

1.1.2　网络系统集成的体系框架

　　从系统工程的角度,网络系统集成的体系架构如图 1-2 所示。

1. 环境支持平台

　　环境支持平台是指为了保障网络系统安全、可靠、正常运行而必须采取的环境保障措施,主要内容包括机房和电源。

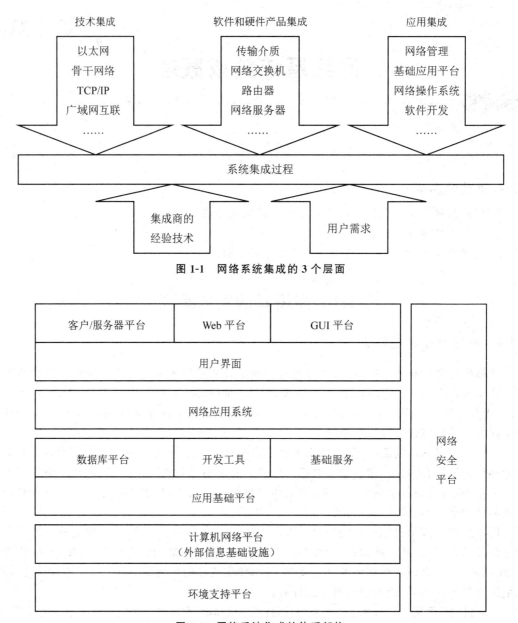

图 1-1 网络系统集成的 3 个层面

图 1-2 网络系统集成的体系架构

机房包括网管中心或信息中心放置网络核心交换机、路由器、服务器等网络要害设备的场所,各建筑物内放置交换机和布线基础设施的设备间、配线间等场所。机房和设备间对温度、湿度、静电、电磁干扰、光线等要求较高,在网络布线施工前要先对机房进行设计、施工、装修。

电源为网络关键设备提供可靠的电力供应。理想的电源系统是 UPS,它有 3 项主要功能,即稳压、备用供电和智能电源管理。有些单位供电电压长期不稳,对网络通信和服务器设备的安全和寿命造成严重威胁,并且会损坏宝贵的业务数据,因而必须配备稳压电源或带整流器和逆变器的 UPS 电源。

由于电力系统故障、电力部门疏忽或其他灾害造成电源掉电,损失有时是无法预料的。配备适用于网络通信设备和服务器接口的智能管理型 UPS,断电时 UPS 会调用一个值守进程,保存数据现场并使设备正常关机。一个良好的电源系统是网络可靠运行的保证。

2. 计算机网络平台

计算机网络平台是网络系统集成的关键点,主要包括以下内容。

网络传输基础设施指以网络连通为目的而铺设的信息通道。根据距离、带宽、电磁环境和地理形态的要求可以是室内综合布线系统、建筑群综合布线系统、城域网主干光缆系统、广域网传输线路系统、微波传输和卫星传输系统等。

网络通信设备指通过网络基础设施连接网络节点的各类设备,包括网络接口卡(NIC)、集线器(HUB)、交换机、三层交换机、路由器、远程访问服务器(RAS)、Modem 设备、中继器、收发器、网桥和网关等。

服务器是组织网络共享核心资源的宿主设备,网络操作系统则是网络资源的管理者和调度员,二者又是构成网络基础应用平台的基础。

网络协议的作用是保证网络中的节点之间正确地传送信息和数据,它要求在数据传输的速率、顺序、数据格式及差错控制等方面有一个约定或规则,并用它来协调不同网络设备间的信息交换。网络中每个不同的层次都有很多种协议,如数据链路层有著名的 CSMA/CD 协议,网络层有 IP 协议集以及 IPX/SPX 协议等。系统集成技术人员只要精通几种主要协议就够了。

3. 应用基础平台

应用基础平台主要包括数据库平台、Internet/Intranet 基础服务、网络管理平台和开发工具。

数据库系统仍然是支撑网络应用的核心。小到人事工资档案管理、财务系统,中到全国联机售票系统,大到集团公司的数据仓库、全国人口普查和气象数据分析,数据库都担当着主要角色。

可以这么说:"哪里有网络,哪里就有数据库。"网络数据库平台由 3 部分组成:RDBMS、SQL 服务程序和数据库工具。目前比较流行的数据库有 Oracle、Sybase、Microsoft SQL Server 系列产品、IBM DB2 等服务器产品。

Internet/Intranet 基础服务是指建立在 TCP/IP 协议基础和 Internet/Intranet 体系基础之上以信息沟通、信息发布、数据交换、信息服务为目的的一组服务程序,包括电子邮件(E-mail)、www(Web)、文件传送(FTP)、域名(DNS)等。这组服务程序投入正常运行就基本标志着网络工程的结束。

网络管理平台根据所采用网络设备的品牌和型号的不同而不同。但大多数都支持 SNMP 协议,建立在 HP Open View 网管平台基础上。为了网管平台的统一管理,所以在组建网络时尽量使用同一家网络厂商的产品。

开发工具是指为建造具体网络应用系统所采用的软件通用开发工具,主要有 3 类:第一类为数据库开发工具,根据具体应用层次又分为通用数据定义工具、数据管理工具和表单定义工具,如 PowerBuilder 和 Jet Form 等;第二类为 Web 平台应用开发工具,包括 HTML/XML 标准文档开发工具(如 Dream Weaver MX)、Java 工具(Java Shop)和 ASP 开发工具(如 Microsoft InterDev)等;第三类为标准开发工具,如 Delphi、Visual Basic、Visual C++ 等。

4. 网络应用系统

网络应用系统是指以网络基础应用平台为基础,为满足建网单位要求,由系统集成商为建网单位开发,或由建网单位自行开发的通用或专用系统。如财务管理系统、ERP-Ⅱ系统、项目管理系统、远程教学系统、股票交易系统、电子商务系统、CAD/CAM 系统和 VOD 视频点播系统等。网络应用系统的建立,表明网络应用已进入成熟阶段。

5. 用户界面

在网络系统中,基础服务程序和网络应用系统程序一般都处于服务器端。用户端的操作界面主要有以下 3 种。

(1) 客户/服务器(C/S)平台界面。应用系统程序分为客户端和服务器端两部分,分别可定义各自的操作系统平台。客户端主要承担界面交互、查询请求和显示结果,服务器端则处理客户端请求并返回结果。每次软件升级都要分别更换(安装)服务器端和客户端,如果客户端工作站数目很多,工作量也会很大。

(2) Web 平台界面。Web 平台界面又称浏览器/服务器(B/S)平台界面。其特点是不管服务器端如何变化,客户端只要安装浏览器就没问题。软件升级时服务器端一次搞定,是将来的发展方向。

(3) 图形用户界面(GUI)。图形用户界面即 Windows 98/2000/XP/Server 2003 系列操作系统下运行的基于窗口的任务界面,与 Windows 单机版没什么区别,仅把服务器端作为文件系统,且 API 调用较多。GUI 与 Windows 98/2000/XP/Server 2003 操作系统捆绑太紧,离开 Windows 便无法运行。

6. 网络安全平台

网络安全贯穿系统集成体系架构的各个层次。网络的互通性和信息资源的开放性都容易被不法分子钻空子,不断增长的网络外联应用增加了更多的安全隐患。作为系统集成商,在网络方案中一定要给用户提供明确的、翔实的解决方案。但同时也得提醒一句:安全和效率永远是最大的矛盾。网络安全的主要内容是防信息泄漏和防黑客入侵,主要措施如下。

(1) 在应用层,通过用户身份认证来授予用户对资源的访问权,其手段是在网络中开通证书服务器,或使用微软的证书服务。安全级别最低。

(2) 在网络层,使用防火墙技术,分割内外网,使用包过滤技术,跟踪和隔离有不良企图者。安全级别中等。

(3) 在数据链路层,使用信道或数据加密传输技术来传送主要信息,但密钥可能被破译。安全级别较高。

(4) 在物理层,实施内外网物理隔离。安全级别最高,但用户都不能连接 Internet。常用于军方的网络。

1.2 网络系统集成基本过程与分层设计

1.2.1 基本过程

网络系统集成实施的具体内容按照每个项目的不同而不同。系统集成的实施步骤如图 1-3 所示。从图中可以看出,网络系统集成以时间为坐标轴,基本可以分为四个阶段:需求分析、总体设计、施工验收、培训与维护。

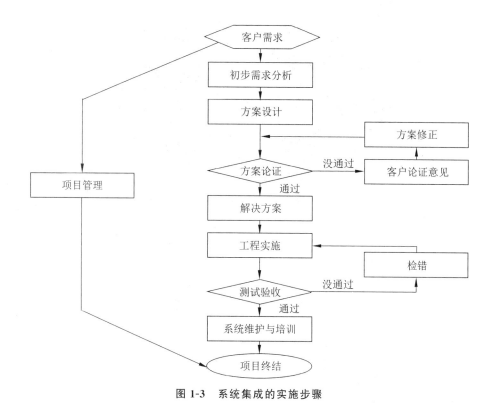

图 1-3 系统集成的实施步骤

（1）需求分析就是了解用户建网需求或用户对原有网络升级改造的要求。网络设计者必须知道网络的应用目标，工程应用范围、网络设计目标和各项网络应用；网络的应用约束需从商业约束和环境约束两方面去分析要求；网络的通信特征主要从通信流量方面去分析要求。

（2）总体设计阶段包含两个主要的过程。第一，逻辑设计，包括网络层次结构设计（核心层、汇聚层、接入层）、IP 地址规划和设计、交换和路由协议选择设计和网络安全策略设计。第二，物理设计，包括布线、机房系统、供电系统等。

（3）施工验收阶段主要包含网络综合布线施工与验收，网络设备和服务器的选型安装调试、整体网络测试与验收、网络安全和管理等。

（4）培训与维护中的培训会针对不同用户，提供不同培训方式和内容。维护的主要任务是提供技术支持的内容、方式、方法，但需提前协商好。

1.2.2 网络层次结构设计

目前，规模相当的局域网设计一般用思科（Cisco）三层结构模型，如图 1-4 所示。这个三层结构模型将网络通信子网的逻辑结构划分为三个层次，即核心层、汇聚层和接入层，每个层次都有其特定的功能。

核心层为网络提供了骨干组件或高速交换组件。在纯粹的分层设计中，核心层只完成数据交换的特殊任务。汇聚层是核心层和终端用户接入层的分界面。汇聚层网络组件完成了数据包处理、过滤、寻址、策略增强和其他数据处理的任务。接入层使终端用户能接入网络，同时优先级设定和带宽交换等优化网络资源的设置也在接入层完成。如图 1-5 和图 1-6 所示，就是按照这种原则设计的基于不同互联设备的网络结构的拓扑图。

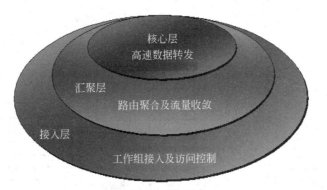

图 1-4　三层结构模型

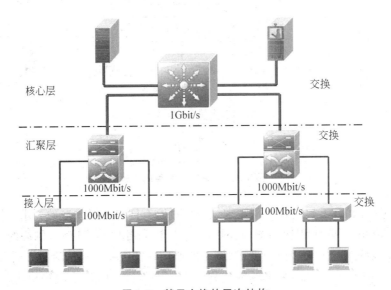

图 1-5　基于交换的层次结构

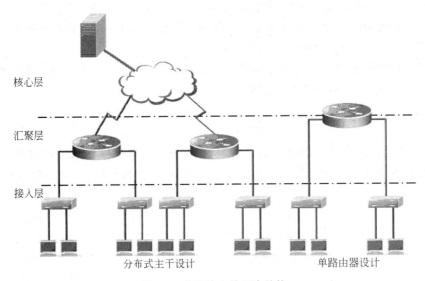

图 1-6　基于路由的层次结构

1. 核心层设计的要点

核心层是网络的高速交换主干,对协调通信至关重要。核心层有以下几个特征。

（1）提供高可靠性。

（2）提供冗余链路。

（3）提供故障隔离。

（4）迅速适应升级。

（5）提供较少的滞后和好的可管理性。

（6）避免由滤波器或其他处理引起的慢包操作。

（7）有有限和一致的直径。

设计中要注意在层次网络里设计约束直径（直径是指使用权路由时,从边界到边界,路由器的跳数）。这可以保证从任一末端站点通过主干到另一末端站点,都将有相同的跳（hop）数；从任一末端站点到主干上的服务器的距离也是一致的。

互联网络的直径限制提供了可预计的性能,也易于进行故障诊断。汇聚层路由器和客户LAN能增加到层次模型中,而不会增加直径,因为二者都不会影响现有的末端站点的通信方式。

2. 汇聚层设计的要点

网络的汇聚层是网络的接入层和核心层之间的分界点。接入层有许多任务,包括以下功能的实现。

（1）策略（例如,要保证从特定网络发送的流量从一个接口转发）。

（2）安全。

（3）部门或工作组及访问。

（4）广播/多播域的定义。

（5）虚拟 LAN（VLAN）之间的路由选择。

（6）介质翻译（例如,在 Ethernet 和令牌环之间）。

（7）在路由选择域之间重分布（redistribution,如在两个不同路由协议之间）。

（8）在静态和动态路由选择协议之间的划分。

3. 接入层设计的要点

接入层为用户提供对网络中的本地网段（segment）的访问。在校园环境里的交换和共享带宽 LAN 体现接入层的特点。

（1）对汇聚层的访问控制和策略进行支持。

（2）建立独立的冲突域。

（3）建立工作组与汇聚层的连接。

4. 层次化网络设计模型的优缺点

层次化网络设计模型具有以下优点。

（1）可扩展性。由于分层设计的网络采用模块化设计,路由器、交换机和其他网络互联设备能在需要时方便地加到网络组件中。

（2）高可用性。冗余、备用路径、优化、协调、过滤和其他网络处理使得层次化具有整体的高可用性。

（3）低时性。由于路由器隔离了广播域，同时存在多个交换和路由选择路径，数据流能快速传送，而且只有非常低的时延。

（4）故障隔离。使用层次化设计易于实现故障隔离。模块设计能通过合理的问题解决和组件分离方法加快故障的排除。

（5）模块化。分层网络的模块化设计让每个组件都能完成互联网络中的特定功能，因而可以增强系统的性能，使网络管理易于实现并提高网络管理的组织能力。

（6）高投资回报。通过系统优化及改变数据交换路径和路由路径，可在分层网络中提高带宽利用率。

（7）网络管理。如果建立的网络高效而完善，则对网络组件的管理更容易实现，这将大大节省雇佣员工和人员培训的费用。

层次化结构设计也有一些缺点，出于对冗余能力的考虑和要采用特殊的交换设备，层次化网络的初次投资要明显高于平面型网络建设的费用。正是由于分层设计的高额投资，认真选择路由协议、网络组件和处理步骤就显得极为重要。

1.2.3　实际校园网拓扑示例

如图 1-7 所示，这是一个很典型的校园网的设计拓扑。核心层的设备采用的是 RG-S6810 或 RG-S6806。汇聚层的设备采用的是 STAR-S3550-24/48。接入层采用 RG-S2126G/S2150G 系列交换机，并采用了堆叠。

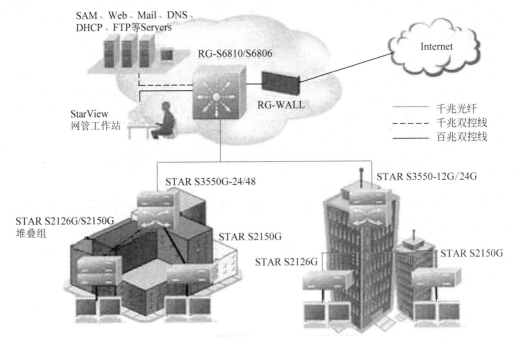

图 1-7　典型校园网拓扑的设计

✿ **本章小结**

本章对网络系统集成的概念、内容、方法和业务流程进行了简要介绍,并简要描述网络系统集成的体系架构,随后对如何实施网络工程全过程进行概要说明。要求学生掌握网络系统集成的概念和步骤。掌握网络系统集成的体系架构,重点掌握网络集成的设计原则,并能进行简单网络设计。

📝 **思考与练习**

1. 什么是系统集成?
2. 网络系统集成的设计原则什么? 在进行设计时应注意什么问题?
3. 网络系统集成的内容有哪些?
4. 画图描述网络系统集成的体系框架。
5. 设计一个中等规模学校的局域网,要求能满足学校的基本教学需要。

🔍 **实践课堂**

运用所学知识,对你熟悉的网络画一张网络拓扑结构图。

第2章

综合布线系统设计与实施

➡ 知识技能要求

1. 掌握常用传输介质的传输特点、连接方法和技术规范。
2. 掌握综合布线的系统组成，了解各子系统的设计和施工要求。
3. 对你熟悉的一个网络，进行布线结构分析，思考为何这样选择传输介质。

2.1 常用传输介质

网络中连接各个通信处理设备的物理媒体称为传输介质，其性能特点对传输速率、成本、抗干扰能力、通信距离、可连接的网络节点数目和数据传输的可靠性等均有重大影响。需要根据不同的通信要求，合理地选择传输介质。

传输介质分为有线介质和无线介质。有线介质包括同轴电缆、双绞线和光纤，无线介质包括无线短波、地面微波、红外线等。下面介绍几种常用的传输介质。

2.1.1 双绞线

双绞线采用了一对互相绝缘的金属导线互相绞合的方式来抵御一部分外界电磁波干扰。把两根绝缘的铜导线按一定密度互相绞在一起，可以降低信号干扰的程度，每一根导线在传输中辐射的电波会被另一根线上发出的电波抵消，双绞线的名字也是由此而来。双绞线一般由两根 22～26 号绝缘铜导线相互缠绕而成，实际使用时，双绞线是由多对双绞线一起包在一个绝缘电缆套管里的。

典型的双绞线有四对的，也有更多对双绞线放在一个电缆套管里的，这些称为双绞线电缆。在双绞线电缆(也称双扭线电缆)内，不同线对具有不同的扭绞长度，一般来说，扭绞长度在 38.1cm～14cm 内，按逆时针方向扭绞。相临线对的扭绞长度在 12.7cm 以上，一般扭线越密其抗干扰能力就越强，与其他传输介质相比，双绞线在传输距离、信道宽度和数据传输速度等方面均受到一定限制，但价格较为低廉。

1. STP 和 UTP

双绞线可分为屏蔽双绞线(STP)和非屏蔽双绞线(UTP)。屏蔽双绞线如图 2-1(a)所示，电缆的外层由铝铂包裹，以减小辐射，但并不能完全消除辐射。屏蔽双绞线价格相对较高，安装时要比非屏蔽双绞线电缆困难。

非屏蔽双绞线如图 2-1(b)所示，无屏蔽外套、直径小、节省空间、重量轻、易弯曲、易安装，可将串扰减至最小或加以消除，具有阻燃性、独立性和灵活性，适用于结构化综合布线。

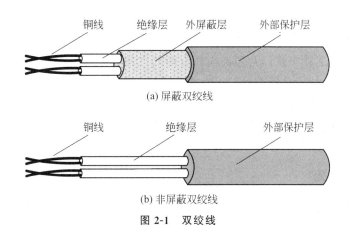

铜线　绝缘层　外屏蔽层　外部保护层

(a) 屏蔽双绞线

铜线　绝缘层　外部保护层

(b) 非屏蔽双绞线

图 2-1　双绞线

2. 双绞线的类型

双绞线规格型号有一类线、二类线、三类线、四类线、五类线、超五类线和最新的六类线。局域网中非屏蔽双绞线分为三类、四类、五类、超五类和六类线五种,屏蔽双绞线分为三类和五类两种。下面简单介绍以上几类双绞线。

1) 一类线

一类线主要用于传输语音(一类标准主要用于 20 世纪 80 年代之前的电话线缆),不用于数据传输。

2) 二类线

二类线是传输频率为 1MHz,用于语音传输和最高传输速率为 4Mbps 的数据传输,常见于使用 4Mbps 规范令牌传递协议的令牌网。

3) 三类线

三类线指目前在 ANSI 和 EIA/TIA 568 标准中指定的电缆,该电缆的传输频率为 16MHz,用于语音传输及最高传输速率为 10Mbps 的数据传输,主要用于 10Base-T 规范。

4) 四类线

四类线电缆内含 4 对线,其传输频率为 20MHz,用于语音传输和最高传输速率为 16Mbps 的数据传输,主要用于基于令牌的局域网和 10Base-T/100Base-T 规范。

5) 五类线

五类线是新建网络或升级到高级以太网最常用的 UTP。该类电缆增加了绕线密度,外套一种高质量的绝缘材料,传输频率为 100MHz,用于语音传输和最高传输速率为 10Mbps 的数据传输,主要用于 100Base-T 和 10Base-T 网络,是最常用的以太网电缆。

6) 超五类线

超五类双绞线属非屏蔽双绞线,与普通五类双绞线比较,超五类双绞线在传送信号时衰减更小,抗干扰能力更强,在 100M 网络中,用户设备的受干扰程度只有普通五类线的 1/4,并且具有更高的衰减串扰比,更小的时延误差,传输性能得到很大提高。

7) 六类线

六类双绞线采用了经过一定比例预先扭绞的十字形塑料骨架,保持电缆结构稳定性的同时降低了线对之间的串扰。六类双绞线单位长度的扭绞密度比超五类更为紧密,使近端串扰和抗干扰性能得到改善。该类电缆的传输频率为 1MHz～250MHz,六类布线系统在 200MHz

时综合衰减串扰比(PS-ACR)有较大的余量,它提供两倍于超五类的带宽。六类布线的传输性能远远高于超五类标准,最适合传输速率高于1Gbps的应用。

六类双绞线改善了在串扰以及回波损耗方面的性能,对于新一代全双工的高速网络应用而言,优良的回波损耗性能是极重要的。六类标准中取消了基本链路模型,布线标准采用星型的拓扑结构,要求的布线距离为永久链路的长度不能超过90m,信道长度不能超过100m。

双绞线按性能和用途分为一类线、二类线、三类线、四类线、五类线和超五类线,以及六类线。类别越高则性能越好,但价格也越贵。

3. 双绞线的连接器

双绞线的连接器最常见的是RJ-11和RJ-45。RJ-11用于连接3对双绞线缆,RJ-45用于连接4对双绞线缆。RJ-45接头俗称水晶头,双绞线的两端都必须安装RJ-45插头,以便插在以太网卡、集线器(Hub)或交换机(Switch)RJ-45接口上。

水晶头质量的好坏主要体现在接触探针上,接触探针是镀铜的,质量差的水晶头容易生锈,造成接触不良,网络不通;其次体现在塑扣位上,塑扣位扣不紧(通常是变形所致),也很容易造成接触不良,网络中断。水晶头虽小,但在网络中却很重要,在许多网络故障中有相当一部分是因为水晶头质量不好而造成的。

4. 双绞线的制作标准

双绞线网线的制作方法非常简单,就是把双绞线的4对8芯导线按一定规则插入水晶头中。插入的规则在布线系统中采用EIA/TIA 568标准,在电缆的一端将8根线与RJ-45水晶头根据连线顺序进行相连,连线顺序是指电缆在水晶头中的排列顺序。EIA/TIA 568标准提供了两种顺序:568A和568B。根据制作网线过程中两端的线序不同,以太网使用的UTP电缆分直通UTP和交叉UTP。

直通UTP即电缆两端的线序标准是一样的,两端都是T568B或都是T568A的标准。而交叉UTP两端的线序标准不一样,一端为T568A,另一端为T568B标准,如图2-2所示。

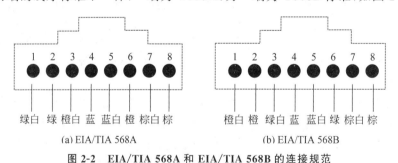

(a) EIA/TIA 568A　　　　　　　　(b) EIA/TIA 568B

图 2-2　EIA/TIA 568A 和 EIA/TIA 568B 的连接规范

5. MDI 接口与 MDI-X 接口

媒体相关接口(Medium Dependent Interface,MDI),也称"上行接口",是集线器或交换机上用来连接到其他网络设备而不需要交叉线缆的接口。MDI接口不交叉传送和接收线路,交叉由连接到终端工作站的常规接口(MDI-X接口)来完成。MDI接口连接其他设备上的MDI-X接口。

交叉媒体相关接口(Medium Dependent Interface Crossed,MDI-X)是网络集线器或交换

机上将进来的传送线路和出去的接收线路交叉的接口,是在网络设备或接口转接器上实施内部交叉功能的 MDI 端口。它意味着由于端口内部实现了信号交叉,某站点的 MDI 接口和该端口间可使用直通电缆。

由以上分析可以看出,MDI 与 MDI 接口互联或 MDI-X 与 MDI-X 接口互联时必须使用交叉线缆才能使发送的管脚与对端接收的管脚对应,而 MDI 与 MDI-X 互联时则必须使用直通线缆才能使发送的管脚与对端接收的管脚对应,如图 2-3 所示。

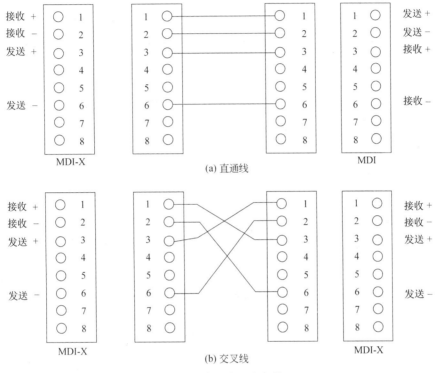

图 2-3 直通线和交叉线

通常集线器和交换机的普通端口一般为 MDI 接口,而集线器和交换机的级联端口,路由器的以太口和网卡的 RJ-45 接口都是 MDI-X 接口。

注:在目前的交换机设备端口实现技术中,大多数厂商都实现了 MDI 及 MDI-X 接口的自动切换,即对于普通用户来讲,使用交换机连接不同设备时,如果交换机的端口类型是 MDI-MDIX 自动协商的,则无须考虑连接所使用的双绞线类型,交换机会按照在端口的哪个管脚接收数据自动进行 MDI 及 MDI-X 的切换。

下面内容是双绞线适用场合的建议,如使用自适应交换机,可不必考虑下述限制。

6. 双绞线的适用场合

在实际的网络环境中,一根双绞线的两端分别连接不同设备时,必须根据标准确定两端的线序,否则将无法连通。通常,在下列情况下,双绞线的两端线序必须一致才可连通,如图 2-4 所示。

(1)主机与交换机的普通端口连接。

(2)交换机与路由器的以太口相连。

(3)集线器的 uplink 口与交换机的普通端口相连。

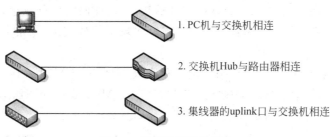

图 2-4   采用直通缆的场合

在下列情况下,双绞线的两端线序必须将一端中的 1 与 3 对调、2 与 6 对调才可连通,如图 2-5 所示。

（1）主机与主机的网卡端口连接。

（2）交换机与交换机的非 uplink 口相连。

（3）路由器的以太口互连。

（4）主机与路由器以太口相连。

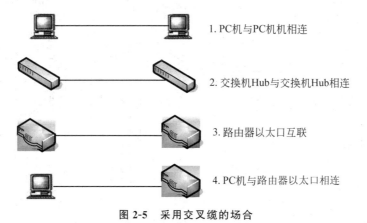

图 2-5   采用交叉缆的场合

7. 双绞线的优缺点

使用双绞线作为传输介质的优越性在于其技术和标准非常成熟,价格低廉,而且安装也相对简单;缺点是双绞线对电磁干扰比较敏感,并且容易被窃听。双绞线目前主要在室内环境中使用。

2.1.2   光纤

1. 光纤的组成

光纤是光缆的纤芯,光纤由裸芯(光纤芯和包层)和涂覆层组成,如图 2-6 所示。最里面的是光纤芯,包层将光纤芯围裹起来,使光纤芯与外界隔离,将光限制在光纤芯中传播。包层的外面涂覆一层很薄的涂覆层,涂覆材料为硅酮树脂或聚氨基甲酸乙酯,涂覆层的外面套塑(或称二次涂覆),套塑的原料大都采用尼龙、聚乙烯或聚丙烯等塑料。光缆通常还包含加强元件和光缆护套等。

1）裸芯

裸芯由光纤芯和包层组成。光纤芯是光的传导部分,而包层的作用是将光封闭在光纤芯

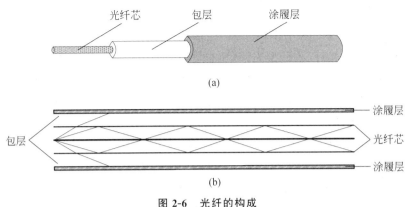

图 2-6 光纤的构成

内。光纤芯和包层的成分都是玻璃,光纤芯的折射率高,包层的折射率低,这样可以把光封闭在光纤芯内。

2)涂覆层

涂覆层是光纤的第一层保护,它的目的是保护光纤的机械强度,是第一层缓冲(Primary Buffer),由一层或几层聚合物构成,厚度约为 $250\mu m$,在光纤的制造过程中就已经涂覆到光纤上。光纤涂覆层在光纤受到外界震动时可以保护光纤的光学性能和物理性能,同时又可以隔离外界水气的侵蚀。

3)缓冲保护层

在涂覆层外面还有一层缓冲保护层,给光纤提供附加保护。在光缆中这层保护分为紧套管缓冲和松套管缓冲两类。紧套管是直接在涂覆层外加的一层塑料缓冲材料,约 $650\mu m$,与涂覆层合在一起,构成一个 $900\mu m$ 的缓冲保护层。松套管缓冲光缆使用塑料套管作为缓冲保护层,套管直径是光纤直径的几倍,在这个大的塑料套管的内部有一根或多根已经有涂覆层保护的光纤。

光纤在套管内可以自由活动,并且通过套管与光缆的其他部分隔离开来。这种结构可以防止因缓冲层收缩或扩张而引起的应力破坏,并且可以充当光缆中的承载元件。

4)光缆加强元件

为保护光缆的机械强度和刚性,光缆通常包含一个或几个加强元件。在光缆被牵引时,加强元件使得光缆有一定的抗拉强度,同时还对光缆有一定支持保护作用。光缆加强元件有芳纶纱、钢丝和纤维玻璃棒三种。

5)光缆护套

光缆护套是光缆的外围部件,它是非金属元件,作用是将其他的光缆部件加固在一起,保护光纤和其他的光缆部件免受损害。

光纤既不受电磁干扰,也不受无线电的干扰,由于可以防止内外的噪声,所以光纤中的信号可以比其他有线传输介质传得更远。由于光纤本身只能传输光信号,为了使光纤能传输电信号,光纤两端必须配有光发射机和光接收机,光发射机完成从电信号到光信号的转换,光接收机则完成从光信号到电信号的转换。光电转换通常采用载波调制方式,光纤中传输的是经过了调制的光信号。

2. 光纤的分类

光纤可以根据光纤横截面上的折射率分布、光纤的传输总模数、工作波长光纤和纤芯直径进行分类。

1) 按照折射率分布不同来分

通常采用的是均匀光纤(阶跃型光纤)和非均匀光纤(渐变型光纤)两种。

(1) 均匀光纤:光纤纤芯的折射率 n_1 和包层的折射率 n_2 都为常数,且 $n_1 > n_2$,在纤芯和包层的交界面处折射率呈阶梯形变化,这种光纤称为均匀光纤,又称阶跃型光纤。

(2) 非均匀光纤:光纤纤芯的折射率 n_1 随着半径的增加而按一定规律减小,到纤芯与包层的交界处为包层的折射率 n_2,即纤芯中折射率的变化呈近似抛物线型。这种光纤称为非均匀光纤,又称渐变型光纤。

2) 按照传输的总模数来分

这里应当先了解光纤的模态,即光波的分布形式。若入射光的模样为圆光斑,射出端仍能观察到圆形光斑,这就是单模传输;若射出端分别为许多小光斑,这就出现了许多杂散的高次模,形成多模传输,称为多模光纤。

单模光纤和多模光纤也可以从纤芯的尺寸大小来简单地判断。

(1) 单模光纤(Single Mode Fiber,SMF):单模光纤的纤芯直径很小,为 $4 \sim 10\mu m$,理论上只传输一种模态。由于单模光纤只传输主模,从而避免了模态色散,使得这种光纤的传输频带很宽,传输容量大,适用于大容量、长距离的光纤通信。单模光纤通常用在工作波长为1310nm 或 1550nm 的激光发射器中。单模光纤是当前研究和应用的重点,也是光纤通信与光波技术发展的必然趋势。在综合布线系统中,常用的单模光纤有 $8.3/125\mu m$ 突变型单模光纤,常用于建筑群之间的布线。

(2) 多模光纤(Multi Mode Fiber,MMF):在一定的工作波长下,当有多个模态在光纤中传输时,则这种光纤称为多模光纤。多模光纤又根据折射率的分布,有均匀的和非均匀的,前者称为多模均匀光纤,后者称为多模非均匀光纤。多模光纤由于芯径和数值孔径比单模光纤大,具有较强的集光能力和抗弯曲能力,特别适合于多接头的短距离应用场合,并且多模光纤的系统费用仅为单模系统费用的 1/4。

多模光纤的纤芯直径一般在 $50 \sim 75\mu m$,包层直径为 $100 \sim 200\mu m$。多模光纤的光源一般采用 LED(发光二极管),工作波长为 850nm 或 1300nm。这种光纤的传输性能差,带宽比较窄,传输容量也较小。在综合布线系统中常用纤芯直径为 $50\mu m$、$62.5\mu m$,包层均为 $125\mu m$,也就是通常所说的 $50\mu m$、$62.5\mu m$。常用于建筑物内干线子系统、水平子系统或建筑群之间的布线。

3) 按波长分类

综合布线所用光纤有三个波长区:850nm 波长区、1310nm 波长区和 1550nm 波长区。

4) 按纤芯直径划分

光纤纤芯直径有三类,光纤的包层直径均为 $125\mu m$。但光纤分为 $62.5\mu m$ 渐变增强型多模光纤、$50\mu m$ 渐变增强型多模光纤和 $8.3\mu m$ 突变型单模光纤。

3. 光纤通信系统

目前在局域网中实现的光纤通信是一种光电混合式的通信结构。通信终端的电信号与光缆中传输的光信号之间要进行光电转换,光电转换通过光电转换器完成,如图 2-7 所示。

在发送端,电信号通过发送器转换为光脉冲在光缆中传输。到了接收端,接收器把光脉冲还原为电信号送到通信终端。由于光信号目前只能单方向传输,所以,目前光纤通信系统通常都用两芯,一芯用于发送信号,另一芯用于接收信号。

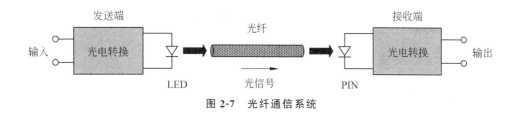

图 2-7 光纤通信系统

4. 光纤连接器

光纤连接部件主要有配线架、端接架、接线盒、光缆信息插座、各种连接器(如 ST、SC、FC 等)以及用于光缆与电缆转换的器件。它们的作用是实现光缆线路的端接、接续、交连和光缆传输系统的管理,从而形成光缆传输系统通道。常用的光纤适配器如图 2-8 所示,常用的光纤连接器如图 2-9 所示。

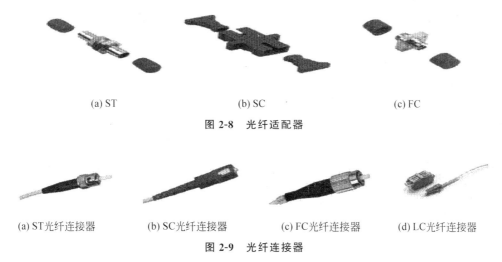

(a) ST   (b) SC   (c) FC

图 2-8 光纤适配器

(a) ST光纤连接器   (b) SC光纤连接器   (c) FC光纤连接器   (d) LC光纤连接器

图 2-9 光纤连接器

5. 与光纤连接的设备

与光纤连接的设备目前主要有光纤收发器、光接口网卡和带光纤接口的交换机等。

1)光纤收发器

光纤收发器是一种光电转换设备,主要用于终端设备本身没有光纤收发器的情况,如普通的交换机和网卡。

2)光接口网卡

有些服务器需要与交换机之间进行高速的光纤连接,这时服务器中的网卡应该具有光纤接口。主要有 Intel、IBM、3COM 和 D-Link 等大公司的产品系列。

3)带光纤接口的交换机

许多中高档的交换机为了满足连接速率与连接距离的需求,一般都带有光纤接口。有些交换机为了适应单模和多模光纤的连接,还将光纤接口与收发器设计成通用接口的光纤模块,根据不同的需要把这些光纤模块插入交换机的扩展插槽中。

6. 光纤通信的特点

（1）通信容量大、传输距离远。

（2）信号串扰小、保密性能好。

（3）抗电磁干扰、传输质量佳。

（4）光纤尺寸小、重量轻、便于敷设和运输。

（5）材料来源丰富、环境保护好。

（6）无辐射、难于窃听。

（7）光缆适应性强、寿命长。

2.1.3　无线传输介质

无线传输介质是利用可以穿越外太空的大气电磁波来传输信号的。由于无线信号不需要物理的媒体，它可以克服线缆限制引起的不便，解决某些布线有困难的区域联网问题。无线传输介质具有不受地理条件限制、建网速度快等特点，目前应用于计算机无线通信的手段主要有无线电短波、超短波、微波、红外线、激光以及卫星通信等。

电磁波是发射天线感应电流而产生的振荡波。这些电磁波在空中传播，最后被感应天线接收。在真空中，所有的电磁波以相同的速度传播，与频率无关，大约为 3×10^8 m/s。电磁波可运载的信息量与它的带宽有关。无线电波、微波、红外线和可见光都可以通过调节振幅、频率或相位来传输信息。紫外线、X 射线和 γ 射线也可以用来传输信息且可以获得更好的效果，但它们难以生成和调制，穿过建筑物的特性不好，且对生物有害。如图 2-10 所示的电磁波的辐射频率。

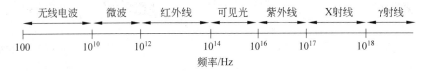

图 2-10　电磁波频率

无线局域网是计算机网络与无线通信技术相结合的产物。从专业角度讲，无线局域网利用了无线多址信道的一种有效方法来支持计算机之间的通信，并为通信的移动化、个性化和多媒体应用提供了可能。

IEEE 802.11 是在 1997 年由局域网以及计算机专家审定通过的标准。IEEE 802.11 规定了无线局域网在 2.4GHz 波段进行操作，这一波段被全球无线电法规实体定义为扩频使用波段。

1. IEEE 802.11

1990 年 IEEE 802 标准化委员会成立 IEEE 802.11 WLAN 标准工作组。IEEE 802.11（别称为 Wi-Fi）是在 1997 年 6 月由局域网以及计算机专家审定通过的标准，该标准定义物理层和媒体访问控制规范。物理层定义了数据传输的信号特征和调制，定义了两个 RF 传输方法和一个红外线传输方法，RF 传输标准是跳频扩频和直接序列扩频，工作在 2.4000～2.4835GHz 频段。

2. IEEE 802.11a

1999 年，IEEE 802.11a 标准制定完成，该标准规定 WLAN 工作频段在 5.15～8.825

GHz,数据传输速率达到 54Mbps/72Mbps(Turbo)。该标准也是 IEEE 802.11 的一个补充,扩充了标准的物理层,采用正交频分复用(OFDM)的独特扩频技术,采用 QFSK 调制方式,可提供 25Mbps 的无线 ATM 接口和 10Mbps 的以太网无线帧结构接口,支持多种业务如话音、数据和图像等,一个扇区可以接入多个用户,每个用户可带多个用户终端。

3. IEEE 802.11b

1999 年 9 月 IEEE 802.11b 被正式批准,该标准规定 WLAN 工作频段在 2.4～2.4835GHz,数据传输速率达到 11Mbps。该标准是对 IEEE 802.11 的一个补充,采用补偿编码键控调制方式,采用点对点模式和基本模式两运作模式,在数据传输速率方面可以根据实际情况在 11Mbps、5.5Mbps、2Mbps、1Mbps 的不同速率间自动切换,它改变了 WLAN 设计状况,扩大了 WLAN 的应用领域。

4. IEEE 802.11g

IEEE 推出的 IEEE 802.11g 认证标准拥有 IEEE 802.11a 的传输速率,安全性较 IEEE 802.11b 好,采用两种调制方式,含 802.11a 中采用的 OFDM 与 IEEE 802.11b 中采用的 CCK,与 802.11a 和 802.11b 兼容。

2.1.4 局域网介质传输标准

局域网介质传输标准,如表 2-1 所示。

表 2-1　局域网介质传输标准

传输速率/(Mb/s)	标　准	最大传输距离	传输介质类型
10	Ethernet	500m	粗缆
	10Base5	500m	粗缆
	10Base2	200m	细缆
	1Base5	250m	UTP
	10Base-T	100m	UTP
	10Base-F	500/200m	光纤
	10Board36	3600m	CATV 电缆
100	100Base-TX	100m	2 对五类 UTP
	100Base-FX	2～40km	1 对多模光纤/1 对单模光纤
	100Base-T4	100m	4 对三类 UTP
	100Base-T2	100m	2 对三类 UTP
1000	1000Base-CX	25m	2 对 STP+9 芯 D 型连接器
	1000Base-LX	550m/3km	1 对多模光纤/单模光纤
	1000Base-SX	275～550m	1 对多模光纤
	1000Base-TX	100m	4 对六类 UTP
	1000Base-T	100m	4 对五类 UTP

2.2　综合布线系统的设计

2.2.1　综合布线系统的设计原则

综合布线系统设计应遵循智能建筑工程的设计原则,即开放式结构、标准化传输媒介和标准化的连接界面。在此基础上,还应考虑综合布线系统本身的一些特点,遵循综合布线系统本身的设计原则和基本步骤。综合布线系统的设计,既要充分考虑所能预见的计算机技术、通信技术和控制技术飞速发展的因素,同时又要考虑政府宏观政策、法规、标准、规范的指导和实施原则。

通过对建筑物结构、系统、服务与管理四个要素的合理优化,使整个设计成为一个功能明确、投资合理、应用高效、扩容方便的实用综合布线系统。具体来说,应遵循兼容性、开放性、灵活性、可靠性、先进性、用户至上等原则。

1. 兼容性原则

综合布线系统是能综合多种数据信息传输于一体的网络传输系统。所谓兼容性指它自身是完全独立的而与应用系统相对无关,可以适用于多种应用系统。综合布线系统综合了语音、数据、图像和监控设备,并将多种终端设备连接到标准的 RJ-45 信息插座内。对不同厂家的语音、数据和图像设备均应兼容,而且使用相同的电缆与配线架,相同的插头和插孔模块。

在过去,为一幢建筑物或一个建筑群内的语音或数据线路布线时,往往采用不同厂家生产的电细线、插座及接头等。例如,用户交换机通常采用对绞线,计算机网络系统采用粗同轴电缆或细同轴电缆。不同设备使用不同的配线材料,而连接这些不同配线的插头、插座及端子板也各不相同,彼此互不兼容。一旦需要改变终端机或电话机位置时,就需敷设新的缆线,以及安装新的插座和接头。

综合布线系统通过统一规划和设计,采用相同的传输媒介、信息插座、交连设备、适配器等,把语音、数据及视频设备的不同信号综合到一套标准的系统中。这种布线较传统布线大为简化,可节约大量的物资、时间和空间。在使用时,用户可不用定义某个工作区信息插座的具体应用,只把某种终端设备(如个人计算机、电话、视频设备等)插入这个信息插座,然后在交接设备上做相应的接线操作,这个终端设备就被接入对应的系统中。

2. 开放性原则

对于传统的布线方式,只要用户选定了某种设备,也就选定了与之相适应的布线方式和传输媒介。如果更换另一种设备,那么原来的布线系统就要全部更换。对于一个已经竣工的建筑物,这种变化是十分困难的,要增加很多投资。

综合布线系统由于采用开放式体系结构,符合多种国际上现行的标准,因此,它几乎对所有著名厂商的产品都是开放的,如计算机设备、交换机设备等,并支持所有通信协议,如 ISO/IEC 11801-2002、ANSI/TIA/EIA 568 等。

在进行综合布线工程设计时,采用模块化设计,便于今后升级扩容。布线系统中除了固定于建筑物中的电缆之外,其余所有接插件全部采用模块标准部件,以便于扩充及重新配置。这样做好处是,当用户因发展需要而改变配线连接时,不会因此影响到整体布线系统。同时,还充分考虑了建筑物内所涉及各部门信息的集成和共享,保证了整个系统的先进性、合理性;总体结构具有可扩展性和兼容性,可以集成不同厂商不同类型的先进产品,使整个系统可随技术的进步和发展,不断得到改进和提高。

3. 灵活性原则

传统的布线方式是封闭的,体系结构相对固定,若要迁移或增加设备相当困难,并且非常麻烦,甚至是不可能的。

综合布线系统中任一信息点应能够很方便地与多种类型设备(如电话、计算机、检测器件及传真机等)进行连接。综合布线系统采用标准的传输细线和相关连接硬件,模块化设计。因此,所有信道都通用。每条信道可支持终端、以太网工作站及令牌环网工作站。所有设备的开通及更改均不需要改变布线,只需增减相应的应用设备以及在配线架上进行必要的跳线管理即可。另外,组网也可灵活多样,甚至在同一房间可有多用户终端、以太网工作站、令牌环网工作站并存,为用户管理数据信息流提供了必要条件。

4. 可靠性原则

传统的布线方式由于各个应用系统互不兼容,因而在一个建筑物中往往有多种布线方案。因此,建筑物系统的可靠性要由所选用的布线可靠性来保证,当各应用系统布线不恰当时,就会造成交叉干扰。

综合布线系统采用高品质的传输媒介和组合压接的方式构成一套标准化的数据传输信道。所有线槽和相关连接件均通过 ISO 认证,每条信道都采用专用仪器测试链路阻抗及衰减,保证了其电气性能。应用系统布线全部采用点到点端接,任何一条链路故障均不影响其他链路的运行,为链路的运行维护及故障检修提供了方便,从而也保障了应用系统的可靠运行。各应用系统往往采用相同的传输媒介,因而可互为备用,提高冗余度。

5. 先进性原则

先进性原则是指在满足用户需求的前提下,充分考虑信息社会迅猛发展的趋势,在技术上适度超前,使设计方案保证将建筑物建成先进的、现代化的智能建筑物。综合布线系统工程应在现在和将来都能够适应企业发展的需要,具备数据、语音和图像通信的功能。所有布线均采用最新通信标准,配线子系统链路均按 8 芯对绞线配置。对于特殊用户的需求可把光纤引到桌面(Fiber to the Desktop,FTTD)。语音干线部分用铜缆,数据部分用光缆,可为同时传输多路实时多媒体信息提供足够的带宽容量。

目前,智能建筑大多采用五类对绞线及以上的综合布线系统,适用于 100Mbps 以太网和155Mbps ATM 网。六类对绞线则适用于 1000Mbps 以太网,并完全具有适应语音、数据、图像和多媒体对传输带宽的要求。在进行综合布线工程设计时,使方案具有适当的先进性。在进行垂直干线布线时,尽量采用 5e 类以上的对绞线或者光纤等适当超前的布线技术。当未来发展需要其他业务时,只改变工作区的相关设备或者改变管理、跳线等易更新部件即可。

6. 用户至上原则

所谓用户至上就是根据用户需要的服务功能进行设计。不同的建筑,入住不同的用户,有着不同的需求;不同的需求,构成了不同的建筑物综合布线系统。因此,应该做到以下几点。

1) 设计思想应当面向功能需求

根据建筑物的用户特点、需求,分析综合布线系统所应具备的功能,结合远期规划进行有针对性的设计。综合布线支持的业务为语音、数据、图像(包括多媒体网络),而监控、保安、对讲、传呼、时钟等系统如有需要也可共用一个综合布线系统。

2) 综合布线系统应当合理定位

信息插座、配线架(箱、柜)的标高及水平配线的设置,在整个建筑物的空间利用中应全面考虑,合理定位,满足发展和扩容需要。关于房屋的尺寸、几何形状、预定用途以及用户意见等均应认真分析,使综合布线系统真正融入建筑物本身,达到和谐统一、美观实用。一般,大部分办公区的信息插座位置应设置于墙体或立柱,便于将来办公区重新划分、装修时就近使用。普通住宅可按房间的功能,对客厅、书房、卧室分别设置语音或数据信息插座。

弱电竖井中综合布线用桥架、楼层水平桥架及入户暗/明装 PVC 管时,需设计空间位置,同时兼顾后期维护的方便性。

3) 经济性

经济性是指在实现先进性、可靠性的前提下,达到功能和经济的优化设计。综合布线比传统布线更加经济,主要原因是综合布线可适应相当长的时间需求;而传统布线改造花费时间多,耽误工作造成的损失无法用金钱计算。

4) 选用标准化产品

综合布线系统要采用标准化产品,特别推荐采用大公司的产品,因为大公司实力雄厚,有好的产品质量和售后服务保证。在一个综合布线系统中一般应采用同一种标准的产品,以便于设计、施工管理和维护,保证系统质量。

总之,综合布线系统的设计应依照国家标准、通信行业标准和推荐性标准,并参考国际标准进行。此外,根据系统总体结构的要求,各个子系统在结构化和标准化基础上,应能代表当今最新技术成就。

在具体进行综合布线系统工程设计时,注意把握好以下几个基本点。

(1) 尽量满足用户的通信需求。

(2) 了解建筑物、楼宇之间的通信环境与条件。

(3) 确定合适的通信网络拓扑结构。

(4) 选取合适的传输媒介。

(5) 以开放式为基准,保持与多数厂家产品、设备的兼容性。

(6) 将系统设计方案和建设费用预算提前告知用户。

2.2.2 综合布线系统设计等级

智能建筑与智能小区综合布线系统的设计等级取决于用户的实际需要。不同的要求可给出不同的设计等级。按照 GB/T 50311—2016 规定,综合布线系统的设计等级可以划分为基本型、增强型、综合型三种标准。

对于建筑与建筑群,应根据实际需要,选择适当配置的综合布线系统。当通信网络使用要求尚未明确时,宜按下列规定配置。

1. 基本型综合布线系统

基本型综合布线系统是一种经济有效的布线方案,适用于综合布线系统中配置标准较低的场合。

1）基本配置

对于基本型设计等级来说，综合布线系统用铜芯对绞线电缆组网，具体要求是：

（1）每个工作区为 8～10m^2；

（2）每个工作区有 1 个信息插座；

（3）每个信息插座的配线电缆为 1 条 4 对 UTP 对绞线电缆；

（4）采用 110A 交叉连接硬件，并与未来的附加设备兼容；

（5）干线电缆的配置：对计算机网络宜按 24 个信息插座配 2 对对绞线，或每一个集成器群配 4 对对绞线；对电话至少每个信息插座配 1 对对绞线。

2）基本特点

多数基本型综合布线系统都能支持语音、数据传输，主要有以下几个特点。

（1）能够支持所有语音和数据传输应用，是一种富有价格竞争力的综合布线方案。

（2）支持语音、综合型语音、数据高速传输。

（3）采用气体放电管式过压保护和能够自复的过流保护，便于技术人员维护、管理。

（4）能够支持众多厂家的产品设备和特殊信息的传输。

一般来说，基本型设计等级比较经济，能有效地支持语音或综合语音、数据产品，并能升级到增强型或综合型布线系统等级。

2. 增强型综合布线系统

增强型综合布线系统设计等级不仅支持语音和数据传输，还支持图像、影像、视频会议等，并且可按需要利用接线板进行管理。增强型适用于综合布线系统中中等配置标准的场合，用铜芯对绞线电缆组网。

1）基本配置

增强型设计等级的具体配置要求如下。

（1）每个工作区为 8～10m^2。

（2）每个工作区有 2 个或 2 个以上的信息插座（语音、数据）。

（3）每个信息插座的配线电缆为 1 条 4 对 UTP 对绞线电缆。

（4）采用 110A 直接式或插接交接硬件。

（5）干线电缆的配置：对计算机网络宜按 24 个信息插座配 2 对对绞线，或每一个集成器或集成器群配 4 对对绞线；对电话至少每个信息插座配 1 对对绞线电缆。

2）基本特点

增强型综合布线系统相较基本型不仅功能有所提升，而且后期使用灵活。它支持语音和数据传输应用，并可按需要利用端子板进行管理。增强型综合布线系统具有以下基本特点：

（1）每个工作区有 2 个信息插座，不仅灵活方便，而且功能齐全。

（2）任何一个信息插座都可提供语音和高速数据传输。

（3）按需要可利用端子板进行管理，可统一色标，便于管理与维护。

（4）是一种能为多个数据设备提供部门环境服务的经济有效的综合布线方案。

（5）采用气体放电管式过压保护和能够自恢复的过流保护。

3. 综合型综合布线系统

综合型综合布线系统适用于配置标准较高的场合，使用光缆和对绞线电缆混合组网。综合型综合布线系统在基本型和增强型综合布线系统的基础上增设光缆系统。

1) 基本配置

综合型设计等级对配置有如下要求。

(1) 每个工作区为 $8\sim10\text{m}^2$。

(2) 以基本配置的信息插座数量作为基础配置,每个工作区有 2 个或 2 个以上信息插座(语音、数据)。

(3) 垂直干线的配置:对于计算机网络,每 48 个信息插座宜配 2 条芯光纤;对电话或部分计算机网络,可选用对绞线电缆,按信息插座所需线对的 25% 配置,或按用户要求进行配置,并考虑适当的备用量;在建筑物、建筑群的干线或配线子系统中配置 $62.5\mu\text{m}$ 的光缆或光纤到桌面。

(4) 当楼层信息点较少时,在规定长度的范围内,可几个楼层合用一个集成器,并合并计算光纤芯数;每一楼层计算所得的光纤芯数还应按光缆的标称容量和实际需要进行选取;在每个工作区的干线电缆中配有 2 条以上的对绞线。

如有用户需要光纤到桌面,光纤可经或不经楼层配线设备(Floor Distributor,FD)直接从建筑物配线设备(Building Distributor,BD)引至桌面,上述光纤芯数不包括 FTTD 的应用在内。

(5) 楼层之间原则上不敷设垂直干线电缆,但在每一层的 FD 可适当预留一些插件,需要时可临时布放合适的缆线。

2) 基本特点

综合型设计等级的主要特点是引入光缆作为传输媒体,能适用于规模较大的智能建筑。具有如下一些特征。

(1) 每个工作区有两个以上信息插座,灵活方便,功能齐全。

(2) 任何一个信息插座都可提供语音和高速数据传输。

(3) 用户可以利用接线板进行管理,便于维护。

(4) 有一个很好的环境,为用户提供服务。

(5) 光缆的管理可以利用光纤连接器。由于光缆的使用,可以提供很高的带宽。其余特点与基本型或增强型相同。

3) 综合布线系统设计等级之间的差异

所有基本型、增强型和综合型综合布线系统都能支持语音/数据传输等业务,能随智能建筑的需要而升级布线系统。但它们之间也存在一定的差异,主要体现在以下两个方面:

(1) 支持语音和数据传输业务所采用的方式不同。

(2) 在移动和重新布局时,实施线路管理的灵活性有所不同。

在综合布线系统工程中,可根据用户的具体情况,灵活掌握,基本型设计等级目前已淘汰,当前流行的设计方式为增强型综合布线系统设计等级。

2.2.3 综合布线系统设计

综合布线系统应能支持电话、数据、图文、图像等多媒体业务的需要。综合布线系统宜按工作区子系统、配线子系统、干线子系统、设备间子系统、管理子系统和建筑群子系统 6 个部分进行设计。

综合布线系统设计应采用开放式星形拓扑结构。该结构下的每个分支于系统都是相对独立的单元,对每个分支单元系统改动不会影响其他子系统。只要改变结点连接就可在网络的星形、总线、环形等各种类型网络之间进行转换。综合布线系统的开放式星形拓扑结构能支持当前普遍采用的各种局域网络:主要有星形网(Star)、局域/广域网(LAN/WAN)、令牌网(Token Ring)、以太网(Ethernet)、光缆分布式数据接口(FDDI)等。

1. 工作区子系统的设计

在设计工作区子系统时,重要的是在理解工作区的概念和划分原则的基础上,熟悉工作区子系统的设计要点、设计步骤、适配器的选用原则,掌握信息插座与连接器的连接技术。

1) 工作区的划分原则

通常把一个独立的需要设置终端设备的区域划分为一个工作区。一个工作区的服务面积可按 $5\sim10m^2$ 估算设置,或按不同的应用场合调整面积的大小。

2) 工作区子系统设计要点

根据用户需求,在设计时一般将工作区子系统分为语音、数据和多媒体三类。工作区系统设计要考虑以下几点。

(1) 工作区内线槽的敷设要合理、美观。

(2) 信息插座设计在距离地面 30cm 以上。

(3) 信息插座与计算机设备的距离保持在 5m 范围内;注意考虑工作区电缆、跳线和设备连接线长度总共不超过 10m。

(4) 网卡接口类型要与缆线接口类型保持一致。

(5) 估算所有工作区所需要的信息模块、信息插座、面板的数量要准确。

凡未确定用户需要和尚未对具体系统做出承诺时,建议在每个工作区安装两个 I/O。这样,在设备间或配线间的交叉连接场区不仅可灵活地进行系统配置,而且容易管理。

虽然适配器和其他设备可用在一种允许安排公共接口的 I/O 环境之中,但在做出设计承诺之前,需仔细考虑将要集成的设备类型和传输信号类型。在做出上述决定时要考虑以下三个因素。

(1) 每种设计方案在经济上的最佳折中。

(2) 一些比较难以预测的系统管理因素。

(3) 在布线系统寿命期间移动和重新布置所产生的影响。

3) 工作区子系统设计步骤

具体设计工作区子系统时,可按以下三步进行。

(1) 确定工作区大小。根据楼层平面图计算每层楼布线面积,大致估算出每个楼层的工作区大小,再把所有楼层的工作区面积累加,计算出整个大楼的工作区面积。

(2) 设计平面图供用户选择。一般应设计两种平面图供用户选择:一种为基本型设计出每 $9m^2$ 一个信息引出插座的平面图;另一种为增强型或综合型设计出两个信息引出插座的平面图。

(3) 确定信息点类型和数量。根据用户的投资性质划分工作区的具体信息点,按基本型(满足基本需求)、增强型(比基本型有一个大的提高)或者综合型(在增强型基础上的提升,可能考虑光纤到桌面),确定信息点类型和数量。

4) 确定信息点、信息插座的类型及数量

信息插座是终端(工作站)与配线子系统连接的接口。综合布线系统可采用不同类型的信息插座和信息插头,最常用的是 RJ-45 连接器。每个工作区至少要配置一个插座盒。对于难以再增加插座盒的工作区,至少要安装两个分离的插座盒。

综合布线系统的信息插座大致可分为嵌入式安装插座、表面安装插座、多传输媒体信息插座三类。

(1) 确定信息插座类型和数量的原则。第一,根据已掌握的用户需要,确定信息插座的类别;第二,根据建筑平面图计算实际可用的空间,依据空间的大小确定 I/O 插座的数量;第三,根据实际情况,确定 I/O 插座的类型。通常新建筑物采用嵌入式 I/O 插座;对已有的建筑物采用表面安装式 I/O 插座。

(2) 确定信息点的原则。一般,对于一个办公区内的每个办公点可配置 2～3 个信息点。此外,还应为此办公区配置 3～5 个专用信息点用于工作组服务器、网络打印机、传真机、视频会议等。若此办公区为商务应用,信息点的带宽为 10Mbps 或 100Mbps 可满足要求;若此办公区为技术开发应用,则每个信息点应为交换式 100Mbps 或 1000Mbps,甚至是光纤信息点。

(3) 估算 I/O 插座和信息模块数量的方法。一般来说,RJ-45 连接器的总需求数量 m 为信息点总量 n 的 4 倍并附加 15% 的富余量,计算公式为

$$m = 4n(1 + 15\%)$$

信息模块的总需求数量 m 为信息点总量 n 并附加 3% 的冗余量,计算公式为

$$m = n(1 + 3\%)$$

5) 信息插座连接要求

工作区的终端设备(如电话机、传真机、计算机)可用五类对绞线直接与工作区内的每一个信息插座相连接,或用适配器(如 ISDN 终端设备)、平衡/非平面转换器进行转换连接到信息插座上。因此,工作区布线要求相对简单,以便于移动、添加和变更设备。

工作区的每个信息插座都应该支持电话机、数据终端、计算机及监视器等终端设备。同时,为了便于管理和识别,有些厂家的信息插座做成多种颜色:黑、白、红、蓝、绿、黄,这些颜色的设置应符合 ANSI/TIA/EIA 606 标准。

信息插座与连接器的接法:对于 RJ-45 连接器与 RJ-45 信息插座,与 4 对对绞线的接法主要有两种,一种是 ANSI/TIA/EIA 568-A 标准;另一种是 ANSI/TIA/EIA 568-B 标准。通常采用 ANSI/TIA/EIA 568-B 标准。

信息插座的一般连接技术为:在终端(工作站)一端,将带有 8 针的 RJ-45 连接器插入网卡;在信息插座一端,跳线的 RJ-45 连接器连接到插座上。在配线子系统一端,将 4 对对绞线电线连接到插座上。每个 4 对对绞线电缆都终接在工作区的一个 8 针(脚)的模块化插座(插头)上。

2. 配线子系统的设计

配线子系统主要是实现工作区的信息插座与管理子系统,即中间配线架(Intermediate Distributor Frame,IDF)之间的连接。配线子系统宜采用星形拓扑结构。配线子系统的设计包括配线子系统的传输媒体与部件集成。

设计配线子系统时,在理解配线子系统的组成、熟悉设计要点的基础上,重要的是熟悉信息插座、配线架和细线管理器的选用,正确选择传输媒介,确定配线子系统的布线方案。

1) 配线子系统设计要点

配线子系统设计涉及配线子系统的传输媒体和部件集成,设计要点主要有:

（1）根据工程环境条件，确定缆线走向；

（2）确定缆线、线槽、管线的数量和类型，以及相应的吊杆、托架等；

（3）确定缆线的类型和长度，以及每楼层需要安装信息插座的数量及其位置；

（4）当语音点、数据点需要互换时，设计所用缆线类型。

2）缆线的选购

（1）缆线的选用。配线子系统缆线的选择，要根据建筑物内具体信息点的类型、容量、带宽和传输速率来确定。一般情况下，可选用普通的铜芯对绞线电缆，必要时应选用阻燃、低烟、低毒等电缆；在需要时也可采用光缆。在配线子系统中，通常采用的电缆有以下 4 种。

① 100Ω 非屏蔽对绞线（UTP）电缆。

② 100Ω 屏蔽对绞线（STP）电缆。

③ 50Ω 同轴电缆。

④ 62.5/125μm 光纤光缆。

在配线子系统中推荐采用 100Ω 非屏蔽对绞线（UTP）电缆，或 62.5/125μm 多模光纤光缆。设计时可根据用户对带宽的要求选择。

对于语音信息点可采用三类对绞线。对于数据信息点可采用 5e 类对绞线或六类线；对于电磁干扰严重的场合可采用屏蔽对绞线。但从系统的兼容性和信息点的灵活互换性角度出发，建议配线子系统宜采用同一种布线材料。一般 5e 类对绞线可以支持 100Mbps、155Mbps 与 622Mbps ATM 数据传输，既可传输语音、数据，又可传输多媒体及视频会议数据信息等。如对带宽有更高要求可考虑选用超六类、七类或者光缆。

（2）电缆长度的计算。在订购电线时应考虑布线方式和走向，以及各信息点到交接间的接线距离等因素。一般可按下列步骤计算电缆长度。

① 确定布线方法和缆线走向。

② 确定交接间所管理的区域，确定离交接间最远信息插座的距离（L）和离交接间最近的信息插座的距离（S），计算平均电缆长度。

平均电缆长度 = $(L+S)/2$

电缆平均布线长度 = 平均电缆长度 + 备用部分（平均电缆长度的 10%）

　　　　　　　　+ 端接平均电缆长度容差（取 6m）

每个楼层用线量的计算公式为

$$C = [0.55 \times (F+N)+6] \times n$$

式中，C 为每个楼层的用线量；F 为最远信息插座离交接间的距离；N 为最近的信息插座离交接间的距离；n 为每楼层信息插座的数量。

则整座楼的用线量为

$$W = \sum C$$

配线子系统应根据整个综合布线系统的要求，在交接间或设备间的配线设备上进行连接。配线设备交叉连接的跳线应选用综合布线专用的插接软跳线，对于电话也可选用双芯跳线。配线子系统的对绞线电缆或光缆长度不应超过 90m。在能保证链路性能时，水平光缆距离可适当加长。信息插座应采用 8 位模块式通用插座或光缆插座。1 条 4 对对绞线电缆应全部固定终接在 1 个信息插座上。

3）配线子系统布线方式

配线子系统布线是将电缆线从管理子系统的交接处接到每一楼层工作区的信息 I/O 插

座上。设计者要根据建筑物的结构特点，从路由最短、造价最低、施工方便、布线规范等几个方向综合考虑。一般有以下几种常用布线方案可供选择。

(1) 吊顶槽型电缆桥架方式。吊顶槽型电缆桥架方式适用于大型建筑物或布线系统比较复杂而需要有额外支撑物的场合。为水平干线电缆提供机械保护和支持的装配式轻型槽型电缆桥架，是一种闭合式金属桥架，安装在吊顶内，从弱电竖井引向设有信息点的房间，再由预埋在墙内的不同规格的铁管或高强度的 PVC 管，将线路引到墙壁上的暗装铁盒内，最后端接在用户的信息插座上。

综合布线系统的配线电缆布线是放射型，线路量大，因此线槽容量的计算很重要。按标准线槽设计方法，应根据配线电线的直径来确定线槽容量，即线槽的横截面积＝配线线路横截面积×3。

线槽的材料为冷轧合金板，表面可进行相应处理，如镀锌、喷塑、烤漆等，可以根据情况选用不同规格的线槽。为保证线缆的转弯半径，线槽需配以相应规格的分支配件，以提供线路路由的灵活转弯。

为确保线路的安全，应使槽体有良好的接地端，金属线槽、金属软管、金属桥架及分配线机柜均需整体连接再接地。如不能确定信息出口准确位置，拉线时可先将缆线盘在吊顶内的出线口，待具体位置确定后，再引到信息点出口。

(2) 地面线槽方式。地面线槽方式适于大开间的办公间或需要打隔断的场合，以及地面型信息出口密集的情况。建议先在地面垫层中预埋金属线槽或线槽地板。主干槽从弱电竖井引出，沿走廊引向设有信息点的各个房间，再用支架槽引向房间内的信息点出口。强电线路可以与弱电线路平行配置，但需分隔于不同的线槽内。这样可以向每一个用户提供一个包括数据、语音、不间断电源、照明电源出口的集成面板，真正做到在一个整洁的环境中，实现办公自动化。

由于地面垫层中可能会有消防等其他系统线路，所以需要由建筑设计单位根据管线设计人员提出要求，综合各系统的实际情况，才能完成地面线槽路由部分的设计。线槽容量的计算应根据配线电缆的外径来确定，即

$$线槽的横截面积＝配线线路横截面积×3$$

地面线槽方式就是将长方形的线槽钉在地面垫层中，每隔 4～8m 拉一个过线盒或出线盒（在支路上出线盒起分线盒的作用），直到信息点出口的出线盒。地面线槽有 70 型和 50 型两种规格：70 型外形尺寸 70mm×25mm（宽×厚），有效截面 1470mm²，占空比取 30%，可穿插24 根对绞线（三、五类线混用）。50 型外形尺寸 50mm×25mm（宽×厚），有效截面 960mm²，可穿插 15 根对绞线。分线盒与过线盒均由两槽或三槽分线盒拼接。

(3) 直接埋管线槽方式。直接埋管线槽由一系列密封在地板现浇混凝土中的金属布线管道或金属线槽组成。这些金属布线管道或金属线槽从交接间向信息插座的位置辐射。根据通信和电源布线要求、地板厚度和地板空间占用等条件，直接埋管线槽布线方式应采用厚壁镀锌管或薄型电线管。这种方式在传统专属布线设计中被广泛采用。

配线子系统电缆宜采用电缆桥架或地面线槽敷设方式。当电缆在地板下布放时，根据环境条件可选用地板下线槽布线、网络地板布线、高架（活动）地板布线、地板下管道布线等方式。

3. 干线子系统的设计

干线子系统提供建筑物主干缆线的路由，实现主配线架与中间配线架、计算机、PBX、控制

中心与各管理子系统之间的连接。干线子系统的设计需既满足当前的需要,又适应今后的发展。

综合布线系统中的干线子系统虽然又称垂直子系统,但并非一定是垂直布放的。例如,单层平面宽阔的大型厂房,干线子系统的缆线就可平面布放,它同样提供连接各交接间的功能;而在大型建筑物中,干线子系统的缆线可以由两级甚至更多级组成(一般不多于三级)。在设计干线子系统时,重要的是掌握干线子系统设计原则、设计步骤和布线方式。

1) 干线子系统的设计原则

干线子系统的任务是通过建筑物内部的传输缆线,把交接间的信号传送到设备间,直至传送到外部网络。干线子系统的设计一般应遵循以下基本原则。

(1) 干线子系统应为星形拓扑结构。

(2) 干线子系统应选择干线缆线较短,安全和经济的布线路由;宜选择带门的封闭型综合布线专用的通道,也可与弱电竖井合并共用。

(3) 从楼层配线架(FD)开始,到建筑群总配线架(CD)之间,最多只能有大楼总配线架(BD)一级交叉连接。

(4) 干线缆线宜采用点对点端接,也可采用分支递减端接,以及电缆直接连接的方法;从楼层配线架(FD)到大楼总配线架(BD)之间的距离最长不能超过500m。

(5) 语音和数据干线缆线应该分开。如果设备间与计算机房和交换机房处于不同地点,而且需要把语音电缆连至设备间,把数据电缆连至计算机房,则宜在设计中选取不同的干线电缆或干线电缆的不同部分来分别满足语音和数据传输需要。必要时,也可采用光缆传输系统予以满足。

(6) 干线子系统在系统设计施工时,应预留一定的缆线作为冗余。这一点对于综合布线系统的可扩展性和可靠性来说十分重要。

(7) 干线缆线线不应布放在电梯、供水、供气、供暖等竖井中;两端点要标号;室外部分要加套管,严禁搭接在树干上。

2) 干线子系统的设计步骤

通常干线子系统可按如下步骤设计。

(1) 根据干线子系统的星形拓扑结构,确定从楼层到设备间的干线电缆路由。

(2) 绘制干线路出图。采用标准图形与符号绘制干线子系统的缆线路由图,图纸应清晰、整洁。

(3) 确定干线交接间缆线的连接方法。

(4) 确定干线缆线类别和数量。干线缆线的长度可用比例尺在图纸上实际测量获得,也可用等差数列计算得出。注意每段干线缆线长度要有冗余(约10%)和端接容差。

(5) 确定敷设干线缆线的支撑结构。

3) 干线子系统的布线方式

在一座建筑物内,干线子系统垂直通道有电缆孔、电缆竖井、管道等方式可供选择;一般宜采用电缆竖井方式。水平通道可选择预埋暗管或电缆桥架方式。

(1) 电缆孔方式。垂直干线通道中所用的电缆孔是很短的管道,通常用直径为10cm的刚性金属管做成。它们嵌在混凝土地板中,这是在浇注混凝土地板时嵌入的,比地板表面高出2.5~10cm。电缆往往捆扎在钢丝绳上,而钢丝绳又固定到墙上已经铆好的金属条上。当交接间上下能对齐时,一般采用电缆孔方式布线。

(2) 电缆竖井方式。电缆竖井方式常用于垂直干线通道,也就是常说的竖井。电缆竖井是指在每层楼板上开掘一些方孔。使干线电缆可以穿过这些电缆竖井并从某层楼伸展到相邻的楼层。电缆竖井的大小依据所用电缆的数量而定。与电缆孔方式一样,电缆也是捆扎或箍在支撑用的钢丝绳上,钢丝绳靠墙上金属条或地板三脚架固定住。电缆竖井有非常灵活的选择性,可以让粗细不同的各种干线电缆以多种组合方式通过。

在多层建筑物中,经常需要使用干线电缆的横向通道才能从设备间连接到垂直干线通道,以及在各个楼层上从二级交接间连接到任何一个交接间。需注意,横向布线需要寻找一个易于安装的方便通道,因为在两个端点之间可能会有多条直线通道。在配线子系统、干线子系统布线时,要注意考虑数据线、语音线及其他弱电系统管槽的共享问题。

干线电缆可采用点对点端接,也可采用分支递减端接及电缆直接连接的方法。

4. 设备间子系统的设计

设备间子系统把设备间的电缆、连接器和相关支撑硬件等各种公用系统设备互连起来,因此也是线路管理的集中点。对于综合布线系统,设备间主要安装建筑物配线设备(BD)、电话、计算机等设备,引入设备也可以合装在一起。

设备间子系统通常至少应具有如下 3 个功能:①提供网络管理的场所;②提供设备进线的场所;③提供管理人员值班的场所。

设计设备间子系统时,在熟悉设备间子系统设计原则前提下,重要的是合理规划设备间的规模与设置,以及如何满足环境条件要求,掌握设备间子系统的设计步骤等。

1) 设备间子系统的设计原则

设计设备间子系统时应该坚持以下原则。

(1) 按照最近与操作便利性原则,设备间位置及大小应根据设备数量、规模、最佳网络中心等因素综合考虑确定。

(2) 主交接间面积、净高选取原则。

(3) 按地原则。

(4) 色标原则,设备间内所有总配线设备应用色标区别各类用选的配线区。

(5) 建筑物的综合布线系统与外部通信网连接时,应遵循相应的接口标准,预留安装相应接入设备的位置。

2) 设备间的空间规划与设置

一般情况下,设备间的主要功能是为所安装的设备提供一种管理环境,但设备间也可以设置类似于全部楼层交接间的功能。设备间是安装电缆、连接硬件、保护装置和连接建筑设施与外部设施的主要场所。这一概念的根本目的是保证无论什么功能、不管安装在什么样的空间内,都能保持各种布线功能的独立性,并区别于另一种功能,而且为每一种功能提供充分的安装维护空间。

在规划设计设备间时,无论是在建筑设计阶段,还是承租人入住或已被使用,都应划出恰当的地面空间,供设备间使用。一个拥挤狭小的设备间不仅不利于设备的安装调试,而且也不利于设备的管理和维护。

(1) 设备间的面积。设置专用设备间的目的是扩展通信设备的容量和空间,以容纳 LAN、数据和视频网络硬件等设施。设备间不仅是放置设备的地方,而且是一个为工作人员提供管理操作的地方,其使用面积要满足现在与未来的需要。那么,空间尺寸应该如何确定呢？在理想情况下，应该明确计划安装的实际设备数量及相应房间的大小。设备间的使用面积可按照下述两种方法确定。

① 通信网络设备已经确定。当通信网络设备已选型时，可按如下公式计算：

$$A = K \cdot \sum S_b$$

式中，A 为设备间的使用面积，单位为 m^2；S_b 为与综合布线系统有关的并在设备间平面布置图中占有位置的设备投影面积；K 为系数，取值为 5～7。

② 通信网络设备尚未定型。当设备尚未选型时，可按如下公式计算：

$$A = KN$$

式中，A 为设备间的使用面积，单位为 m^2；N 为设备间中的所有设备台（架）总数；K 为系数，取值 4.5～5.5 m^2/台（架）。

通常设备间最小使用面积不得小于 $10m^2$（为安装配线架所需的面积）。设备间中其他设备距机架或机柜前后与设备通道面板应留 1m 净宽。如果设备和布局未确定，建议每 $10m^2$ 的工作区提供 $0.1m^2$ 的地面空间。一般规定以最小尺寸 $14m^2$ 为基准，然后根据场地水平布线链路计划密度适当增加。

(2) 建筑结构。设备间的净高一般为 2.5～3.2m。设备间门的最小尺寸为 2.1m×0.9m，以便于大型设备的搬迁。设备间的楼板载荷一般分为两级：A 级，楼板载荷≥$5kN/m^2$；B 级，楼板载荷≥$3kN/m^2$。

3）设备间环境条件要求

设计设备间子系统时，要认真考虑设备间的环境条件。

(1) 温度和湿度。根据综合布线系统有关设备对温度、湿度的要求，可将温湿度划分为 A、B、C 三级，如表 2-2 所示。常用的微电子设备能连续进行工作的正常范围：温度 10～30℃，湿度 20%～80%。超出这个范围，将使设备性能下降，甚至减短寿命。

表 2-2　设备间温度和温度级别

级别 指标 项目	A 级		B 级	C 级
	夏 季	冬 季		
温度/℃	22±4	18±4	12～30	8～35
相对湿度/%	40～65	35～70	30～80	20～80
温度变化率/(℃/h)	<5(不凝露)		<5(不凝露)	<15(不凝露)

(2) 尘埃。设备间应防止有害气体侵入，并应有良好的防尘措施。设备间内允许的尘埃含量要求如表 2-3 所示。

表 2-3　设备间允许的尘埃含量限值

灰尘颗粒的最大直径/μm	0.5	1	3	5
灰尘颗粒的最大浓度（粒子数/m^3）	$1.4×10^7$	$7×10^5$	$2.4×10^5$	$1.3×10^5$

(3) 照明。设备间内，在距地面 0.8m 处，水平面照度不应低于 300LX。照明分路控制灵活，操作方便。

(4) 噪声。设备间的噪声应小于 68dB。如果长时间在 70～80dB 噪声的环境下工作，不但影响工作人员的身心健康和工作效率,还可能会造成人为的噪声事故。

(5)电磁干扰。设备间的位置应避免电磁源干扰,并安装小于或等于 1Ω 的接地装置。设备间内的无线电干扰场强,在频率为 $0.15\sim1000\mathrm{MHz}$ 范围内不大于 120dB;磁场干扰强度不大于 800A/m(相当于 10Ω)。

(6)供电。设备间应提供不少于两个 220V、10A 带保护接地的单相电源插座。当在设备间安放计算机通信设备时,使用的电源应按照计算机设备电源要求进行工程设计。

4)设备间子系统的设计步骤

设备间子系统的设计过程可分为选择和确定主布线场硬件(跳线架、引线架),选择和确定中继线/辅助场,确定设备间各种硬件的安装位置三个阶段。

(1)选择和确定主布线场的硬件。主布线场是用来端接来自电话局和公用设备、建筑物干线子系统和建筑群子系统的线路。理想情况是交接场的安装应使跳线或跨接线可连接到该场的任意两点。在规模较小的交接场安装时,只要把不同的颜色场一个接一个地安装在一起,就容易达到上述目的。对于较大的交接场,需要进行设备间的中继场/辅助场设计。

(2)选择和确定中继场/辅助场。为了便于线路管理和未来扩充,应认真考虑安排设备间的中继场/辅助场位置。在设计交接场时,其中间应留出一定空间,以便容纳未来的交连硬件。根据用户需求,要在相邻的墙面上安装中继场/辅助场。中继场/辅助场与主布线场的交连硬件之间应留一定空间来安排跳线路由的引线架。中继场/辅助场规模的设计,应根据用户从电信局的进线对数和数据网络类型的具体情况而定。

(3)确定设备间各种硬件的安装位置。国际和国家综合布线系统标准不但促使建筑设计师认识到预留并合理划定设备间的重要性,更重要的是促使建筑设计师合理确定设备间各硬件的安装位置。如何合理确定设备间各硬件的安装位置,以是否有利于通信技术人员和系统管理员在设备间内进行作业为准。

5. 管理子系统的设计

管理子系统的主要功能有:对设备间、交接间和工作区的配线设备、缆线、信息插座等设施,按一定的模式进行标识和记录,实现配线管理;为连接其他子系统提供便利;使整个布线系统与其连接的设备、器件构成一个有机的应用系统。综合布线管理人员可以在配线区域,通过调整管理子系统的交连方式,就可以安排或重新安排线路路由,使传输线路延伸到建筑物内部各个工作区。

因此,只要在配线连接硬件区域调整交连方式,就可以管理整个应用系统终端设备,从而实现综合布线系统的灵活性、开放性和扩展性。管理子系统有 3 种应用,即配线/干线连接、干线子系统互相连接、入楼设备的连接。另外,线路的色标标记管理也在管理子系统中实现。

设计管理子系统时,在理解管理子系统功能基础上,熟悉管理子系统设计原则与要求、设计步骤,重要的是掌握管理子系统交连方式,以及色标标记方法。

1)管理子系统设计原则与要求

(1)管理子系统的设计原则。

① 管理子系统中干线管理宜采用双点管理双交连。

② 管理子系统中楼层配线管理可采用单点管理。

③ 配线架的结构取决于信息点的数量、综合布线系统网络性质和选用的硬件。

④ 端接线路模块化系数合理。

⑤ 设备跳接线连接方式要符合以下两条规定：一是对配线架上相对稳定不经常进行修改、移位或重组的线路，宜采用卡接式接线方法；二是对配线架上经常需要调整或重新组合的线路，宜使用快接式插接线方法。

⑥ 交接间墙面材料清单应全面列出，并画出详细的墙面结构图。

（2）管理子系统设计注意事项。管理子系统设计应注意符合下列规定。

① 规模较大的综合布线系统宜采用计算机进行管理，简单的综合布线系统宜按图纸资料进行管理，并应做到记录准确、及时更新、便于查阅。

② 综合布线的每条电缆、光缆、配线设备、端接点、安装通道和安装空间均应给定唯一的标记。标记中可包括名称、颜色、编号、字符串或其他组合。

③ 配线设备、缆线、信息插座等硬件均应设置不易脱落和磨损的标识，并应有详细的书面记录和图纸资料。

④ 在电缆、光缆的两端均应标明相同的编号。

⑤ 设备间、交接间的配线设备宜采用统一的色标区别各类用途的配线区。

2）管理子系统的交连硬件

目前，许多建筑物在设计综合布线系统时，都考虑在每一楼层均设立一个交接间，用于管理该楼层的信息点电缆。在管理子系统中，信息点的电缆通过"信息点集线面板"进行管理，而语音点的电缆则通过110交连硬件进行管理。因此，作为交接间一般应有机柜、集线器或交换机、信息点集线面板、语音点110集线面板、集线器等设备。信息点的集线面板有12口、24口、48口等，应根据信息点的多少配备集线面板。

作为管理子系统，应根据所管理信息点的多少安排房间和机柜位置。如果信息点较多，应该考虑安排一个房间来放置；如果信息点较少，则没有必要单独设置一个房间，可选用墙型机柜来管理该子系统。

在管理子系统中，核心硬件是配线架。选用配线架时应主要考虑配线架的种类和容量。配线架有铜缆配线架和光缆配线架之分：铜缆配线架又可分为110系列和模块化系列两类。

（1）110系列。110系列分为夹接式（110A型）和插接式（110P型）。110A型配线架的常用容量有100对和300对两种规格，若需要有其他对数，可现场组装。110P型配线架的常用容量有300对和900对两种规格。110系列是由许多行组成的，每行最多只能端接1条25对线或6条4对UTP缆线。与110系列连接的元件是连接块，有3对、4对和5对之分。

每行25对能端接3对线连接块8块，而4对线连接块为6块。如容量为300对的配线架有12行，每行只能端接1条25对线组，可端接12条25对线组。对于4对UTP缆线来说，每行可端接6条，12行可端接72条，每行中有1对没有使用。

（2）模块化系列。模块化系列由五类的RJ-45连接器模块组成。这些五类连接器模块采用绝缘移动触点IDC（Insulation Displacement Contact）连接类型，易于终结UTP缆线。这些RJ-45连接器模块安装在快接式跳线架上形成配线架。经过RJ-45连接器的快接式跳线与网络设备的端口互连。每种配线架的容量不同，有24端口、48端口、64端口，可安装在48.26cm机架上。

支持光缆的配线架。62.5/125μm多模光纤需用SC或ST适配器终结。有各种容量的光纤配线架提供这种终结，可提供光纤的直连和交连。

管理子系统中连接水平电缆的配线架可以安装在各种交接间内,如一般情况下的楼层配线间,大楼中的卫星交接间。每个交接间的各种配线架的容量由各自管理区中的各种信息点的类型和数量大致推算得出。一般考虑 200 个信息插座需要设置一台配线架。配线架应留出适当的冗余空间,供未来扩充之用。在有卫星交接间的设计中,应该遵循就近分配信息点的原则,将信息点分配在最近的交换间,以减少水平电缆的长度。

3)管理子系统的管理交连方式

在不同类型的建筑物中,管理子系统常采用单点管理单交连、单点管理双交连和双点管理双交连 3 种不同的管理交联方式。

(1)单点管理单交连。单点管理单交连方式只有一个管理点,交连设备位于设备间内的交换机附近,电缆直接从设备间辐射到各个楼层的信息点,其结构如图 2-11 所示。所谓单点管理是指在整个综合布线系统中,只有一个点可以进行线路交连操作。交连指的是在两场间作偏移性跨接,完全改变原来的对应线对。

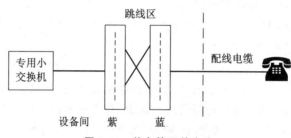

图 2-11 单点管理单交连

一般交连设置在设备间内,采用星形拓扑结构。由它来直接调度控制线路,实现对 I/O 的变动控制。单点管理单交连方式属于集中管理型,使用场合较少。

(2)单点管理双交连。单点管理双交连方式在整个布线系统中也只有一个管理点。单点管理位于设备间内的交换设备或互连设备附近,对线路不进行跳线管理,直接连接用户工作区或交接间里面的第二个硬件接线交连区。所谓双交连就是指把配线电缆和干线电缆,或干线电缆与网络设备的电缆都打在端子板不同位置的连接块的内侧,再通过跳线把两组端子跳接起来,跳线打在连接块的外侧,这是标准的交连接方式。

单点管理双交连,第二个交连在交连间用硬接线实现,如图 2-12 所示。如果没有交接间,第二个接线交连可放在用户的墙壁上。这种管理只能适用于 I/O 至计算机或设备间的距离在 25m 范围内,且 I/O 数量规模较小的工程,目前应用也比较少。单点管理双交连方式采用星形拓扑,属于集中式管理。

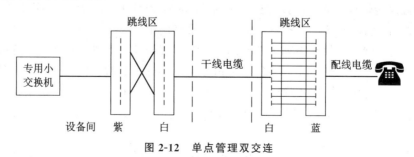

图 2-12 单点管理双交连

（3）双点管理双交连。当建筑物规模比较大（如机场、大型商场）、信息点比较多时，多采用二级交接间，配成双点管理双交连方式。双点管理除了在设备间里有一个管理点之外，在交接间里或用户的墙壁上再设第二个可管理的交连接（跳线）。双交连要经过二级交连接设备。第二个交连接可以是一个连接块，它对一个接线块或多个终端块（其配线场与站场各自独立）的配线和站场进行组合。双点管理双交连接，第二个交连接用做配线，如图2-13所示。

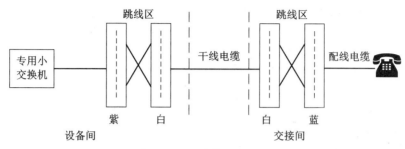

图 2-13　双点管理双交连

双点管理属于集中、分散管理，适应于多管理区。由于在管理上分级，因此管理、维护有层次、主次之分，各自的范围明确，可在两点实施管理，以减少设备间的管理负担。双点管理双交连方式是目前管理子系统普遍采用的方式。

（4）双点管理三交连。若建筑物的规模比较大，而且结构复杂，还可以采用双点管理三交连，如图2-14所示，甚至采用双点管理四交连方式，如图2-15所示。注意综合布线系统中使用的电缆，一般不能超过四次交连。

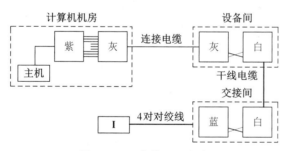

图 2-14　双点管理三交连

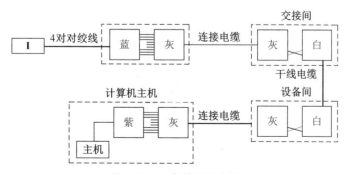

图 2-15　双点管理四交连

4）线路管理色标标记

综合布线系统使用电缆标记、区域标记和接插件标记三种标记。其中接插件标记最常用，可分为不干胶标记条或插入式标记条两种,供选择使用。在每个交连区,实现线路管理的方法是采用色标标记,如建筑物的名称、位置、区号,布线起始点和应用功能等标记。在各个色标场之间接上跨接线或接插软线,其色标用来分别表明该场是干线缆线、配线缆线或设备端接点。

这些色标场通常分别分配给指定的接线块,而接线块则按垂直或水平结构进行排列。若色标场的端接数量很少,则可以在一个接线块上完成所有端接。在这两种情况中,技术人员可以按照各条线路的识别色插入色条,以标识相应的场。

(1) 交接间的色标含义。

- 白色:表示来自设备间的干线电缆端接点。
- 蓝色:表示到干线交接间输入/输出服务的工作区线路。
- 灰色:表示至二级交接间的连接缆线。
- 橙色:表示来自交接间多路复用器的线路。
- 紫色:表示来自系统公用设备(如分组交换型集线器)的线路。

典型的干线交接间电缆线连接及其色标如图 2-16 所示。

(2) 二级交接间的色标含义。

- 白色:表示来自设备间的干线电缆的点对点端接。
- 灰色:表示来自干线交接间的连接电缆端接。
- 蓝色:表示到干线交接间输入/输出服务的工作区线路。
- 橙色:表示来自交接间多路复用器的线路。
- 紫色:表示来自系统公用设备(如分组交换型集线器)的线路。

典型的二级交接间电缆线连接及其色标如图 2-17 所示。

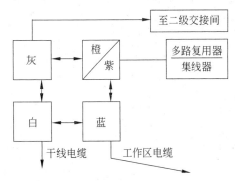

图 2-16　干线交接间电缆线连接及其色标

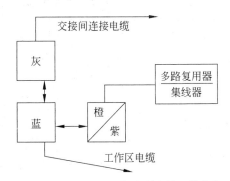

图 2-17　二级交接间电缆线连接及其色标

(3) 设备间的色标含义。

- 绿色:网络接口的进线侧,即电话局线路。
- 紫色:网络接口的设备侧,即中继/辅助场的总机中继线。
- 黄色:表示交换机和用户的其他引出线。
- 白色:表示干线电缆和建筑群电缆。
- 蓝色:表示设备间至工作区或用户终端的线路。
- 橙色:网络接口,多路复用器的线路。
- 灰色:端接与连接干线到计算机机房或其他设备间的电缆。
- 红色:关键电话系统。

- 棕色：建筑群干线电缆。

综上所述，典型的综合布线系统6个部分缆线的连接及其色标如图2-18所示。

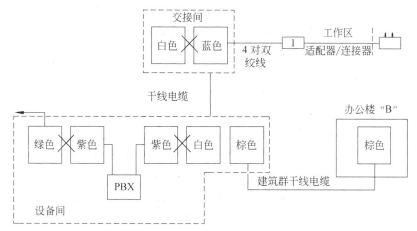

图2-18　典型的综合布线系统6个部分缆线的连接及其色标

5) 管理子系统的设计步骤

设计管理子系统时，需要了解线路的基本设计方案，以便管理各子系统的部件。一般按照下述步骤进行。

(1) 确认线路模块化系数是3对线还是4对线。每个线路模块当作一条线路处理，线路模块化系数视具体系统而定。

(2) 确定语音和数据线路要端接的电缆线对总数，并分配好语音或数据线路所需墙场或终端条带。

(3) 决定采用何种110交连硬件部件。如果线对总数超过6000（即2000条线路）选用110A型交连硬件。如果线对总数少于6000，可选用110A型或110P型交连硬件。

(4) 决定每个接线块可供使用的线对总数。主布线交连硬件的白场接线数目，取决于硬件类型、每个接线块可供使用的线对总数和需要端接的线对总数三个因素。

(5) 决定白场的接线块数目。先把每种应用（语音或数据）所需的输入线对总数除以每个接线块的可用线对总数，然后取整数作为白场的接线块数目。

(6) 选择和确定交连硬件的规模，即中继线/辅助场。

(7) 确定设备间交连硬件的位置，绘制整个综合布线系统即所有子系统的详细施工图。

(8) 确定色标标记实施方案。

6. 建筑群子系统的设计

建筑群子系统用于建筑物之间的相互连接，实现楼群之间的网络通信。建筑群之间可以采用有线通信手段，也可采用微波通信、无线电通信技术。在此只涉及有线通信方式。

设计建筑群子系统时，在理解建筑群子系统概念的基础上，重要的是掌握建筑群子系统设计要点、缆线的选用及其布放。

1) 建筑群子系统的设计步骤

设计建筑群子系统时，首先需要了解建筑物周围的环境状况，以便合理确定主干缆线路由、选用所需缆线类型及其布线方案。一般按照下述步骤进行。

（1）了解敷设现场的特点。了解敷设现场的特点包括确定整个建筑群的大小、建筑工地的地界、共有多少座建筑物等。

（2）确定缆线系统的一般参数。确定缆线系统的一般参数包括确认起点位置、端接点位置、布线所要涉及的建筑物及每座建筑物的层数、每个端接点所需的对绞线对数、有多个端接点的每座建筑物所需的对绞线总对数等。

（3）确定建筑物的电缆入口。对于现有建筑物要确定各个入口管道的位置，每座建筑物有多少入口管道可供使用，以及入口管道数目是否符合系统需要。如果入口管道不够用，若移走或重新布置某些电缆后能否腾出某些入口管道；若实在不够用应另装多少入口管道。如果建筑物尚未竣工，则要根据选定的电缆路由去完成电缆系统设计，并标出入口管道的位置，选定入口管道的规格、长度和材料，要求在建筑物施工过程中，安装好入口管道。

建筑物缆线入口管道的位置应便于连接公用设备，还应根据需要在墙上穿过一根或过多根管道。所有易燃材料应端接在建筑物的外面。缆线外部具有聚丙烯护皮的可以例外，只要它在建筑物内部的长度（包括多余的卷曲部分）不超过15m即可。反之，如果外部缆线延伸到建筑物内部的长度超过15m，就应该使用合适的缆线入口器材，在入口管道中填入防水和气密性较好的密封胶。

（4）确定明显障碍物的位置。其主要包括确定土壤类型，如沙质土、砾土等；确定缆线的布线方法；确定地下公用设施位置；查清在拟定缆线路由中各个障碍物位置或地理条件，如铺路区、桥梁、池塘等；确定对管道的需求。

（5）确定主干缆线路由和备用缆线路由。对于每一种特定的路由，确定可能的缆线结构；所有建筑物共用一根缆线，对所有建筑物进行分组，每组单独分配一根缆线；每个建筑物单用一根缆线；查清在缆线路由中哪些地方需要获准后才能通过；比较每个路由的优缺点，从中选定最佳路由方案。

（6）选择所需缆线类型和规格。选择所需缆线类型和规格包括缆线长度、最终的系统结构图，以及管道规格、类型等。

（7）预算工时、材料费用，确定最终方案。预算每种方案所需要的劳务费用，包括布线、缆线交接等；预算每种方案所需的材料成本，包括电缆、支撑硬件的成本费用；通过比较各种方案的总成本，选取经济而实用的设计方案。

2）建筑群子系统主干缆线的选用

（1）建筑群语音通信网络主干缆线。对于建筑群语音通信网络主干线一般应选用大对数电缆。其容量（总对数）应根据相应建筑物内语音点的多少确定，原则上每个电话信息插座至少配1对对绞线，并考虑不少于20%的余量。另外还应注意，对于一幢大楼并非所有的语音线路都经过建筑群主接线间连接程控用户交换机，通常总会有部分直拨外线。对这部分直拨外线不一定要进入建筑群主交接间，应结合当地通信部门的要求考虑是否采用单独的电缆经各自的建筑配线架就近直接连入公用市话网。

（2）建筑群数据通信网络主干缆线。在综合布线系统中，光纤不但支 FDDI 主干、1000Base-FX 主干、100Base-FX 到桌面、ATM 主干和 ATM 到桌面，还可以支持 CATV/CCTV 及光纤到桌面（FTTD）。这些都是建筑群子系统和干线子系统布线的主角。因此，应根据建筑物之间的距离确定使用单模光纤（传输距离远达 3000m，考虑衰减等因素，实用长度不超过 1500m）还是多模光纤（传输距离为 2000m）。

从目前应用实践来看，园区数据通信网主干光缆可根据建筑物的规模及其对网络数据传输速率的要求,分别选择 6~8 芯、10~12 芯甚至 16 芯以上的单模室外光缆。另外,建筑群主干缆线还应考虑预留一定的缆线作为冗余,这对于综合布线系统的可扩展性和可靠性来说是十分必要的。

3) 建筑群子系统缆线布线

(1) 建筑群干线电缆、光缆、公用网和专用网电线、光缆(包括天线缆线)进入建筑物时,都应设置引入设备,并在适当位置转换为室内电缆、光缆。引入设备还包括必要的保护装置。引入设备宜单独设置房间,如条件允许也可与 BD 或 CD 合设。

(2) 建筑群和建筑物的干线电缆、主干光缆布线的交接不应多于两次。从楼层配线架(FD)到建筑群配线架(CD)之间只能通过一个建筑物配线架(BD)。

(3) 建筑物之间的缆线宜采用地下管道或电缆沟的敷设方式。设计时应预留一定数量的备用管孔,以便扩充使用。

(4) 当采用直埋缆线方式时,通常缆线应埋设在离地面 60~96cm 以下的深度,或按有关法规布放。

2.3 综合布线系统的施工

网络综合布线工程的施工是整个布线工程中非常重要的一步,也是布线工程成功的关键一步。布线施工需根据 ISO/IEC 14763—1~3、GB/T 50312—2016 等布线安装、测试和工程验收规范、标准来进行,以确保工程实施中每一个部件的安装质量。

2.3.1 网络综合布线施工要点

不论是五类、5e 类、六类电缆系统,还是光缆系统都必须经过施工安装才能完成,而施工过程对传输系统的性能影响很大。即使选择了高性能的缆线系统,如果施工质量粗糙,其性能可能还达不到五类的指标。所以,不论选择安装什么级别的缆线系统,最后的结果一定要达到与之相应的性能指标。抓住网络综合布线施工要点,制定施工管理措施是保证网络综合布线工程质量的关键。

1. 施工前的准备工作

综合布线系统工程经过调研、设计确定施工方案后,接下来的工作就是工程的实施,而工程实施的第一步就是施工前的准备工作。在施工准备阶段,主要有硬件准备与软件准备两项工作。

1) 硬件准备

硬件准备主要是备料。网络综合布线系统工程施工过程需要许多施工材料,这些材料有的需在开工前就备好,有的可以在施工过程中准备,针对不同的工程有不同的需求。所用设备并不要求一次到位,因为这些设备往往用于工程的不同阶段,比如,网络测试仪就不是开工第一天需要的。为了工程的顺利进行,备料考虑得应该尽量充分和周到一些。

备料主要包括光缆、对绞线、插座、信息模块、服务器、稳压电源、集线器、交换机和路由器等,要落实购货厂商并确定提货日期。同时,不同规格的塑料槽板、PVC 防火管、蛇皮管和自攻螺丝等布线用料也要到位。如果集线器是集中供电,则还要准备导线铁管并制定好电器设备安全措施(供电线路需按民用建筑标准规范进行)。

在施工工地上可能会遇到各种各样的问题,难免会用到各种各样的工具,包括用于建筑施工、空中作业、切割成形器件、弱电施工、网络电缆的专用工具等工具或器材设备。

(1) 电工工具。在施工过程中常常需要使用电工工具。比如各种型号的螺丝刀、各种型号的钳子、各种电工刀、榔头、电工胶带、万用表、试电笔、长短卷尺和电烙铁等。

(2) 穿墙打孔工具。在施工过程中还需要用到穿墙打孔的一些工具。比如冲击电钻、切割机、射钉枪、铆钉枪、空气压缩机和钢丝绳等,这些通常是又大又重又昂贵的设备,主要用于线槽、线轨、管道的定位和坚固以及电缆的敷设和架设。建议与从事建筑装饰装修的专业安装人员合作进行。

(3) 切割机和发电机、临时用电接入设备。这些设备虽然并非每一次都需要,但是却每一次都需要配备齐全,因为在多数综合布线系统施工中部有可能用到。特别是切割机和打磨设备等,在许多线槽、通道的施工中是必不可缺的工具。

(4) 架空走线时的相关工具及器材。架空走线时所需的相关器材,如膨胀螺栓、水泥钉、保险绳、脚架等都是高空作业需要的工具和器材,无论是建筑物、外墙线槽敷设还是建筑群的电缆架空等操作都需要。

(5) 布线专用工具。通信网络布线需要一些用于连接同轴电缆、对绞线和光纤的专用工具。如剥线钳、压线钳、打线工具和电缆测试器等。

(6) 测试仪。用于不同类型的光纤、对绞线和同轴电缆的测试仪,既可以是功能单一的,也可以是功能完备的集成测试工具,如 Fluke 的 DSP-4000/4100 网络测试仪。一般情况下,对绞线和同轴电缆的测试仪器比较常见,价格也相对较低;光纤测试仪器和设备比较专业,价格也较高。

另外,还有许多专用仪器用于进行从低层到高层的全面测试。最好准备1~2台有网络接口的笔记本,并预装网络测试的若干软件。这类软件比较多,而且涉及面也相当广,有些只涵盖物理层测试,而有些甚至还可以用于协议分析、流量测试或服务侦听等。根据不同的工程测试要求可以选择不同的测试平台,比如通常用于网管的 Snifter Pro、LAN-Pro、Enterprise LAN Meter 等。

(7) 其他工具。在以上准备的基础上还需要准备透明胶带、白色胶带、各种规格的不干胶标签、彩色笔、高光手电筒、捆扎带、牵引绳索、卡套和护卡等。如果架空线跨度较大,还需要配置对讲机和施工警示标志等工具。

2) 软件的准备

软件的准备也非常重要,主要工作包括以下几点。

(1) 设计综合布线系统实施施工图。确定布线路由图供施工、督导人员和主管人员使用。

(2) 制订施工进度表。施工进度要留有适当余地,在施工过程中随时可能发生意想不到的一些事情,要立即协调解决。

(3) 向工程单位提交的开工报告。

(4) 工程项目管理。工程项目管理主要指部门分工、人员素质的培训和施工前的动员等。一般工程项目组应下设项目总指挥、项目经理、项目副经理、技术总监、设计工程师、工程技术人员、质量管理工程师、项目管理人员和安全员等。设计组按系统的情况应配备相关工程师,负责本工程设计工作。工程技术组应配备3名技术工程师,负责工程施工。质量管理组应配备1名质检管理人员和1名材料设备管理员,负责质量管理。项目管理组需要配备1名项目管理人员、1名行政助理、1名安全员。

由于并不是每一个施工人员都明确自己的任务,包括工作目的和性质、所做工作在整个工程中的地位和作用、工艺要求、测试目标、与前后工序的衔接、时间及空间安排和所需的资源等,所以施工前进行动员也是十分必要的。

另外,根据工程"从上到下,逐步求精"的分治原则,许多情况下可能需要与其他工程承包商合作,如缆线的地理、架空、楼外线槽的敷设等,双方的协调工作完成得怎么样? 下级承包商对自己的"责任区"的责、权、利是否已经明确清晰? 其施工能力和管理水平能否达到工程要求? 会不会造成与其他承包商相互冲突或推脱责任? 这些都是在施工准备阶段就应准备就绪的工作。

2.3.2　布线工程管理

一项完美的工程,除了应有高水平的工程设计与高质量的工程材料之外,有效和科学的工程管理也至关重要。施工质量和施工速度来自系统工程管理。为了使工程管理标准化、程序化,提高工程实施的可靠性,可专门为其布线工程的实施制定一系列制度化的工程标准表格与文件。这些标准表格与文件涉及诸如现场调查、开工检查、工作分配、工作阶段报告、返工表、下阶段施工单、现场存料、备忘录及测试表格等方面。

1. 现场调查与开工检查

现场勘察与调查通常先于工程设计,一个高水平高质量的设计方案与现场调查分析紧密相关,而且这种现场调查可以随着现场环境的变化多次提交。现场调查表可分为很多种,主要用于描述现场情况与综合布线系统工程之间的一些相关因素。

在开始施工前,应进行开工检查,主要是确认工程是否需要修改,现场环境是否有变化。首先要核对施工图纸、方案与实际情况是否一致,涉及建筑(群)重要特性的参数是否有变化。另外,还需要核查图纸上提到的打孔位置所用的建筑及装修材料,挖掘地理的地表条件如何,是否有遗漏的设备或布线方案,是否有修改的余地等。

这些都是施工前最后核查的主要内容。如果没有什么不妥,就要严格执行施工方案。因此施工前工程师和安装工人都应该到现场熟悉环境。当然,还要与项目负责人及有关人员通报,并在他们的帮助下进行最后的考查。开工检查表格在工程实施开始前提交用户,而且需要用户签字。

2. 工作任务分配

在进行施工任务分配时,要认识到施工质量和施工速度并不矛盾。有一句俗话为"欲速则不达",开工前首先要做的是调整心态,赶工期的工程往往会因返工而浪费更多时间,所以"千万不要以牺牲质量来换取速度"。如果工期紧可以根据实际需求增加施工人员,但盲目地增加闲散人员不仅不能加快进度,反而可能有碍现场秩序。

理想的工程管理应该做到现场无闲人,事事有人做,人人有事做。这可采用类似于现代计算机 CPU 芯片的"并行多道流水线处理"的调度原则,即尽量将不相关的项目分解并同时施工。一个典型的例子就是建筑物外的地线工程和地理工程能与建筑物内的布线线槽的敷设等同时进行;工作区终端信息插座的安装可以和管理间的配线架施工同时进行等。

施工任务分配包括布线工程各项工作及完成各项工作的时间要求,工作分配表要在施工开始之前提交,由施工者与各方签字认定。为保证施工进度,可制定工程进度表。在制定工程进度表时,不但要留有余地,还要考虑其他工程施工时可能对本工程带来的不利影响,避免出现不能按时竣工交付使用的问题。

3. 工作阶段报告

顾名思义工作阶段报告指的是每一段工作完成之后所提交的报告,通常1～2周提交一次。报告完成后由用户方协同人员、工程经理和工程实施单位的主管一起在现场检查后对前一阶段工作进行总结,形成工作阶段报告。同时,对下一阶段的工作提出计划。

4. 返工通知

对前一阶段上作进行总结时,如果发现有需要返工的问题,则需要提交返工通知。返工通知可以表格形式给出,主要描述要求返工的原因,返工要求及返工完成的时间。施工方需提出解决问题的技术方案,以及返工费用的承担等解决相关问题的方法。

5. 下一阶段施工单

下一阶段施工单要对下一阶段工作的现场情况、要求、人员、工具、材料等进行描述,一般在所涉及的工作开始前1～3天内提交。相关单位根据下一阶段施工单内容进行施工准备并由相关各方单位负责人签字。

6. 现场存料

工程材料的交付与使用将使现场存料不断发生变化,为确保工程如期进行,对原存的材料应该做到"心中有数"。为此需填写并提交现场存料表,该表主要描述材料的现存量、存放地点,运输途中的材料及到货时间等。

7. 备忘录

在工程实施期间,与布线工程有关的各种会议、讨论会以及各相关单位的正式声明均以备忘录的方式提交,由有关单位签收。

8. 测试报告

在进行现场认证测试时,要分别对光纤与对绞线进行测试,并制作测试报告。测试报告可用表格形式呈现,由相关人员填写并签字。综合布线系统工程的验收主要依据测试报告进行。

9. 制作布线标记系统

综合布线的标记系统要遵循 ANSI/TIA/EIA 606 标准,标记要有 10 年以上的保质期。

10. 验收并形成文档

作为工程验收的一个重要组成部分,在上述各环节中需建立完善的文档资料。需要注意的是,工程管理所提到的所有文件部应视为保密文件。

2.3.3　施工过程中的注意事项

在布线施工过程中,重要的是注重施工工艺。"粗犷"的布线不仅影响美观,更严重的是可能会造成许多进退两难的局面。例如,信息插座中对绞线模块的制作,是综合布线系统工程中比较靠后的工序,通常是线槽敷设完毕、电缆敷设到位以后才开始,但做不好却可能使通信网络不稳定甚至不通。虽然可以把作废的模块剪掉重做,但要注意底盒中预留的层缆长度不能被剪得太短,否则只能重新布线。所以,在网络综合布线施工中需区别于一般的强弱电施工的无源网络系统。

网络布线所追求的不仅是导通或接触良好,还要保证通信质量,既要保证通信双方"听得见",还要保证"听得清"。因此,在施工中要切实注意以下几点。

1. 及时检查,现场督导

施工现场督导人员要认真负责,及时处理施工进程中出现的各种情况,协调处理各方意见。如果现场施工遇到不可预见的问题,应及时向工程单位汇报并提出解决办法供工程单位当场研究解决,以免影响工程进度。对工程单位计划不周的问题要及时妥善解决。对工程单位新增加的信息点要及时在施工图中反映出来。对部分场地或工段要及时进行阶段检查验收,确保工程质量。

2. 注重细枝末节、严密管理

对于熟练施工技术人员来讲,过分强调细节问题会被认为是小题大做,但事实上,无论水平高低、工程大小或工期松紧,忽视重要的细节对工程质量都可能是致命的。在充满电钻和切割机轰鸣的施工现场,要求工程师能完成一些细致的工作,如电缆连接、配线架施工、光纤熔接及对绞线的排线压制等。特别是在制作大对数电缆时,即使一个多年从事布线安装的熟练技术人员也难免失误,所以一味地求快往往适得其反,这时需要的是细心。

施工过程中的另一项任务就是对所有进场设备及材料器件的保管,既要考虑施工的方便又要考虑施工的安全性并注意防火。比如许多施工设备和测试仪器非常昂贵,则应当每天施工完毕后清点并带离现场,即便是廉价的小工具,如果一时找不到也会给施工带来不便。

3. 协调进程,提高效率

一个高效的工程计划及其实施往往来自恰当的组织和管理,并非所有条件都齐备了才能有所进展,也并非人员和设备越多效率越高。一种较为合理的安排是由方案的总设计师和施工现场项目负责人根据进度协调进场人员、设备安装和缆线敷设等,在不同工程阶段,按所需要的人员、技术、工具及仪器设备分别进场。其原则是最大限度地提高人员工作效率和设备的利用率,有利于加快施工进度。

4. 全面测试,保证质量

测试所要做的事情有:工作区到设备间连通状况、主干线连通状况、数据传输速率、衰减、接线图、近端串扰等。

2.3.4 施工结束时的工作

网络布线工程施工结束时,涉及的主要工作包括:清理现场,保持现场清洁、美观;对墙洞、竖井等交接处要进行修补;汇总各种剩余材料,把剩余材料集中放置,并登记还可使用的数量;总结。做总结就是收集、整理文档材料,主要包括开工报告、布线报告、施工过程报告、测试报告、使用报告及工程验收所需要的验收报告等。

🍁 本章小结

本章简单介绍了常用的传输介质;重点介绍综合布线系统设计以及综合布线系统测试。要求学生掌握常用的传输介质特点和连接方法与技术规程。掌握综合布线系统的设计思想、原则、范围与步骤,重点掌握工作区子系统、配线子系统、干线子系统、设备间子系统、管理子系统和建筑群子系统 6 个部分的设计。了解综合布线系统的施工过程和注意事项。

📝 思考与练习

1. 综合布线系统由几部分组成?主要标准是什么?

2. 综合布线系统的设计原则有哪些?

3. 简述综合布线中常用的传输介质,使用时应注意哪些要点?

4. 简述综合布线系统各个子系统的设计要领。

🔍 实践课堂

UTP RJ-45 头的制作:了解 EIA/TIA T568A/568B 标准,制作平行跳线、交叉跳线,并利用 UTP 通断测试仪跳线。在同类设备、异类设备间,做连接试验,并得出结论。

第 3 章

基于二层交换机的组网

📍 知识技能要求

1. 掌握交换机工作原理、连接、访问方法。
2. 熟练掌握交换机对局域网和虚拟局域网的配置命令。
3. 在模拟软件上,按工程要求完成局域网、虚拟网的设置。

3.1 交换机基础

交换机是网络集成中不可缺少的、重要的硬件设备之一,是组建局域网的硬件基础,交换机的基本功能是连接其他网络设备形成局域网,并将整个网络划分成多个冲突域,减少各个网络设备间的冲突,提高网络的传输效率。

3.1.1 二层交换机

所谓二层交换机,其进行数据转发时是以太网帧的信息(主要是帧的目的 MAC 地址)为依据的设备。数据端口收到一个以太网帧后,根据帧的目的 MAC 地址,把报文从正确的端口转发出去,这个过程称为二层交换。以前用于二层交换的设备是透明网桥,它和二层交换机的最大区别是透明网桥只有两个端口,而交换机的端口数目远远超过两个。

目前的交换机都采用硬件来实现其转发过程,该器件一般称为交换引擎(Application Specific Integrated Circuit,ASIC)。对于二层交换机来说,ASIC 将维护一张二层转发表 L2FDB(Layer 2 Forwarding Database)。表项的主要内容是 MAC 地址和交换机端口的对应关系。如图 3-1 所示为二层交换机结构示意图。

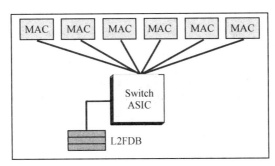

图 3-1 二层交换机结构示意图

当交换机从端口接收到一个以太网帧,其转发流程如下。

（1）根据帧的目的 MAC 查 MAC 转发表（即 L2FDB），查找相应的出端口。根据现有 L2FDB 表，报文应该从端口 2 发送出去。

（2）如果在 L2FDB 表中查找不到该目的 MAC，则该报文将通过洪泛的方式向交换机所有端口转发。

（3）同时该以太网帧的源 MAC 将被学习到接收到报文的端口上。

（4）L2FDB 表中 MAC 地址通过老化机制来更新。

（5）在转发的过程中，不会对帧的内容进行修改。

3.1.2　支持 VLAN 的二层交换机

1. VLAN 的概念

VLAN(Virtual Local Area Network)也称虚拟局域网，是将一组位于不同物理网段上的工作站和服务器从逻辑上划分成不同的逻辑网段，在功能和操作上与传统 LAN 基本相同，可以提供一定范围内终端系统的互联和传输。使用 VLAN 的优点如下。

1）限制了网络中的广播

一般交换机不能过滤局域网广播报文，因此在大型交换局域网环境中造成广播量拥塞，对网络带宽造成了极大浪费。用户不得已用路由器分割他们的网络，此时路由器的作用是广播的防火墙。VLAN 的主要优点之一是：支持 VLAN 的 LAN 交换机可以有效地用于控制广播流量，广播流量仅仅在 VLAN 内被复制，而不是整个交换机，从而提供了类似路由器的广播防火墙功能。

2）虚拟工作组

使用 VLAN 的另一个目的就是建立虚拟工作站模型。当企业级的 VLAN 建成之后，某一部门或分支机构的职员可以在虚拟工作组模式下共享同一个局域网。这样绝大多数的网络都限制在 VLAN 广播域内部了。当部门内的某一个成员移动到另一个网络位置时，他所使用的工作站不需要做任何改动。相反，一个用户不用移动他的工作站就可以调整到另一个部门去，网络管理者只需要在控制台上进行简单的操作就可以了。

3）安全性

由于配置了 VLAN，一个 VLAN 的数据包不会发送到另一个 VLAN 上，这样，其他 VLAN 上的用户收不到任何该 VLAN 的数据包，从而就确保了该 VLAN 的信息不会被其他 VLAN 的人窃听，从而实现了信息的保密。

4）减少移动和改变的代价

动态管理网络可以减少移动和改变的代价，也就是当一个用户从一个位置移动到另一个位置时，他的网络属性不需要重新配置而是动态完成。这种动态管理网络给网络管理者和使用者都带来了极大的好处，一个用户无论到哪里都能不做任何修改地接入网络，这种前景是非常美好的。当然，并不是所有的 VLAN 划分方法都能做到这一点。

2. VLAN 的划分

1）根据端口定义

许多 VLAN 设备制造商利用交换机的端口来划分 VLAN 成员，被设定的端口都在同一个广播域中。按交换机端口划分 VLAN 成员，配置过程简单明了，是最常用的一种方式。但是这种方式不允许多个 VLAN 共享一个物理网段或交换机端口,而且,如果某一个用户从一个端口所在的虚拟局域网移动到另一个端口所在的虚拟局域网,网络管理者需要重新进行配置,这对于拥有众多移动用户的网络来说是难以实现的。

2) 根据 MAC 地址划分 VLAN

这种划分 VLAN 的方法是根据每个主机的 MAC 地址来划分,即对每个 MAC 地址的主机都配置其属于哪个组。这种划分 VLAN 的最大优点是当用户物理位置移动时,即从一个交换机换到其他的交换机时,VLAN 不用重新配置。可以认为这种根据 MAC 地址的划分方法是基于用户的 VLAN,这种方法的缺点是初始化时所有的用户都必须进行配置,如果有几百个甚至上千个用户的话,配置工作量非常大。而且这种划分方法也导致交换机执行效率降低,因为在每一个交换机的端口都可能存在很多个 VLAN 组的成员,这样就无法限制广播包。另外,对于使用笔记本电脑的用户来说,他们的网卡可能会更换,VLAN 就必须重新配置。

3) 根据网络层划分 VLAN

这种划分 VLAN 的方法是根据每个主机的网络层地址或协议类型(如果支持多协议)划分的,虽然这种方法可能是根据网络地址划分,比如 IP 地址,但它不是路由,不要与网络层的路由混淆。它虽然查看每个数据包的 IP 地址,但由于不是路由,所以没有 RIP、OSPF 等路由协议,而是根据生成树算法进行桥交换。

这种方法的优点是用户的物理位置改变时不需要重新配置其所属的 VLAN,而且可以根据协议类型来划分 VLAN,这对网络管理者来说很重要。另外,这种方法不需要附加的帧标签来识别 VLAN,这样可以减少网络的通信量。

这种方法的缺点是效率低。因为检查每一个数据包的网络层地址需要很多时间(相对于前面两种方法),一般的交换机芯片都可以自动检查网络上数据包的以太网帧头,但要让芯片能检查 IP 帧头,需要更高的技术,同时也更费时。当然,这也跟各个厂商的实现方法有关。

4) IP 组播作为 VLAN

IP 组播实际上也是一种 VLAN 的定义,即认为一个组播组就是一个 VLAN,这种划分的方法将 VLAN 扩大到了广域网,因此这种方法具有更大的灵活性,而且也很容易通过路由器进行扩展,当然这种方法不适合局域网,主要是效率不高,对于局域网的组播,有二层组播协议 GMRP。

5) 基于组合策略划分 VLAN

基于组合策略划分 VLAN,即上述各种 VLAN 划分方式的组合。目前很少采用这种 VLAN 划分方式。

3. 支持 VLAN 交换机的转发流程

支持 VLAN 交换机转发流程与普通交换机转发流程最大的区别在于报文在支持 VLAN 交换机内转发时都是带着 VLAN Tag 进行的。也就是说,转发过程中要根据 MAC 地址查找出端口外,还需要判断 VLAN ID 的信息。因此,支持 VLAN 交换机交换引擎与一般交换机有所不同,如图 3-2 所示。

VLAN 交换机的转发流程和 ASIC 选择的 MAC 地址学习方式有紧密的联系。目前,支持 VLAN 的交换机有两种地址学习方式,分别为 IVL(Independent VLAN Learning)和 SVL (Shared VLAN Learning),如图 3-3 所示。二层转发基本流程如下。

1) IVL 方式的二层交换机

IVL 方式的交换机在学习 MAC 地址并建立 MAC 地址表的过程中同时附加 VLAN ID,

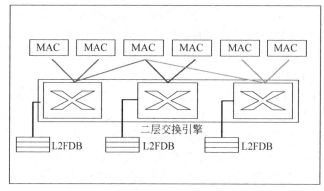

图 3-2　支持 VLAN 交换机交换引擎

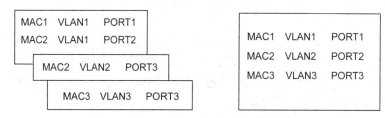

图 3-3　IVL 与 SVL 地址学习方式

同一个 MAC 地址可以出现在不同的 VLAN 中,这样的方式也可以理解为每个 VLAN 都有自己独立的 MAC 地址表。IVL 方式的二层交换机的二层转发基本流程如下。

(1) 根据接收到的以太网帧的源 MAC 和 VLAN-ID 信息添加或刷新 MAC 地址表项。

(2) 根据目的 MAC 与 VLAN-ID 查找 MAC 地址表项,如果没有找到匹配项,那么在 VLAN-ID 对应的 VLAN 内广播。如果能够找到匹配表项,则向表项所示的对应端口转发。如果表项所示端口与收到以太网帧的端口相同,则丢弃该帧。

2) SVL 方式的二层交换机

SVL 方式的二层交换机在学习 MAC 地址并建立 MAC 地址表的过程中并不附加 VLAN ID,或者说它的 MAC 地址表是为所有 VLAN 共享使用的。SVL 方式的二层交换机的二层转发基本流程如下。

(1) 根据接收到的以太网帧的源 MAC 信息添加或刷新 MAC 地址表项。

(2) 根据目的 MAC 信息查找 MAC 地址表,如果没有找到匹配项,那么在报文对应的 VLAN 内广播。如果找到匹配项,但是表项对应的端口并不属于报文对应的 VLAN,那么丢弃该帧;如果找到匹配项,且表项对应的端口属于报文对应的 VLAN,那么将报文转发到该端口,但是如果表项对应端口与收到以太网帧的端口相同,则丢弃该帧。

4. VLAN 的优点

VLAN 的优点就是限制了广播,如图 3-4 所示。从图中可以很清楚地看到,广播报文被限制在每个 VLAN 内,极大地降低了广播对以太网带宽的消耗。

3.1.3　交换机的连接

交换机与交换机(或是网桥、集线器等同类设备)连接有两种方式,一种是使用交叉双绞

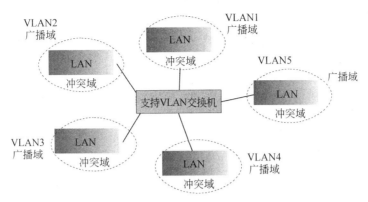

图 3-4 支持 VLAN 交换机冲突域和广播域

线,通过交换机的普通端口连接在一起,形成一种树型结构,这种连接方式称为级联。这种方式的优点是连接简单、方便,缺点是两台设备之间的传输速度受到端口速率的影响,可能会使不同位置的接入设备的实际传输速度不同。

有些交换机除了普通端口外,还有 uplink 接口,其内部构造与普通端口相反,因此可以使用直连双绞线连接一台交换机的 uplink 接口,另一头接入另一台交换机的普通端口,这样也可以形成级联。但如果两台交换机都使用 uplink 接口,还是要使用交叉双绞线。现在新型交换机的端口支持自动判断功能,可以根据接入网线的类型自行调整,这类交换机既可以使用直连线也可以使用交叉线。

为了增加级联交换机的通信效率,开始使用 trunk 技术。trunk 即端口汇聚,是指通过配置软件的设置,将多个物理端口(一般为 2~8 个)绑定为一个逻辑的通道,使其工作起来就像一个通道一样。将多个物理链路捆绑在一起后,不但提升了整个网络的带宽,而且数据还可以同时经由被绑定的多个物理链路传输,具有链路冗余的作用,在网络出现故障或其他原因断开其中一条或多条链路时,剩下的链路还可以工作。但在 VLAN 数据传输中,各个厂家使用的技术不同,例如:思科的产品使用其 VLAN TRUNK 技术,其他厂商的产品大多支持 802.1q 协议打上 TAG 头,这样就生成了小巨人帧,需要相同端口协议的来识别,小巨人帧由于大小超过了标准以太帧的 1518 字节限制,普通网卡无法识别,需要有交换机脱 TAG。

另一种连接方式称为堆叠,即在一些高端交换机上有专用的堆叠接口,使用专用的堆叠连接线将两台交换机连接在一起,如图 3-5 所示的使用堆叠线连接的交换机。堆叠方式可以提供较高的转发速度(一般可以达到几千兆或是几万兆),与交换机内部的转发速度基本相似,因此在配置上可以将堆叠在一起的交换机看成是一台大交换机,原来的每个交换机可以看成是这个大交换机的不同模块。

图 3-5 使用堆叠连接线的交换机

在交换机连接时,还应注意环路的产生。因为交换机工作在数据链路层,二层的帧头中没有 IP 包头中的 TTL 值(生存时间),所以广播帧将在环路中无休止地旋转下去,直到耗尽带宽和交换机资源,使网络瘫痪。

生成树协议(STP)能有效地解决这个问题。它消除了桥接网络中可能存在的路径回环,同时还对当前活动路径产生阻塞、断链等问题时提供冗余备份路径。生成树算法的基本思想是在网桥之间传递特殊的消息,使之能够据此来计算生成树。

这种特殊的消息称为配置消息或者配置 BPDU。通过 BPDU 信息的传送,首先在网络中选出根交换机(也称根桥),其次计算各路径的优劣,打开(处于 forwaring 状态)或者阻塞(discarding 状态)相应的链路。

STP 是一种二层管理协议,它通过有选择地阻塞网络冗余链路来达到消除网络二层环路的目的,同时具备链路备份的功能。如图 3-6 所示,BPDU 在各交换机之间传播。根据计算结果,交换机 A 被选为网络的根桥,交换机 B 和交换机 C 之间、交换机 B 和交换机 D 之间的链路被阻塞。最终,网络形成了以交换机 A 为根的一棵拓扑树,没有环路。假设交换机 A 和交换机 C 之间链路断开,则原来处于阻塞状态交换机 B 和交换机 C 之间链路将变成 forwarding,使得交换机 C 可以通过交换机 B 到达根桥。

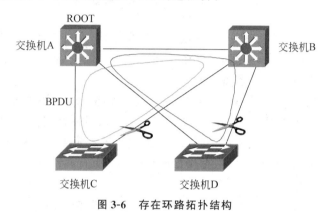

图 3-6 存在环路拓扑结构

3.2 交换机的基本配置

交换机加电以后,不用进行任何配置,就可以直接连接计算机,使它们形成一个简单的局域网。但是当网络环境比较复杂时,就需要对交换机进行配置,以便构建一个更高效、安全的局域网络环境。

3.2.1 Cisco Packet Tracer 模拟器简介

大多数人由于条件所限,不能使用多台、多种类型的网络设备进行实际操作,为此本书选用了一款网络环境模拟器软件——Cisco Packet Tracer,本章及第 4 章的大多数配置操作都在此模拟器中完成。

Cisco Packet Tracer 是 Cisco 公司推出的一款用于模拟实际网络设备配置环境,可以提供 Cisco CCNA 考试全部练习的软件,如图 3-7 所示。它主要提供了基本的交换机(包括 2950、2960 及 3560 等多个型号)、路由器(包括 1841、2620、2621 和 2811 等多个型号)、用户终端(包括普通的 PC(Personal Computer,个人计算机)、服务器等)和网络连接介质(包括直连双绞线、交叉双绞线、控制台连接电缆等)等虚拟设备,通过在逻辑拓扑工作区中绘制相应的网络连接逻辑图,可以使用户全方位地了解网络建设与配置全过程。

除此之外,这款软件还加入了网络数据包的追踪功能,便于深入了解网络环境中数据包传送的详细步骤,可以更好地学习网络原理知识,了解网络设备的配置、管理及故障的排除方法。

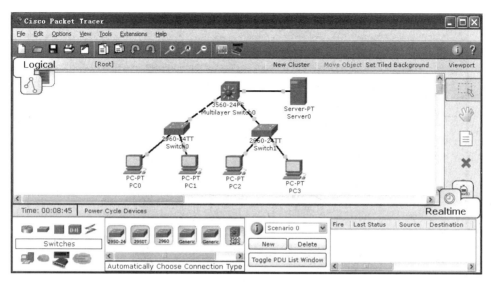

图 3-7　Cisco Packet Tracer 配置界面

可以在 http://www.cisco.com/web/learning/netacad/course_catalog/PacketTracer.html 网站下载 Cisco Packet Tracer 并安装使用。

Cisco Packet Tracer 主要分为三大区域,如图 3-7 所示,最上面是菜单栏和常用工具栏,中间白色区域为网络设计区,主要分为逻辑设计和物理设计两部分,本书中只使用逻辑设计,最下面主要是设备选择区。在设备选择区的最左边区域中(即整个窗口的左下角区域),包括了路由器、交换机、集线器、无线设备、连接介质和用户终端等九大类设备集。

选择相应的设备后,在设备集选择区域的右边,会有不同型号的设备可供选择,只需要单击某型号设备并在设计区域中再次单击,或是直接拖动到设计区域中,就可以在设计区域中使用并配置该设备。如果使用连接介质连接两个设备,需要先单击相应的介质,然后在设计区域中分别击要连接的设备即可。

如果在设计过程中出现了错误,可以单击设计区域右侧的红色叉按钮,再在设计区域中需要删除的设备或介质上单击鼠标就可以。

在设计区域中放置相应的设备并使用介质连接好后,在介质的两端会出现两个不同颜色的小方块,如图 3-8 所示。

- 红色:表示设备连接不正常,常见于路由器等设备未配置端口信息的情况,比如没有配置 IP 地址并打开端口。
- 黄色:表示设备的端口正在自检中,常见于交换机等设备。
- 绿色:表示端口配置正确,可以正常使用。

小方块除了可以表示端口状态信息以外,还可以显示端口的名称,显示方法是用鼠标指向这些小方块即可。用户也可以直接使用鼠标指向设计区域中的设备,这时会显示出这个设备的配置信息概要。

单击设计区域中设备的图标,可以打开此设备的配置对话框。对话框中共有三个配置模式,分别是物理、配置和命令行接口。

Physical(物理)对话框可以对设备的外观进行某些配置,比如为路由器增加模块,或是为 PC 更换网卡,如图 3-9 所示。这些操作与实际设备相对应,可以使用户更好地了解设备附件

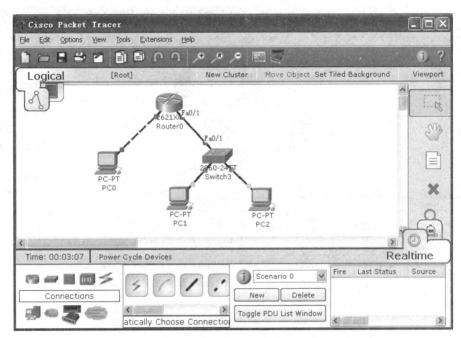

图 3-8　连接介质两端不同颜色的小方块

　　的信息。Cisco Packet Tracer 为了更真实地模拟相应设备,所有设备在增加、更改附件时,必须先关闭设备,操作完成后,再次打开设备才可以正常使用。

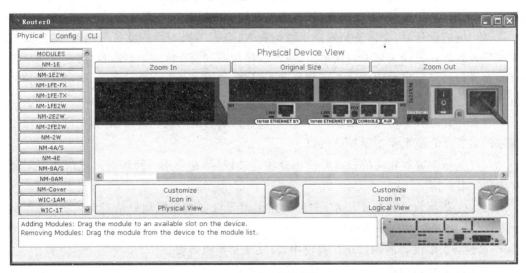

图 3-9　Physical 对话框

　　Config(配置)对话框中,以图形化的方式将设备的常用配置项列出来,方便普通用户使用。为了更好地使用户了解 CLI 命令,在这个对话框的下面有一个 Equivalent IOS Commands 面板,当用户在进行图形化配置时,这个面板中将显示出与用户配置操作等同的命令行。配置对话框如图 3-10 所示。

　　命令行接口(CLI),由用户以文本方式进行输入,并显示出执行结果,这种模式也是设备配置中最常用的模式。

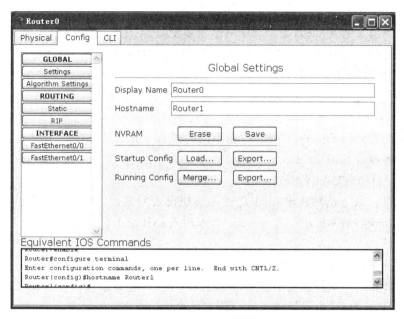

图 3-10　Config 对话框

3.2.2　命令行接口(CLI)简介

在网络建设过程中,可以通过交换机的 Console 口直接,或使用 Telnet 远程访问交换机对其进行配置。但是由于交换机功能过于单一,不支持图形配置界面,因此无论在何种连接方式下,配置交换机的最常用方法一般是使用命令行接口(CLI)。

命令行接口是由用户通过键盘输入指定的文本命令,并根据实际配置需要,输入相应的参数,按回车键执行,结果将也以文本的形式显示。不同厂商的设备都有自己的命令集和视图模式。由于 Cisco 产品的市场占有率较高、使用者较多,大多数厂商都模仿 Cisco IOS 系统的CLI 命令。因此,本书也选用 Cisco IOS 的 CLI 命令进行介绍。

1. Cisco IOS 简介

Cisco IOS 又称 Cisco 网际操作系统,是一个为网际互联优化的复杂操作系统,是交换机与路由器的核心。IOS 是一个与硬件分离的软件体系结构,随着网络技术的不断发展,可动态地升级以适应不断变化的硬件和软件技术。

IOS 以二进制文件的形式存放在 Flash 里,比如 c2500-is-1.121-27.bin 文件。其中 c2500表示对应的硬件设备型号;is 表示 IOS 的特性集,也就是 IOS 的功能(用不同的字母表示不同的功能);121-27 表示主版本号和维护版本号。

Cisco 在发布某个主版本号的 IOS 以后,会对它进行长期维护,但维护仅仅是修正原有的错误,不增加新功能。每维护一次,维护版本号加 1。c2500-is-1.121-27.bin 表示是 12.1 版本,维护了 27 次,维护版本号是 27。

当一个主版本号的 IOS 发布一段时候后,Cisco 会放出基于该主版本的下一版本 IOS 的测试版,IOS 名字后面会加上 T 字,比如 c2500-is-1.122-15.T16.bin 就是一个测试版本的IOS,当以后正式发布的时候,它将成为 12.3 主版本。

由于 IOS 会逐渐出现新的版本(这里是指主版本,不是维护版本),每个新版本里都加入了对新硬件或新协议的支持,因此为了让网络设备更好地工作,可以从网上下载这些 IOS 系统文件,并将他们复制到设备的 Flash 上,代替旧版本。IOS 的复制一般要通过 TFTP 服务完成,但不同型号的设备在操作上会有不同。

2. 配置视图模式

交换机的配置分为不同的视图模式,在不同的模式下完成的功能也不同,Cisco 交换机一般分为以下几种模式。

1) 用户执行模式(User EXEC)

此模式为进入 IOS 的默认模式,也是进入其他模式的基础,在该模式下用户只能执行有限的命令。该模式的命令提示符为 Switch>,当输入 exit 或 logout 命令后,会退出该模式,即断开访问连接。

2) 特权执行模式(Privileged EXEC)

此模式需要在用户执行模式中输入 enable 命令进入,它是进入其他配置模式的基础。在该模式下用户可以执行除配置操作外几乎所有的命令,其命令提示符为 Switch#,下面的命令显示了进入该模式的方法。

```
Switch>enable
Switch#
```

在该模式下输入 disable 后会退回到用户执行模式。

```
Switch#disable
Switch>
```

如果输入的是 exit,则直接断开访问连接。

3) 全局配置模式(Global configuration)

在特权执行模式中执行 configure terminal 命令进入该模式,其命令提示符为 Switch(config)#。

```
Switch#configure terminal
Enter configuration commands, one per line. End with CNTL/Z.
Switch(config)#
```

在该模式中,用户可以进行全局化配置,即配置整个交换机上的通用参数。输入 end、exit 或^z(即同时按 Ctrl 和 Z 两个键)后会退回到特权执行模式。

```
Switch(config)#^Z
Switch#
%SYS-5-CONFIG_I: Configured from console by console
Switch#
```

该模式是除了 VLAN 配置模式以外的其他特定配置模式的基础。

4) VLAN 配置模式(VLAN Configuration)

在特权执行模式中输入 vlan database 命令进入该模式,其命令提示符为 Switch

（vlan）♯。

```
Switch#vlan database
%Warning: It is recommended to configure VLAN from config mode,
 as VLAN database mode is being deprecated. Please consult user
 documentation for configuring VTP/VLAN in config mode.
Switch(vlan)#
```

在该模式中，用户可以为某一个 VLAN 配置参数。输入 exit 命令后会退回到特权执行模式。

```
Switch(vlan)#exit
APPLY completed.
Exiting...
Switch#
```

5）配置 VLAN 模式（Config-vlan）

在全局配置模式中执行 vlan VLAN 的 ID 号命令进入该模式，其命令提示符为 Switch（config-vlan）♯。

```
Switch(config)#vlan 1
Switch(config-vlan)#
```

在该模式中，用户可以配置指定 VLAN 的参数。输入 exit 退回到全局配置模式，输入 end 或^z 后会退到特权执行模式。

6）接口配置模式（Interface Configuration）

在全局配置模式中执行 interface 接口编号命令进入该模式，其命令提示符为 Switch（config-if）♯。

```
Switch(config)#interface FastEthernet0/1
Switch(config-if)#
```

在该模式中，用户可以对指定的接口配置参数。交换机的接口类型有多种，经常使用的是 Ethernet（以太网接口）、FastEthernet（快速以太网接口）和 GigabitEthernet（千兆以太网）三种类型。输入 exit 退回到全局配置模式，输入 end 或^z 后会退到特权执行模式。

7）线路配置模式（Line Configuration）

在全局配置模式中执行 line 控制台名称命令进入该模式，其命令提示符为 Switch（config-line）♯。

```
Switch(config)#line console 0
Switch(config-line)#
```

在该模式中，用户可以对指定的控制台进行配置。控制台有两种类型，一个是以 vty 作为关键字的虚拟控制台，另一个是以 console 为关键字的控制台。输入 exit 退回到全局配置模式，输入 end 或^z 后会退到特权执行模式。

3. 基本 IOS 命令操作

CLI 需要用户通过键盘输入文本形式的命令和参数，为了提高准确率和速度、降低重复率和复杂度,Cisco IOS 的 CLI 有如下的操作特点。

1) 不区分大小写

IOS 文本命令不区分大小写,使用下面的全小写命令。

```
Switch#show version
```

与使用下面所示的全大写命令。

```
Switch#SHOW VERSION
```

都可以完成相同的功能,大小写的混合使用也具有一样的效果。

2) 命令补全

为了简化用户输入命令的操作,可以在输入命令或参数的前几个字母后按 Tab 键把命令或参数补充完整。但需要注意,如果用户输入的字母不能指定是唯一的一个命令,则按 Tab 键后无法将命令补全。例如,在特权执行模式中,如果输入 s 并按 Tab 键后,由于有两个命令(setup 命令和 show 命令)都是以 s 开头,系统将无法判断,也就不能补全命令,只有在输入 sh 后,可以确定这是唯一的命令,才可以将后面的命令字母补充完整(参数也是相同的规则)。下面的命令显示了输入不同字母后按 Tab 键补全的效果,其中<Tab>表示按 Tab 键。

```
Switch#s<Tab>
Switch#s
Switch#sh<Tab>
Switch#show ve<Tab>
Switch#show version
```

3) 命令缩写

如果输入的字母可以确定唯一的命令或参数,则可以不使用补全功能,进而提高输入的速度,比如下面所示的命令,是输入了完整的命令和参数。

```
Switch#configure terminal
Enter configuration commands, one per line. End with CNTL/Z.
Switch(config)#
```

为了简便,也可以只输入命令和参数的某几个字母,如下面的输入。

```
Switch#conf t
Enter configuration commands, one per line. End with CNTL/Z.
Switch(config)#
```

需要注意的是,与补全命令一样,输入的命令缩写字母必须可以确定是唯一的命令的前几个字母,如果不能确定则系统会报错。

4) no 命令

在 IOS 系统中有大量的设置命令用于设置某些配置,如果需要删除这些配置,可以使用 no 关键字。其使用方法非常简单,就是在原有的设置命令之前增加一个 no 和空格即可。例如下面的命令,就是先设置了交换机的名称,然后使用 no 删除原有的配置。

```
Switch(config)#hostname S1
S1(config)#no hostname
Switch(config)#
```

5) 调用最近使用的命令

为了重复使用以前输入过的命令,可以使用键盘中的"↑"键调出前一次执行过的命令,也可以使用"↓"键调出当前显示命令的后一条命令(如果是最后一条则不再向后显示),还可以使用"←"键和"→"键控制当前编辑光标的位置,用于在旧有的命令上编辑、修改,变成新的命令。

6) 命令帮助

由于IOS命令众多,使用者不可能全部都记住这些命令,IOS提供了命令帮助,用户可以在提示符下输入"?"后(不用按回车键),就可以得到当前视图模式中显示出可以使用的命令和其解释的列表。

```
Switch#?
Exec commands:
  <1-99>      Session number to resume
  clear       Reset functions
  clock       Manage the system clock
  configure   Enter configuration mode
  connect     Open a terminal connection
  copy        Copy from one file to another
  debug       Debugging functions (see also 'undebug')
  delete      Delete a file
  dir         List files on a filesystem
  disable     Turn off privileged commands
  disconnect  Disconnect an existing network connection
  enable      Turn on privileged commands
  erase       Erase a filesystem
  exit        Exit from the EXEC
  logout      Exit from the EXEC
  more        Display the contents of a file
  no          Disable debugging informations
  ping        Send echo messages
  reload      Halt and perform a cold restart
  resume      Resume an active network connection
  setup       Run the SETUP command facility
--More--
```

也可以在输入了命令或参数的前几个字母后,输入?,系统会将后面所有的可能都列出来,供用户参考。

```
Switch#show v
Switch#show v?
version vlan vtp
Switch#show v
```

7) 错误信息

如果用户输入的命令或参数有误,IOS系统会显示出错误信息。如果用户输入的命令不正确则会显示％Incomplete command.信息,例如输入不存在的命令 a。

```
Switch(config)#a
%Incomplete command.
```

如果用户输入的命令不完整,系统无法判断时,则会显示％Ambiguous command:XXX,其中 XXX 为具体内容,例如输入了完整的命令 con(正确的命令是 configure 或是其缩写 conf)。

```
Switch#con
%Ambiguous command: "con"
```

如果用户输入的参数中有不正确的接口类型或数值,则显示％Invalid interface type and number 信息,例如输入了不正确的接口类型和接口编号(正确的接口类型是 FastEthernet,接口编号是 0/1)。

```
Switch(config)#interface ethernet 0/0
%Invalid interface type and number
```

如果用户输入的命令或参数在语法格式上不正确,则会显示％Invalid input detected at '^' marker.信息,并在有错误的位置下面显示一个^符号,例如在 show 命令后写错误了参数。

```
Switch#show g
          ^
%Invalid input detected at '^' marker.
```

8)分屏显示

由于某些需要显示的信息过多,不能在一屏中显示出来,IOS 系统会将这些信息分隔成多屏显示,如果屏幕最下面一行显示为--More--,则表示后面还有信息,这时如果按空格键,则继续显示下一屏内容;如果按回车键,会追加显示下一行的内容;如果按 q 键,则立即退出并返回到提示符状态。

3.2.3　访问交换机

1.使用超级终端访问交换机

新购置的网络设备(比如交换机或路由器等),如果需要进行初始配置,必须将 PC 连接到

图 3-11　控制台连接电缆线

设备的控制台接口上,并在 PC 上运行专用通讯软件,才能进行访问和初始化配置。在交换机的面板上有一个控制台接口,它可能是 COM 串口(也称 EIA/TIA 232 接口),也可能是 RJ-45 双绞线网络接口,在其上印有 Console 标识。PC 通过专用的控制台连接电缆线(一般在购买交换机时附带,如图 3-11 所示),使用终端访问软件(在 Windows 系列操作系统中,使用的是超级终端 Hypertrm)访问并配置设备。

选择"开始"→"程序"→"附件"→"通信"→"超级终端"命令启动超级终端程序,在首次启用时会弹出"位置信息"对话框,要求用户在其中配置当前位置信息,如图 3-12 所示。单击"确

定"后,这些配置信息将被保存,这个配置只会询问一次,第二次启动时将不再出现。这些配置信息也可以在启动"超级终端"程序后,单击"文件"菜单的"属性"项,打开"新建连接-属性"对话框,在其中进行修改。

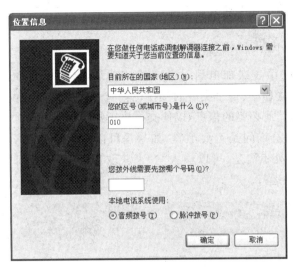

图 3-12 "位置信息"对话框

配置完成当前位置信息后,会弹出"连接描述"对话框,也可以在启动"超级终端"程序后,单击"文件"菜单的"新建连接"项,打开这个对话框,如图 3-13 所示。在"连接描述"对话框的"名称"文本框中,输入一个连接描述名称,并在"图标"框中选择一个图标。

单击"确定"按钮后,弹出"COM1 属性"对话框,如图 3-14 所示。在"COM1 属性"对话框中,需要配置以下几个内容。

图 3-13 "连接描述"对话框

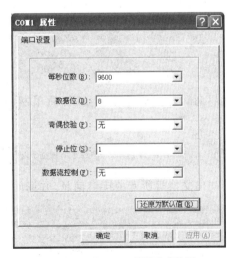

图 3-14 "COM1 属性"对话框

(1) 每秒位数,也称波特率,即每秒传输的二进制数的数量,本例使用 9600 波特(是默认值,下面四个设置也相同)。

(2) 数据位,表示每个数据所占用的二进制位数,本例中使用 8 位。

(3) 奇偶校验,表示是否启用奇偶校验功能,本例中不启用此功能。

（4）停止位，表示停止信息所占用的二进制位数，本例中使用1位。

（5）数据流控制，表示数据流控制是否启动，以及使用的方法，本例不启用此功能。

单击"确定"按钮后，就会连接网络设备，如果正常连接，超级终端程序的主窗口中会显示 IOS CLI 欢迎信息，然后在其中输入命令即可。

2. 交换机的初始化配置

新购买的交换机在第一次加电启动并自检成功后，会运行自动配置程序（也可以使用 setup 命令调用自动配置程序，每个类型的交换机会有一些不同），在配置过程中，可以配置交换机的端口 IP 地址和其他必要的信息，以便交换机正常工作。

自动配置程序首先会询问是否要配置，如果是可以输入 yes 或 y，如果不是则要输入 no 或 n。如果在某个询问处不清楚，可以输入"?"来获取帮助信息，也可以输入 Ctrl＋C 组合键来终止这个配置程序的运行。

```
    ---System Configuration Dialog ---
Continue with configuration dialog? [yes/no]: yes
```

如果继续则会询问是否要进入基本管理配置。

```
Would you like to enter basic management setup? [yes/no]: yes
```

需要配置的主要参数包括交换机的名字、加密密码、密码、虚拟终端访问密码等内容。

```
Configuring global parameters:
   Enter host name [Switch]: S1
...
   Enter enable secret: 123456
...
   Enter enable password: 123
...
   Enter virtual terminal password: 12345
```

然后询问是否要配置 SNMP（简单网络管理协议），可以使用默认值 no，即现在不进行配置。

```
Configure SNMP Network Management? [no]: no
```

会列出交换机所有的接口信息，并询问配置哪个接口用于远程管理使用。

```
Current interface summary
Interface            IP-Address          OK? Method Status Protocol
FastEthernet0/1      unassigned          YES manual down down
...
Vlan1                unassigned          YES manual administratively down down

Enter interface name used to connect to the
management network from the above interface summary: FastEthernet0/1
```

指定管理接口后，会为这个接口配置 IP 地址和子网掩码信息。

```
Configuring interface FastEthernet0/1:
  Configure IP on this interface? [yes]: yes
    IP address for this interface: 192.168.1.2
    Subnet mask for this interface [255.255.255.0]: 255.255.255.0
```

最后会根据上面的选择生成一个文本脚本,其中"!"表示一行的注释符。

```
The following configuration command script was created:
!
hostname S1
enable secret 5 $1$mERr$H7PDxl7VYMqaD3id4jJVK/
enable password 123
line vty 0 4
password 12345
!
interface Vlan1
  no ip address
!
interface FastEthernet0/1
  no shutdown
  ip address 192.168.1.2 255.255.255.0
...
end
```

根据上面列出的脚本内容选择操作,默认(选项 2)存储到 NVRAM 存储介质的 startup-config 文件里。

```
[0] Go to the IOS command prompt without saving this config.
[1] Return back to the setup without saving this config.
[2] Save this configuration to nvram and exit.
Enter your selection [2]:
```

3. Telnet 远程登录访问交换机

由于网络设备分散在各个位置,如果管理员只能使用本地(比如使用控制台端口连接设备)连接的方法,将大大增加工作量。为此提供了一种服务——远程连接(Telnet),它可以通过网络连接到远程的设备上,然后进行相应的配置。这是大多数管理员经常使用的方法。

在使用 Telnet 连接之前必须要配置好管理用计算机的 IP,以及交换机管理接口的 IP 地址和子网掩码等信息。但是 Cisco 二层交换机的端口是不能配置 IP 地址的,只能通过为管理 VLAN 配置一个 IP 地址,使用这个地址进行远程连接。

```
C: \>telnet 192.168.1.1
Trying 192.168.1.1 ...Open

User Access Verification

Password:
Switch>
```

为了安全,Cisco 交换机必须要为虚拟终端设置密码,否则交换机会主动关闭 Telnet
连接。

```
PC>telnet 192.168.1.1
Trying 192.168.1.1 ...Open

[Connection to 192.168.1.1 closed by foreign host]
```

同样为了安全,还要设置进入特权执行模式的密码,否则也会提示错误。

```
Switch>enable
%No password set.
```

如果成功连接并输入了正确的密码后,就可以像在本地操作一样配置交换机了。但是有
一个前提条件,即需要使用命令配置交换机的管理 IP 地址和子网掩码等信息。

3.2.4　交换机基本配置命令

交换机中的命令有上百个,分布在不同的模式视图中,下面简要介绍一些常用的命令。

1. 查看交换机信息

show version 命令可以查看交换机的类型、当前运行的操作系统版本、内存状态、进程状
态和交换机运行状态。这个命令可以在用户执行模式或特权执行模式中执行。

```
Switch#show version
Cisco Internetwork Operating System Software
IOS (tm) C2950 Software (C2950-I6Q4L2-M), Version 12.1(22)EA4, RELEASE
SOFTWARE(fc1)
Copyright (c) 1986-2005 by cisco Systems, Inc.
Compiled Wed 18-May-05 22:31 by jharirba
Image text-base: 0x80010000, data-base: 0x80562000
...
```

2. 查看历史命令

show history 命令可以显示用户输入过的历史命令,默认显示最近的 10 个。这个命令可
以在用户执行模式或特权执行模式中执行。

```
Switch#show history
  show version
  SHOW VERSION
  ...
  dir
  show history
```

3. 修改交换机的名称

交换机的名称在 CLI 中作为命令提示符的一部分显示出来,默认的名称都是 Switch,如

果网络环境中的交换机比较多,管理员在配置时就可能出现混淆。因此可以在全局配置模式下使用 hostname 命令修改交换机的名称。

```
Switch(config)#hostname Layer3-1
Layer3-1(config)#
```

4. 设置或删除特权模式密码

交换机是网络中最基础,也是最重要的设备之一,它的状态和配置信息对于网络的正常运行至关重要。但是为了方便管理,任何人只要知道了交换机的管理 IP 地址,都可以使用远程登录的方式(Telnet)进入交换机的 CLI 中,甚至可以直接使用 Console 接口访问交换机,这将威胁到网络的正常运行。

为了安全,交换机的操作系统划分出了多个模式,不同的模式有不同的操作级别,在用户执行模式中可以执行的命令,大多是一些简单的信息查看命令,或是对于网络运行没有任何影响的命令。而特权执行模式和其他的模式中的命令则可以改变交换机的配置,进而影响网络运行。因此可以在全局配置模式使用 enable 命令给特权执行模式增加一个密码。

密码有两种类型,一种是不加密的明文密码,使用 enable password 命令,第二个参数是1 到 25 个字符组成的密码字符串。

```
Switch(config)#enable password unencry-pwd
```

设置好密码以后,可以查看配置文件,会发现其密码是以明文方式存储的。

```
Switch#show running-config
Building configuration...
...
enable password unencry-pwd
...
```

另一种是加密的密码,使用 enable secret(或是 enable secret 5)命令,后面写上密码字符串。

```
Switch(config)#enable secret encry-secret
```

设置好密码以后,可以查看配置文件,会发现使用这个命令输入的密码是以密文的方式存储的。

```
Switch#show running-config
...
enable secret 5 $1$mERr$itpJc2URaU2sJrFa4Onuz/
enable password unencry-pwd
...
```

如果两种密码都被设置,加密密码将会被优先使用,在进入特权执行模式时要输入 enable secret 命令设置的密码,只有当加密密码没有设置或被删除,才会使用明文密码(即使用 enable password 命令设置的密码)。

```
Switch>enable
Password:
Switch#
```

注：由于安全原因，在提示字符串 Password：后输入的密码是不回显的，即输入的内容不显示在屏幕上，但已经被系统记录下来。

如果密码输入错误，可以重新输入，共有三次机会，如果三次都输入错误，就会显示错误提示。

```
Switch>enable
Password:
Password:
Password:
%Bad secrets
```

在全局配置模式下使用 no enable password 或 no enable secret 命令可以删除明文密码和加密密码。

5. 重新启动交换机

由于交换机没有电源开关，如果需要重新启动交换机，就只能断电并重新加电，或是使用 reload 命令重启。

```
Switch#reload
Proceed with reload? [confirm]
C2950 Boot Loader (C2950-HBOOT-M) Version 12.1(11r)EA1, RELEASE SOFTWARE (fc1)
Compiled Mon 22-Jul-02 18:57 by miwang
...
Loading "flash:/c2950-i6q4l2-mz.121-22.EA4.bin"...
##################################################################
[OK]
...
Press RETURN to get started!
```

3.3   交换机的高级配置与管理

为了方便网络设备间的相互了解、提高网络运行效率、增加网络构建灵活性、增强网络安全性，交换机提供了对多种技术和协议的支持，下面简要介绍一些常见的配置方法和管理技术。

3.3.1   Cisco 发现协议

Cisco 发现协议(Cisco Discovery Protocol，CDP)是一个工作在数据链路层(ISO/OSI 的第二层)上的协议，它由 Cisco 公司研发，只使用在 Cisco 设备(包括路由器、网桥、接入服务器和交换机等)中，其主要作用是发现和查看相邻设备的简单配置信息，并识别所连接设备的详细信息，在故障排错、性能优化等方面有着不可替代的作用。

交换机的 CDP 协议在默认情况下是启动的，可以使用 no cdp run 关闭 CDP 协议，或是使用 cdp run 打开 CDP 协议。

在特权执行模式中使用 show cdp 命令可以查看到 CDP 的基本信息。

```
Switch#show cdp
Global CDP information:
    Sending CDP packets every 60 seconds
    Sending a holdtime value of 180 seconds
Sending CDPv2 advertisements is enabled
```

默认时,CDP 包每间隔 60 秒给邻居设备发送一次。Holdtime 表示设备保存上一次得到的邻居信息的最大有效时间,默认是 180 秒。CDPv2 advertisements 表示 CDP 通告第二版本可以使用。

如果关闭了 CDP 协议后,再使用这个命令查看,就会显示错误提示。

```
Switch#show cdp
%CDP is not enabled
```

如果需要查看邻居设备的信息,可以使用 show cdp neighbors 等命令。如图 3-15 所示的网络拓扑结构图中,在 Switch0 的 CLI 的特权执行模式下输入这个命令,可以看到邻居设备的简要信息。

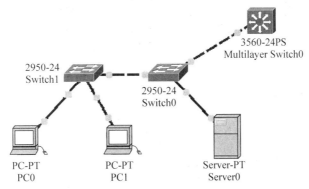

图 3-15 由三台交换机连接组成的一个网络

```
Switch#show cdp neighbors
Capability Codes: R -Router, T -Trans Bridge, B -Source Route Bridge
                  S -Switch, H -Host, I -IGMP, r -Repeater, P -Phone
Device ID  Local Intrfce  Holdtme  Capability  Platform  Port ID
 Switch     Fas 0/2        131                  3560      Fas 0/1
 Switch     Fas 0/1        172      S           2950      Fas 0/1
```

显示的邻居设备的详细信息包括邻居设备的 ID(Device ID)、本设备与邻居设备连接的端口(Local Interface)、剩余信息保存时间(Holdtime)、邻居设备类型(Capability)、型号(Platform)和邻居设备与本地设备连接的端口(Port ID)。

从图 3-15 可以看到,Switch0 与两台交换机连接,其中一台与自己一样都是 2950,另一台则是一台 3560 的三层交换机。而 PC 与服务器由于不支持 CDP 协议,所以没有找到它们的信息。

还可以使用 show cdp entry 来查看邻居设备的更详细信息,在这个命令的后面,如果增加一个邻居设备名称作为参数,则可以看到指定设备的详细信息。如果在这个命令后加"＊",则表示要显示全部设备的详细信息。

```
Switch#show cdp entry *

Device ID: Switch
Entry address(es):
Platform: cisco 3560, Capabilities:
Interface: FastEthernet0/2, Port ID (outgoing port): FastEthernet0/1
Holdtime: 146

Version :
Cisco IOS Software, C3560 Software (C3560-ADVIPSERVICESK9-M), Version 12.2(37)
SE1, RELEASE SOFTWARE (fc1)
Copyright (c) 1986-2007 by Cisco Systems, Inc.
Compiled Thu 05-Jul-07 22:22 by pt_team

advertisement version: 2
Duplex: full
----------------------------

Device ID: Switch
Entry address(es):
Platform: cisco 2950, Capabilities: Switch
...
```

虽然 CDP 可以帮助网络管理员发现相邻的设备,但是由于其自身设计的问题,在有些时候,会对网络的安全、效率产生一定的影响。为了灵活应用,Cisco 交换机允许对每一个接口设置是否启用 CDP(具体操作参见 3.3.2 小节),然后使用 show cdp interface 命令查看端口启动 CDP 的情况。

```
Switch#show cdp interface
FastEthernet0/1 is up, line protocol is up
  Sending CDP packets every 60 seconds
  Holdtime is 180 seconds
...
FastEthernet0/24 is down, line protocol is down
  Sending CDP packets every 60 seconds
  Holdtime is 180 seconds
```

3.3.2 配置与管理交换机接口

配置与管理交换机接口是管理员最基本,也是最重要的工作,是其他各种技术的基础。交换机接口主要包括以太网接口、VLAN 接口(在 3.3.3 小节中介绍)和线路接口。

1. 以太网接口

在交换机上最多的就是以太网接口(它们有可能是 RJ-45 双绞线接口、光纤或其他接口),一般所称的多少口交换机,就是指以太网接口,它是与其他网络或终端设备(比如 PC)连接的主要接口。以太网接口有多种类型,现在比较常用的是以太网(Ethernet,可以缩写为 E)、快速以太网(FastEthernet,可以缩写为 Fa 或 F)、千兆以太网(GigabitEthernet,可以缩写为 Gi 或 G)。

1) 查看以太网接口信息

在交换机的特权执行模式中输入命令 show interfaces,会依次将每一个接口的各种状态及信息显示出来,主要包括接口是否连接(up 或 down)、物理地址、连接速率、收到的包数、收到的字节数、收到的速率、发出的包数、发出的字节数、发出的速率等内容。

```
Switch>show interfaces
FastEthernet0/1 is up, line protocol is up (connected)
    Hardware is Lance, address is 0001.c7ea.b601 (bia 0001.c7ea.b601)
  BW 100000 Kbit, DLY 1000 usec,
      reliability 255/255, txload 1/255, rxload 1/255
    Encapsulation ARPA, loopback not set
    Keepalive set (10 sec)
    Full-duplex, 100Mb/s
    input flow-control is off, output flow-control is off
    ARP type: ARPA, ARP Timeout 04:00:00
    Last input 00:00:08, output 00:00:05, output hang never
    Last clearing of "show interface" counters never
    Input queue: 0/75/0/0 (size/max/drops/flushes); Total output drops: 0
    Queueing strategy: fifo
    Output queue :0/40 (size/max)
    5 minute input rate 0 bits/sec, 0 packets/sec
    5 minute output rate 0 bits/sec, 0 packets/sec
      956 packets input, 193351 bytes, 0 no buffer
      Received 956 broadcasts, 0 runts, 0 giants, 0 throttles
      0 input errors, 0 CRC, 0 frame, 0 overrun, 0 ignored, 0 abort
      0 watchdog, 0 multicast, 0 pause input
      0 input packets with dribble condition detected
      2357 packets output, 263570 bytes, 0 underruns
--More--
```

也可以在该命令后面跟一个正确的接口名称,结果将只显示指定接口的信息。

```
Switch#show interfaces FastEthernet 0/1
```

接口名称一般由三部分组成,先是接口类型,然后是插槽号(从 0 开始,表示接口模块安装在哪个插槽中,默认是第 0 个),最后是接口号(从 1 开始,与面板上标识的接口编号一一对应,它与插槽号之间使用"/"分隔)。比如上面命令中,FastEthernet 0/1 表示快速以太网第 0 插槽第 1 个以太网接口。也可以使用缩写,表示为 f0/1 或 F0/1。

2) 以太网接口 CDP 的配置

每一个以太网接口都可以单独开启或关闭 CDP 功能,在指定接口的接口配置模式(在全局配置模式中输入"interface 接口名称"进入接口配置模式)下使用 cdp enable 命令可以开启 CDP,使用 no cdp enable 命令可以关闭 CDP 功能。

3) 配置以太网接口的描述信息

为了更好地了解每个以太网接口连接设备或物理位置的情况,可以在接口配置模式下使用 description 命令为以太网接口增加一个有意义的文字描述。

```
Switch(config-if)#description 2-301
Switch(config-if)#^Z
Switch#show interfaces f0/1
FastEthernet0/1 is up, line protocol is up (connected)
  Hardware is Lance, address is 000a.f3e8.c701 (bia 000a.f3e8.c701)
  Description: 2-301
  ...
```

4) 手动打开或关闭以太网接口

由于某种原因(比如安全原因),需要手动打开或关闭某个以太网接口,可以在接口配置模式下使用 shutdown 命令关闭以太网接口。

```
Switch(config-if)#shutdown
%LINK-5-CHANGED: Interface FastEthernet0/1, changed state to administratively down
%LINEPROTO-5-UPDOWN: Line protocol on Interface FastEthernet0/1, changed state
to down
```

命令正确执行后,相应的端口将被关闭,其面板上的对应指示灯也会灭掉。

使用 no shutdown 命令可以再次打开以太网接口。

```
Switch(config-if)#no shutdown
%LINK-5-CHANGED: Interface FastEthernet0/1, changed state to up
%LINEPROTO-5-UPDOWN: Line protocol on Interface FastEthernet0/1, changed state
to up
```

5) 显示 MAC 地址与端口对应关系表

与交换机连接的网络设备的物理地址和交换机端口的对应关系,被临时存储在一张二维表里,交换机的所有数据转发工作都要依据这个表。在特权执行模式下使用 show mac-address-table 命令可以查看表中的信息。

```
Switch#show mac-address-table
      Mac Address Table
-------------------------------------------
Vlan    Mac Address     Type       Ports
----    -----------     --------   -----
  1     0007.ec34.e171  DYNAMIC    Fa0/2
  1     00e0.f9a7.d028  DYNAMIC    Fa0/1
  1     1234.5678.abcd  STATIC     Fa0/3
```

表中第一列标识以太网端口属于哪个 VLAN(默认是 VLAN 1),第二列显示与交换机连接的网络设备的物理地址(十六进制方式显示),第三列是记录类型,分为动态(DYNAMIC)和静态(STATIC)两种,第四列指定了交换机以太网接口的名称。上面命令显示的是如图 3-16 所示网络拓扑结构的 MAC 地址表。

动态记录是由交换机自己学习得到的,而静态记录是由管理员手工增加的。在全局配置模式下使用 mac-address-table static 命令可以增加一条静态 MAC 地址记录。

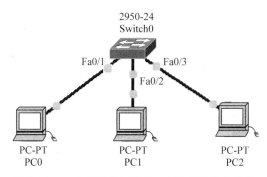

图 3-16　一台交换机与三台 PC 连接组成的网络

```
Switch(config)#mac-address-table static 1234.5678.abcd vlan 1 interface
FastEthernet 0/3
```

1234.5678.abcd 指要增加记录的物理地址,VLAN 1 表示增加到 VLAN 1 中,interface FastEthernet 0/3 表示物理地址的对应端口是 Fa0/3 以太网接口。

如果需要重新生成 MAC 地址表,可以使用 clear mac-address-table 命令清除所有记录,或是使用 clear mac-address-table dynamic 命令清除动态记录。

6) 切换交换端口模式

以太网接口从用途划分,可以包括交换端口、交换机虚拟端口、连接端口、路由端口等。其中交换端口使用最广泛,最常用的有两种。

(1) 访问端口:用于转输一个 VLAN 内的通信。

(2) 中继端口:用于转输多个 VLAN 内的通信,其主要作为不同 VLAN 的共同通道(一般要和路由配合使用)。

在接口配置模式下使用 switchport 命令切换交换端口模式,并配置相关的设置。下面的命令将指定端口改变为 VLAN 1 的访问端口(第一条命令为配置成访问端口,第二条命令是指定 VLAN)。

```
Switch(config-if)#switchport mode access
Switch(config-if)#switchport access vlan 1
```

如果需要将端口指定为中继端口,可以使用 switchport mode trunk 命令。

2. 线路接口

线路接口主要包括控制台接口(console)和虚拟终端接口(vty)。

在全局配置模式模式下使用 line console 0 命令可以进入控制台接口,也可以使用 line vty 0(指定一个虚拟终端)或 line vty 0 5(指定从 0 到 5 多个虚拟终端)命令进入虚拟终端接口中。

线路接口有多种配置命令,其中最常用的是在虚拟终端接口中指定访问密码,即使用 password 指定一个通过虚拟终端访问交换机的连接密码,在 Telnet 远程登录访问交换机时必须要设置,否则将不能使用(参见 3.2.3 小节)。

3.3.3　虚拟局域网(VLAN)

虚拟局域网(VLAN),其主要作用是把一个物理的局域网(LAN)划分成多个逻辑的局域网,每个局域网是一个广播域,其内部主机间的通信就和在一个物理局域网内一样,而局域网间则不能直接互通。

VLAN 技术主要应用在交换机中(但不是所有交换机都支持 VLAN),常以以太网端口为单位进行划分。

1. 查看 VLAN 信息

在特权执行模式下执行 show vlan 命令可以查看所有 VLAN 的信息,如果在这个命令后加入 VLAN 号作为参数,则只显示指定 VLAN 号的信息。

```
Switch# show vlan
VLAN Name                             Status    Ports
-----------------------------------------------------------------------
---
1    default                          active    Fa0/1, Fa0/2, Fa0/3, Fa0/4
                                                 Fa0/5, Fa0/6, Fa0/7, Fa0/8
                                                 Fa0/9, Fa0/10, Fa0/11, Fa0/12
                                                 Fa0/13,Fa0/14,Fa0/15, Fa0/16
                                                 Fa0/17,Fa0/18,Fa0/19, Fa0/20
                                                 Fa0/21,Fa0/22,Fa0/23, Fa0/24
     1002 fddi-default                act/unsup
     1003 token-ring-default          act/unsup
     1004 fddinet-default             act/unsup
     1005 trnet-default               act/unsup

     VLAN Type  SAID   MTU  Parent RingNo BridgeNo Stp BrdgMode Trans1
     Trans2
     ------------------------------------------------------------------------
     1    enet  100001 1500 -      -      -        -   -        0      0
     1002 fddi  101002 1500 -      -      -        -   -        0      0
     1003 tr    101003 1500 -      -      -        -   -        0      0
     1004 fdnet 101004 1500 -      -      -        ieee -       0      0
     1005 trnet 101005 1500 -      -      -        ibm  -       0      0

     Remote SPAN VLANs
     ------------------------------------------------------------------------

     Primary Secondary Type       Ports
     ---------------------------------
     ---------------------------------
```

在显示的信息中主要包括每个 VLAN 的 VLAN 号、VLAN 的描述名称(Name)、VLAN 的状态(Status)和属于每个 VLAN 的端口的名称(Ports)。默认情况下,交换机肯定会有 VLAN 1,并包括全部以太网接口。

除此之外,还可以在特权执行模式下执行 show interfaces vlan VLAN 号命令,查看指定 VLAN 接口的信息。

```
Switch#show interfaces vlan 1
Vlan1 is administratively down, line protocol is down
  Hardware is CPU Interface, address is 0040.0b33.9058 (bia 0040.0b33.9058)
  Internet address is 192.168.1.2/24
  MTU 1500 bytes, BW 100000 Kbit, DLY 1000000 usec,
    reliability 255/255, txload 1/255, rxload 1/255
  Encapsulation ARPA, loopback not set
  ARP type: ARPA, ARP Timeout 04:00:00
  Last input 21:40:21, output never, output hang never
  Last clearing of "show interface" counters never
  Input queue: 0/75/0/0 (size/max/drops/flushes); Total output drops: 0
  Queueing strategy: fifo
  Output queue: 0/40 (size/max)
  5 minute input rate 0 bits/sec, 0 packets/sec
  5 minute output rate 0 bits/sec, 0 packets/sec
    1682 packets input, 530955 bytes, 0 no buffer
    Received 0 broadcasts (0 IP multicast)
    0 runts, 0 giants, 0 throttles
    0 input errors, 0 CRC, 0 frame, 0 overrun, 0 ignored
    563859 packets output, 0 bytes, 0 underruns
    0 output errors, 23 interface resets
    0 output buffer failures, 0 output buffers swapped out
```

2. 管理 VLAN

在 VLAN 配置模式下可以使用 vlan 命令或 no vlan 命令增加、修改、删除 VLAN。

使用 vlan VLAN 号 name VLAN-描述名命令可以创建一个新的 VLAN,并指定相应的文字描述名称。

```
Switch(vlan)#vlan 2 name VLAN-2
VLAN 2 added:
    Name: VLAN-2
```

创建完成后,可以查看到 VLAN 2 的信息。

```
Switch#show vlan
...
2    VLAN-2              active
...
```

在创建 VLAN 的命令之前加上 no 命令,即 no vlan...,则表示删除指定的 VLAN。如果需要修改 VLAN 的文字描述名,则还使用 vlan 命令,只不过将 name 后的描述文字修改为新的内容。

注:在同一个网络中的多台交换机上创建相同 VLAN 号的 VLAN,属于同一个 VLAN 号的端口之间可以互相连通。

3. 为指定 VLAN 添加以太网端口

新的 VLAN 创建完成后,需要将指定的以太网端口划分到这个 VLAN 中,在接口配置模

式下使用 switchport access vlan VLAN 号命令将当前接口从原有 VLAN 移动到指定的
VLAN 中。

```
Switch(config)#interface fa0/10
Switch(config-if)#switchport access vlan 2
```

通过查看 VLAN 的信息,可以看到 Fa0/10 端口已经被划分到了 VLAN 2 中。

```
Switch#show vlan
VLAN  Name                              Status    Ports
----------------------------------------------------------------------------
-----------
1     default                           active    Fa0/1, Fa0/2, Fa0/3, Fa0/4
                                                  Fa0/5, Fa0/6, Fa0/7, Fa0/8
                                                  Fa0/9,Fa0/11, Fa0/12, Fa0/13
                                                  Fa0/14,Fa0/15, Fa0/16, a0/17
                                                  Fa0/18,Fa0/19, Fa0/20, a0/21
                                                  Fa0/22, Fa0/23, Fa0/24
2     VLAN-new2                         active    Fa0/10
...
```

4. 为 VLAN 配置 IP 信息

由于交换机上的以太网接口一般都是二层接口,不能配置 IP 地址,因此为了能够远程登
录到交换机上,需要在 VLAN 中配置 IP 地址等内容。

在配置 VLAN 模式下执行"ip address IP 地址 子网掩码"命令可以为当前 VLAN 接口配
置 IP 及子网掩码。

```
Switch(config-if)#ip address 192.168.1.2 255.255.255.0
```

3.3.4 生成树协议

二层设备,尤其是网桥(也包括交换机)的使用,比使用只会放大和广播信号的集线器(一
层设备)更能为网络提供高效的传输服务。但是网桥也有缺陷,其主要缺陷在于不能像路由器
那样知道报文可以经过多少次转发,因此一旦网络存在环路就会造成报文在环路内不断循环
和增生,影响网络中所有设备的正常通信,这种情况也称广播风暴。为了解决这一问题,出现
了生成树协议(Spanning Tree Protocol,STP)。

生成树协议是一个数据链路层(ISO/OSI 参考模型第二层)的管理协议,它在二层环路网
络拓扑结构中选择定义根桥、根端口等内容,使用生成树算法,通过有选择性地阻塞网络冗余
链路来达到建立一个二层树型网络拓扑结构。

随着网络规模的扩展,一个交换网络中的二层设备越来越多,不可避免地会出现人为连接
错误的情况,如果不小心将网络连接成环路,在支持 STP 的网络中就会避免出现广播风暴,使
网络中的其他设备可以正常通信。

Cisco 多数型号的交换机都支持 STP,其默认配置是运行 STP。使用两台 Cisco 2950 和
一台 Cisco 3560 交换机连接成如图 3-17 所示的网络拓扑结构,三台交换机形成了一个二层环
路网络,在交换机加电自检并初始化配置成功后,三台交换机会进行相互协商,在整个交换网

络中选取一个设备作为根网桥(Cisco 3560 当作树型网络的根交换机,一般选取交换机 ID 值比较小的设备作为根)。

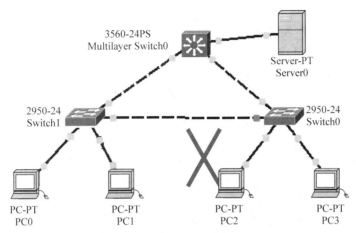

图 3-17　使用三台交换机连接成的带有环路的网络(根设备是 3560)

在非根交换机中选取根端口(与两台 Cisco 2950 交换机连接的端口)是为了使非根交换机与根交换机之间形成最佳路径。最后将两台非根交换机之间连接的端口阻塞,使他们之间的连接断开。

被阻塞了端口的连接线路,并不是物理被断开,而是从逻辑上暂时断开,可以将其看成是一个备份的链路,如果某一条线路出现了问题(比如从 3560 到 Switch0 的线路断开),则 STP会在重新运行生成树算法时,开启这条被断开的线路。

使用 show spanning-tree 命令可以查看全部 VLAN 上的生成树信息,也可以在这个命令后面加入一个 VLAN 号作为参数,这将只查看指定的 VLAN 上的生成树信息。

```
Switch#show spanning-tree
VLAN0001
   Spanning tree enabled protocol ieee
   Root ID    Priority      32769
              Address       000C.CF93.180A
              Cost          19
              Port          v2(FastEthernet0/2)
              Hello Time    2 sec Max Age 20 sec Forward Delay 15 sec

   Bridge ID  Priority      32769 (priority 32768 sys-id-ext 1)
              Address       00D0.FFBD.18BE
              Hello Time    2 sec Max Age 20 sec Forward Delay 15 sec
              Aging Time    20

Interface       Role Sts Cost    Prio.Nbr    Type
---------------------------------------------------------
Fa0/4           Desg FWD 19      128.4       P2p
Fa0/1           Altn BLK 19      128.1       P2p
Fa0/2           Root FWD 19      128.2       P2p
Fa0/3           Desg FWD 19      128.3       P2p
```

上面显示的内容是在 Switch0 交换机中执行命令的结果,从中可以看到,根交换机的

VLAN 地址(物理地址)是 000C.CF93.180A(这个是 3560 VLAN 1 的物理地址),表示 3560 是根设备。Fa0/1 接口(Switch0 与 Switch1 连接使用的端口)的状态为阻塞。Fa0/2 接口(Switch0 与 3560 连接使用的端口)是根端口。

根交换机也可以由管理员手工指定,在准备做根的交换机中的全局配置模式下输入 spanning-tree vlan 1 root primary 命令,等待一段时间后,再次查看 STP 信息,会发现根交换机、根端口和交换机之间的连接链路等都发生了变化。

下面是在 Switch 0 交换机上执行命令后,显示的 STP 信息。

```
Switch#show spanning-tree
VLAN0001
  Spanning tree enabled protocol ieee
  Root ID    Priority    24577
             Address     00D0.FFBD.18BE
...
Interface    Role Sts Cost    Prio.Nbr    Type
-------------------------------------------------------
--------
Fa0/4        Desg FWD 19       128.4       P2p
Fa0/1        Desg FWD 19       128.1       P2p
Fa0/2        Desg FWD 19       128.2       P2p
Fa0/3        Desg FWD 19       128.3       P2p
```

其对应的网络拓扑结构,如图 3-18 所示。

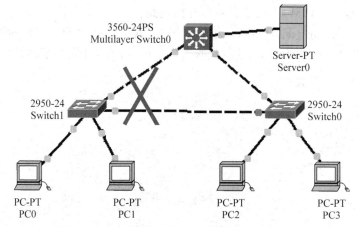

图 3-18　使用三台交换机连接成的带有环路的网络(根设备是右边的 2950)

3.3.5　交换机文件的管理

交换机上有四个可以存放数据的存储介质,除了 ROM 是只读的,上面的程序在交换机出厂时已经固化好,其他三个介质都可以长期或临时存放文件。交换机上需要管理的文件并不多,主要是存储在 Flash 的 iOS 系统文件、存储在 NVRAM 上的启动时配置文件(startup-config)和存储在 RAM 上的当前运行时配置文件(running-config)。

1. 查看配置文件信息

交换机一般有两个配置文件,一个称为启动时配置文件,它存储在非易失性介质中,在交换机启动时被读取,并按照其中的内容配置交换机。使用 show startup-config 命令可以查看其配置内容。

```
Switch#show startup-config
Using 974 bytes
!
version 12.1
no service timestamps log datetime msec
no service timestamps debug datetime msec
no service password-encryption
!
hostname Switch
!
...
end
```

使用 dir nvram:命令查看存储在 NVRAM 介质中的文件信息(主要是 startup-config 文件)。

```
Switch#dir nvram:
Directory of nvram:/

  238  -rw-    901   <no date>  startup-config

901 bytes total (237588 bytes free)
```

另一个称为当前运行时配置文件,是指当前正在运行的配置文件,应用于当前所做的所有配置更改。running-config 存储在易失性的 RAM 介质中,当交换机加电启动时,这个文件并不存在,它是在启动成功后,从 startup-config 文件复制过来的,因此在刚刚启动完成后,如果没有执行任何配置命令,running-config 和 startup-config 的内容是相同的。可以使用 show running-config 查看文件内容。

```
S1#show running-config
Building configuration...

Current configuration : 970 bytes
!
version 12.1
no service timestamps log datetime msec
no service timestamps debug datetime msec
no service password-encryption
!
hostname S1
!
end
```

2. 配置文件之间的互相转存

当用户执行了某个有效的配置命令后(比如修改了交换机的名称),其配置内容将只会存储在 running-config 中,这时两个配置文件的内容就会不同。如果这时交换机断电,配置内容会丢失,再加电启动后还需要重新配置。因此可以将使用设置好的临时性配置转变为长期配置,以便下次交换机重启后可以自动执行这些配置。

使用 copy running-config startup-config 命令可以将运行时配置文件存储为启动时配置文件。命令会提示输入目标文件名称,一般使用默认值(直接回车)就可以。

```
S1#copy running-config startup-config
Destination filename [startup-config]?
Building configuration...
[OK]
```

write memory 命令也可以完成相同的功能。

write erase 命令可以删除 NVRAM 中存储的文件,以便重新配置交换机。

```
S1#write erase
Erasing the nvram filesystem will remove all configuration files! Continue?
[confirm]
[OK]
Erase of nvram: complete
%SYS-7-NV_BLOCK_INIT: Initialized the geometry of nvram
```

当用户错误地设置了配置后,可以使用 no 命令一一删除,但如果没有转存为启动时配置,则可以直接重新启动交换机,或是使用 copy startup-config running-config 命令,将运行时配置重新修改成与启动时配置一样的内容。

```
S1#copy startup-config running-config
Destination filename [running-config]?

974 bytes copied in 0.416 secs (2341 bytes/sec)

%SYS-5-CONFIG_I: Configured from console by console
Switch#
```

3. 使用外部介质转存

由于某些需要(比如备份配置文件,或是需要将备份文件发送给其他人参看,或是运行他人给的配置实例),这时就需要从交换机中将配置文件复制到外部介质(比如计算机的硬盘)中。交换机上除了网络连接端口和 Console 外,没有任何与外部设备通讯的接口,而 Console 口不能传输文件,因此只能通过网络传输的方式将配置文件复制到外部介质。交换机支持的文件传输有两种,一种是 FTP(文件传输),另一种是 TFTP(简单文件传输)。由于 TFTP 使用广泛、操作简便,因此大多数都是采用这种方式。

使用 TFTP 传输文件之前,需要在一台 PC 上安装 TFTP 服务器软件,这里使用 Cisco TFTP,其界面如图 3-19 所示。窗口打开后 TFTP 就启动运行,如果需要停止服务直接关闭窗口就可以。Cisco TFTP 的配置也非常简单，单击"查看"菜单中的"选项"，在打开的"选项"
对话框中，把"TFTP 服务器根目录"的内容修改为指定的目录，其他选项一般不需要修改。

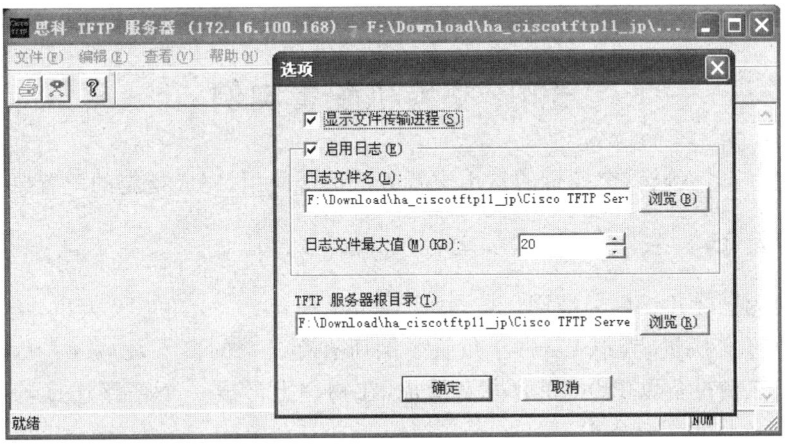

图 3-19　Cisco TFTP 服务器软件

配置好 PC 的 TFTP 服务器后，使用双绞线将 PC 与交换机连接在一起（不能使用
Console 口连接），或是将计算机连接到能够访问交换机的网络中，配置好 PC 的 IP，保证其可
以与交换机之间通讯。

登录到交换机，在特权执行模式下输入"copy running-config tftp:"或"copy startup-
config tftp:"，根据提示依次输入 TFTP 服务器的 IP 地址和要存储的文件名将配置文件转存
到外部介质上。

```
Switch#copy running-config tftp:
Address or name of remote host []? 192.168.1.3
Destination filename [Switch-confg]?

Writing running-config...!!
[OK - 974 bytes]

974 bytes copied in 3.078 secs (0 bytes/sec)
```

如果输入的 IP 地址不正确，或是网络连接有错误，会提示打开超时错误信息。

```
%Error opening tftp://192.168.2.3/Switch-confg (Timed out)
```

也可以使用 copy tftp: startup-config 或 copy tftp: running-config 将外部存储介质中的
文件复制到交换机中。

```
Switch#copy tftp: startup-config
Address or name of remote host []? 192.168.1.3
Source filename []? Switch-confg
Destination filename [startup-config]?

Accessing tftp://192.168.1.3/Switch-confg...
Loading Switch-confg from 192.168.1.3: !
```

```
[OK - 974 bytes]

974 bytes copied in 0.031 secs (31419 bytes/sec)
```

3.4　交换机配置实例

本节通过一个实例,将交换机的常用配置方法综合应用,完成指定的配置要求。

3.4.1　实例简介

某写字楼内已经建设好局域网环境,核心设备是一台 Cisco 2950 交换机,接入层也是使用两台 Cisco 2950 交换机,其中 Layer 1 负责一层所有办公室的接入,Layer 2 负责二层所有办公室的接入。三台设备以 ROOT 为根交换机,在物理上形成一个环路连接,其中 Layer1 与 Layer2 之间的连接为线路备份。

现有 A 公司租用了一层一间办公室和二层的二间办公室,另一家 B 公司租用了一层二间办公室和二层一间办公室,其拓扑结构如图 3-20 所示。

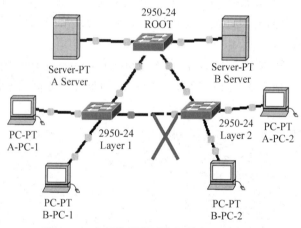

图 3-20　实例使用的网络拓扑结构示意图

两家公司现都仅需要使用局域网环境,使各自办公室内的 PC 只能连接到自己公司的服务器上。属于 A 公司的三台计算机和服务器,其中 A-PC-1 连接在 Layer 1 的 Fa0/1 端口上,A-PC-2 连接在 Layer 2 的 Fa0/1 端口上,A Server 连接在 ROOT 的 Fa0/1 端口上。

属于 B 公司的三台计算机和服务器,其中 B-PC-1 连接在 Layer 1 的 Fa0/2 端口上,B-PC-2 连接在 Layer 2 的 Fa0/2 端口上,B Server 连接在 ROOT 的 Fa0/2 端口上。

请根据描述要求和拓扑图对相应设备进行配置。

3.4.2　实例配置步骤

1. IP 地址分配

由于只涉及局域网,不与 Internet 连接,因此可以使用私有 IP 地址,IP 地址的分配如表 3-1 所示。

表 3-1　IP 地址分配表

设 备 名 称	IP 地址	子 网 掩 码	接入交换机端口号
A Server	192.168.1.100	255.255.255.0	ROOT 的 Fa0/2
A-PC-1	192.168.1.1	255.255.255.0	Layer 1 的 Fa0/2
A-PC-2	192.168.1.2	255.255.255.0	Layer 2 的 Fa0/3
B Server	192.168.2.100	255.255.255.0	ROOT Fa0/4
B-PC-1	192.168.2.1	255.255.255.0	Layer 1 的 Fa0/3
B-PC-2	192.168.2.2	255.255.255.0	Layer 2 的 Fa0/2
ROOT 的 VLAN 2	192.168.1.251	255.255.255.0	N/A
Layer 1 的 VLAN 2	192.168.1.252	255.255.255.0	N/A
Layer 2 的 VLAN 2	192.168.1.253	255.255.255.0	N/A
ROOT 的 VLAN 3	192.168.2.251	255.255.255.0	N/A
Layer 1 的 VLAN 3	192.168.2.252	255.255.255.0	N/A
Layer 2 的 VLAN 3	192.168.2.253	255.255.255.0	N/A

2. 交换机 ROOT 的配置

```
ROOT#show running-config
...
hostname ROOT
!
enable secret 5 $1$mERr$dzKTlviZZ4NnvgUBuOhsQ1
enable password 123456
!
spanning-tree vlan 1 priority 0
spanning-tree vlan 2-3 priority 16384
!
interface FastEthernet0/1
  switchport mode trunk
!
interface FastEthernet0/2
  switchport access vlan 2
  !
interface FastEthernet0/3
  switchport mode trunk
!
interface FastEthernet0/4
  switchport access vlan 3
  !
interface FastEthernet0/5
...
interface FastEthernet0/24
!
interface Vlan1
```

```
    no ip address
    shutdown
!
interface Vlan2
    ip address 192.168.1.251 255.255.255.0
!
interface Vlan3
    ip address 192.168.2.251 255.255.255.0
!
line con 0
    password 123456
!
line vty 0 4
    password 123456
    login
line vty 5 15
    login
!
end
```

3. 交换机 Layer 1 的配置

```
Layer1#sh running-config
...
hostname Layer1
!
enable secret 5 $1$mERr$dzKTlviZZ4NnvgUBuOhsQ1
enable password 123456
!
interface FastEthernet0/1
    switchport mode trunk
!
interface FastEthernet0/2
    switchport access vlan 2
!
interface FastEthernet0/3
    switchport access vlan 3
!
interface FastEthernet0/4
    switchport mode trunk
!
interface FastEthernet0/5
...
interface FastEthernet0/24
!
interface Vlan1
no ip address
    shutdown
!
```

```
interface Vlan2
  ip address 192.168.1.252 255.255.255.0
!
interface Vlan3
  ip address 192.168.2.252 255.255.255.0
!
line con 0
  password 123456
!
line vty 0 4
  password 123456
  login
line vty 5 15
  login
!
end
```

4. 交换机 Layer 2 的配置

```
Layer2#show running-config
...
hostname Layer2
!
enable secret 5 $1$mERr$dzKTlviZZ4NnvgUBuOhsQ1
enable password 123456
!
interface FastEthernet0/1
  switchport mode trunk
!
interface FastEthernet0/2
  switchport access vlan 3
  switchport mode access
!
interface FastEthernet0/3
  switchport access vlan 2
  switchport mode access
!
interface FastEthernet0/4
  switchport mode trunk
!
interface FastEthernet0/5
...
interface FastEthernet0/24
!
interface Vlan1
  no ip address
  shutdown
!
interface Vlan2
```

```
   ip address 192.168.1.253 255.255.255.0
!
interface Vlan3
   ip address 192.168.2.253 255.255.255.0
!
line con 0
   password 123456
!
line vty 0 4
   password 123456
   login
line vty 5 15
   login
!
end
```

本章小结

本章简单介绍了交换机的基本工作原理、交换机产品的分类,重点介绍了交换机的基本配置方法和模拟软件的使用。要求学生掌握在交换机上建立虚拟局域网的方法,掌握交换机之间连接的方法和应注意的问题,同时能熟练对交换机进行配置,特别是理解虚拟局域网的连接技术。了解交换机的外部接口特征和设备特性,并能用交换机进行局域网设计和设备选型。

思考与练习

1. 简述交换机组成虚拟局域网的工作原理。
2. 简述交换机在互联时应注意的问题。
3. 总结交换机的配置命令。
4. 从网上了解 Cisco 公司为交换机配备了哪些模块,其功能是什么。
5. 请为某学校建设局域网,学校共有四个独立的部门,相互之间不能访问。

实践课堂

在模拟软件上,实现如图 3-21 所示虚拟局域网设置。两个交换机 Fa0/24 设为 Trunk 模式。

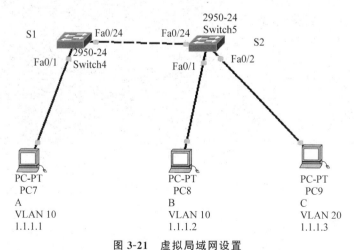

图 3-21　虚拟局域网设置

第 4 章

网 络 互 联

◉ *知识技能要求*

1. 掌握网络在 IP 层的路由原理,掌握不同网络互联设备的特点。
2. 掌握静态路由表和动态路由表的设置命令。
3. 在模拟软件上,按工程要求完成网络互联的设置。

4.1 常用网络互联设备概述

路由器和三层交换机是网络互联中最重要的设备,其主要用于连接多个逻辑上分开的网络,使属于不同网段的设备之间可以通讯。本章主要介绍网络互联设备的基本原理和配置方法,并在最后一节给出了一个简单的综合实例。

4.1.1 路由器概述

路由器是局域网之间或局域网和广域网之间进行互联的重要设备之一,它的核心功能是数据报文转发和路由处理。路由处理包括创建和维护路由表,完成这一功能需要启用路由协议如 RIP 或 OSPF 来发现和建立网络拓扑结构视图,形成路由表。路由处理一旦完成,将数据报文发送至目的地就是报文转发的任务了。

报文转发包括检查 IP 报文头、IP 数据包的分片和重组、修改存活时间(TTL)参数、重新计算 IP 头校验和、MAC 地址解析、IP 包的数据链路封装以及 IP 包的差错与控制处理(ICMP)等。

路由器的路由表中有许多条目,每个条目就是一条路由。每个路由条目至少要包含:路由条目的来源、目的网络地址及其子网掩码、下一跳(Next Hop)地址或数据包转发接口,如图 4-1 所示,路由器 R1 的路由表组成示意图。

在路由器 R1 的路由表中,第 1 行表示凡是到网络 10.120.2.0 的 IP 数据包,都要从 E0 接口转发出去;第 2 行表示凡是到网络 172.16.1.0 的数据包,都要从 S0 接口转发到下一跳路由器,也可用路由器接口的 IP 地址(192.168.0.5)表示。没有能匹配的数据包则丢弃,这样就做到了网络的隔离。

路由器主要由控制卡、接口卡、背板三个部分组成,如图 4-2 所示。

控制卡内包括 CPU,它的主要功能是运行路由器上的实时操作系统和路由协议。发现维护和邻居路由器连接,接收路由更新信息,计算并更新最终的路由转发表,并且把路由器和周围的路由器可达信息发送给网络上其他的路由器。整个网络的拓扑结构、互通信息是由网络中的所有路由器组成的系统进行的分布式路由计算出来的。

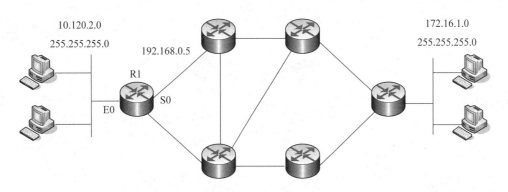

来源	目的网络	子网掩码	下一跳地址	转发接口
直连	10.120.2.0	255.255.255.0		E0
学习获得	172.16.1.0	255.255.255.0	192.168.0.5	S0

图 4-1   路由器 R1 的路由表组成示意图

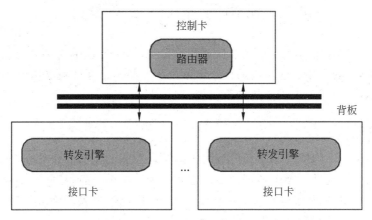

图 4-2   路由器模拟结构图

接口卡上面有多个端口和转发引擎,端口在接收报文时把 IP 报文从数据链路层的帧中解析出来,发送报文时把 IP 报文封装到数据帧中。转发引擎功能是接收报文,根据 IP 报文头查找路由转发表(router lookup),找到报文在网络上的下一节点和输出端口,再把发送给交换机构转发到输出端口;为了支持 QoS(Quality of Service,服务质量),端口在输入需要把接收到报文进行预分类,在输出时也可能进行队列分类和相应的调度以支持 QoS;对于某些类型的网络端口还需要运行一些链路层的协议,如 PPP 等。

背板或交换机构(Backplan/Switch Fabric)连接各个接口,在它们之间转发报文。常用的路由器交换机构是总线、共享内存(Share Memory)、交叉开关(Crossbar)。

4.1.2   三层交换机概述

三层交换机是将第二层交换机和第三层路由器两者的优势结合起来而形成的一个新的有机整体,它利用第三层协议中的信息来加强第二层交换功能,是新一代局域网路由和交换技术。

传统的路由器是一种软件驱动型设备,所有的数据包交换、路由和特殊服务功能,包括处理多种底层技术和多种第三层协议几乎都由软件来实现,并可通过软件升级增强设备功能,因而具有良好的扩展性和灵活性。但它也具有配置复杂、价格高、相对较低的吞吐量和相对较高的吞吐量变化等缺点。

第三层交换技术在很大程度上弥补了传统路由器这些缺点。在设计第三层交换产品时通常使用下面一些方法:削减处理的协议数,常常只对 IP;只完成交换和路由功能,限制特殊服务;使用专用集成电路(ASIC)构造更多功能,而不是采用 RSIC 处理器之上的软件运行这些功能。

三层交换产品采用结构化、模块化的设计方法,体系结构具有很好的层次感。软件模块和硬件模块分工明确、配合协调,信息可为整个设备集中保存、完全分布或高速缓存。IP 包的第三层目的地址在帧中的位置是确定的,地址位就可被硬件提取,并由硬件完成路由计算或地址查找;路由表构造和维护则可继续由 RSIC 芯片中的软件完成。

目前应用在局域网互联的第三层交换设备多是基于报文到报文交换技术。各个厂商所提供的第三层交换设备在体系结构上几乎具有相同的硬件结构。

中央硅交换阵列通过 CPU 接口总线连接 CPU 模块,并通过 I/O 接口总线连接 I/O 接口模块。它是设备各端口流量汇聚和交换的集中点,由它提供设备各进出端口的并行交换路径,所有跨 I/O 接口模块的数据流都要通过硅交换阵列进行转发。每个 I/O 接口模块包含一个或多个转发引擎,其上的 ASIC 完成所有的报文操作,包括路由查找、报文分类、第三层转发和业务流决策,这一将报文转发分布于每一个 I/O 端口的 ASIC 的方法是第三层交换设备能够快速路由的关键部分。

CPU 模块主要完成设备的背景操作,如运行与路由处理相关的各种路由协议、创建和维护路由表、系统配置等,并把路由表信息导入每一个 I/O 接口模块分布式转发引擎的 ASIC 中。这样,各接口模块的分布式转发引擎 ASIC 直接根据路由表做出报文的转发策略,无须像传统路由器那样所有报文必须经过 CPU 的处理。

如图 4-3 所示是 GY-302A 三层交换机系统结构图。

4.1.3 路由器与三层交换机的比较

1. 主要功能不同

虽然三层交换机与路由器都具有路由功能,但我们不能因此而把它们等同起来,正如现在许多网络设备同时具备多种传统网络设备功能一样,宽带路由器不仅具有路由功能,还提供了交换机端口、硬件防火墙功能,但不能把它与交换机或者防火墙等同起来一样。因为这些路由器的主要功能还是路由功能,其他功能只不过是其附加功能,其目的是使设备适用面更广、更加实用。

三层交换机仍是交换机产品,只不过它是具备了一些基本路由功能的交换机,它的主要功能仍是数据交换。也就是说它同时具备了数据交换和路由处理两种功能,但其主要功能还是数据交换。

2. 主要适用的环境不一样

三层交换机的路由功能通常比较简单,因为它所面对的主要是简单的局域网连接。三层交换机在局域网中的主要用途是提供快速数据交换功能,满足局域网数据交换频繁的应用特点。

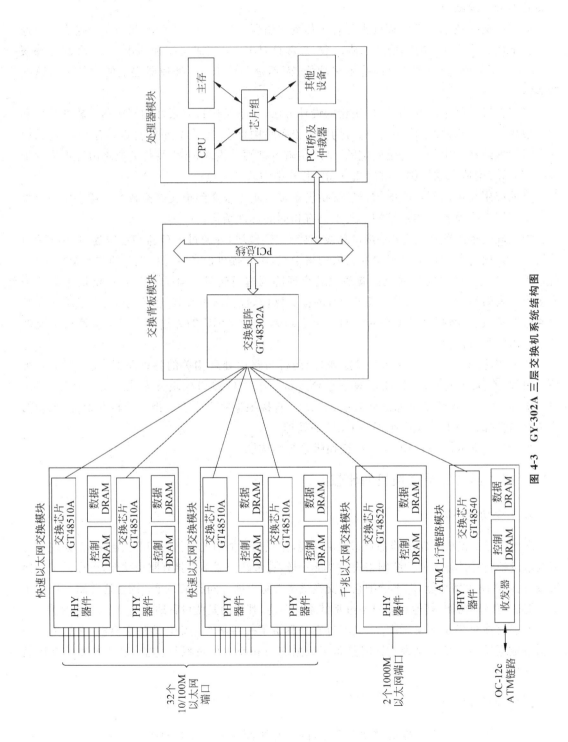

图 4-3 GY-302A 三层交换机系统结构图

而路由器则不同,它的设计初衷就是为了满足不同类型的网络连接,虽然也适用于局域网之间的连接,但它的路由功能更多地体现在不同类型网络之间的互联上,如局域网与广域网之间的连接、不同协议的网络之间的连接等,所以路由器主要用于不同类型的网络之间。它最主要的功能是路由转发,解决好各种复杂路由路径网络的连接是它的最终目的,所以路由器的路由功能通常非常强大,不仅适用于同种协议的局域网间,更适用于不同协议的局域网与广域网间。它的优势在于选择最佳路由、负荷分担、链路备份及和其他网络进行路由信息的交换等。

为了与各种类型的网络连接,路由器的接口类型非常丰富,而三层交换机则一般仅同类型的局域网接口,非常简单。

3. 性能体现不一样

从技术上讲,路由器和三层交换机在数据包交换操作上存在着明显区别。路由器一般由基于微处理器的软件路由引擎执行数据包交换,而三层交换机通过硬件执行数据包交换。三层交换机在对第一个数据流进行路由后,它将会产生一个 MAC 地址与 IP 地址的映射表,当同样的数据流再次通过时,将根据此表直接从二层通过而不是再次路由,从而消除了路由器进行路由选择而造成网络的延迟,提高了数据包转发的效率。同时,三层交换机的路由查找是针对数据流的,它利用缓存技术,很容易利用 ASIC 技术来实现,可以大大节约成本,并实现快速转发。而路由器的转发采用最长匹配的方式,实现复杂,通常使用软件来实现,转发效率较低。

正因如此,从整体性能上比较的话,三层交换机的性能要远优于路由器,非常适用于数据交换频繁的局域网;而路由器虽然路由功能非常强大,但它的数据包转发效率远低于三层交换机,更适用于数据交换不是很频繁的不同类型网络的互联,如局域网与广域网的互联。如果把路由器,特别是高档路由器用于局域网中,在很大程度上是一种浪费(就其强大的路由功能而言),还不能很好地满足局域网通信性能需求,影响子网间的正常通信。

4.1.4 组播简介

传统网络是为数据传输而设计的,基本通信模式为点对点模式,所用的传输协议多为点到点的协议。但随着 Internet 的发展,产生了许多新的应用,其中不少是高带宽的多媒体应用,如网络视频会议(可视化 IP 电话会议系统)、网络音频/视频广播、多媒体远程教育、远程会诊等。

这些应用是典型的点到多点通信模式,如果仍旧采用点到点的通信模式,那么服务器则需要与每一个客户端建立一条点到点的通信链路,这样所需消耗的带宽就是业务需要带宽的 N 倍(N 为客户端的个数),这样大大增加了网络发送负载,造成网络延时、带宽急剧消耗、网络拥挤问题。为了缓解网络瓶颈,人们提出增加互连带宽、改变网络流量结构以及组播技术等。

组播是一种允许一个或多个发送者(组播源)发送单一的数据包到多个接收者(一次的、同时的)的网络技术,它允许使用用户数量增长,但主干带宽不需要随之增加,如图 4-4 所示。组播源把数据包发送到特定组播组,而只有属于该组播组的地址才能接收到数据包。组播可以大大的节省网络带宽,因为无论有多少个目标地址,在整个网络的任何一条链路上只传送单一的数据包。它提高了数据传送效率。减少了主干网出现拥塞的可能性。组播组中的主机可以是在同一个物理网络,也可以来自不同的物理网络(如果有组播路由器的支持)。

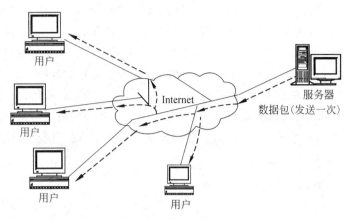

图 4-4   组播模型

1. 组播的分类

组播可以分成 MAC 层的组播和 IP 组播。MAC 层组播的特点是 MAC 地址是特定的组播 MAC 地址,是对 MAC 帧做组播转发属于数据链路层的组播,组播处理在 L2 交换引擎中处理,判断的依据是目的 MAC 地址;而 IP 组播则是 IP 包的目的 IP 地址是 D 类地址,是对 IP 包做组播,是属于网络层的组播,组播处理在路由模块处理,判断的依据是目的 IP 地址。

组播 MAC 地址的特点是 6 字节 MAC 地址的前 3 字节必须是 01:00:5e,因此组播 MAC 地址的范围是 01:00:5e:00:00:00~01:00:5e:ff:ff:ff。

组播 IP 地址的特点是 D 类 IP 地址,前 4 个 bit 是 1110,地址范围是 224.0.0.1~239.255.255.255,如图 4-5 所示。

图 4-5   D 类 MAC 地址

组播 IP 包在以太网中传输时封装成组播以太帧,该以太帧的目的 MAC 地址是从组播 IP 地址以固定的格式映射成的组播 MAC 地址,如图 4-6 所示。

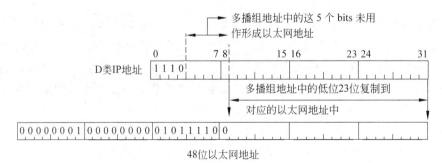

图 4-6   组播 MAC 地址

组播 IP 地址的后 23 个 bit 被映射到组播 MAC 地址,虽然从组播 IP 地址到组播 MAC 地址的映射是唯一的,但是由于组播 IP 地址中的组播组号的前 5 个 bit 没有用,因此一个组播

MAC 地址对应的组播 IP 地址不是唯一的,32 个组播 IP 地址被映射成了同一个组播 MAC 地址。组播 MAC 帧中封装的不一定是组播 IP 包。

对于不支持组播的 L2 交换机,收到一个组播帧时的处理是向所有属于该 VLAN 的端口转发。它的弊端是由于需要向一些无须转发的端口转发数据帧,严重影响了转发效率。

2. L2 组播原理

L2 组播关键就是建立一张 MAC 组播表,如表 4-1 所示,建立 MAC 组播组(以组播 MAC 地址区分和 VID 来识别)与加入这个组播组的组播成员(以交换机的端口号识别,表示这个端口所连接的网络中至少有一台主机或交换机加入了这个组播组,需要向这个端口转发这个组播组的组播业务帧)之间的关系,这张表是通过 GMRP 协议运行得到或者是静态配置的。

表 4-1　MAC 组播表

组播 MAC 地址	VID	组播输出端口列表
MAC A	N	1,3,4,…

当收到一个组播帧时,以该组播 MAC 地址加上 VID 号去匹配组播表,如果查到表项则取出组播输出端口列表中的端口列表,向这些端口发送。如果查表失败,则以 VID 号去查 VLAN 表,得到该 VLAN 的所属端口列表,向这些端口转发。

3. IGMP Snoopy 原理

目前在应用的组播业务中大多采用 IP 组播技术,IP 组播需要路由模块将以太帧解开取出 IP 包进行组播处理,组播组成员关系是通过 3 层的组播路由协议和 IGMP 协议建立的,而 L2 交换机没有路由模块。

由于 IP 组播包在以太网中是封装成以太帧的,这个以太帧的目的 MAC 地址是从 IP 组播包的 D 类目的 IP 地址映射而来形成的组播 MAC 地址。因此一个 IP 组播包经过 L2 交换机时 L2 交换机不知道经过的是 IP 组播业务,但是知道这是一个组播 MAC 帧,而对组播 MAC 帧的处理在前面已经提过,关键是建立 MAC 组播表。因此 IP 组播在 L2 交换机上实现的关键是如何识别有哪些 IP 组播组经过本交换机,并且这些组播组有哪些成员,并且转换成 MAC 组播组与端口的关系,这就是 IGMP Snoopy 技术所做的事情。

IGMP Snooping 的作用是在 2 层交换机上实现 IGMP 组播的功能,它认为 L2 交换机处于主机和路由器(L3 交换机)之间。而路由器和主机之间是通过 IGMP 协议在路由器上建立 IP 组播组与成员之间的关系的,路由器会向所有端口发送一个 QUERY 包,查询对于某个 IP 组播组有没有哪个主机想加入,而主机收到了这个查询包后会向路由器发送一个 REPORT 包,告诉路由器有一个主机,IP 地址是××,希望加入这个组播组。

IGMP 的协议包在交互时路由器使用 224.0.0.1 这个特定的 D 类组播 IP 地址进行 Query,主机使用 224.0.0.2 这个特定的 D 类组播 IP 地址发送 Report,而这两个 IP 地址映射成的组播 MAC 地址是唯一的,因此 L2 交换机收到这两个组播 MAC 地址的以太帧后 TRAP 给 CPU,CPU 将这个以太帧解成 IGMP 包,对这些 IGMP 包进行处理得到 IP 组播组与交换机端口之间的关系,并且映射成 MAC 组播地址与交换机端口之间的关系,IGMP Snooping 模块处理从路由器发送来的 QUERY 报文,进行组播源的分析,同时向所有属于同一 VLAN 的其他端口转发该帧,接收从别的主机发送来的 REPORT、LEAVE 报文,进行组播组成员的分析,同时向所有属于同一 VLAN 的端口转发该帧。图 4-7 是 IGMP Snooping 功能所建立的 IP 组播表的过程示意图,其所建立的 IP 组播表如表 4-2 所示。

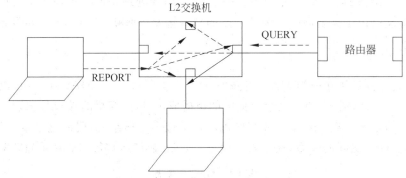

图 4-7 建立 IP 组播表的过程

表 4-2 IGMP Snooping 建立 IP 组播表

组播 IP 地址	组播 MAC 地址	VLAN 号	组播源端口 (UpStream 端口)	组播输出端口列表 (DownStream 端口)

由于 L2 交换机的 MAC 组播是硬件完成的,这张 IP 组播表还需要写入交换机的 MAC 组播表。在写入硬件表项时只使用了 IGMP Snooping 表项中的部分表项。

4.2 配置路由器

本节我们学习路由器的配置,其与交换机的使用在操作逻辑上有相似之处。

4.2.1 路由器的初始化配置

路由器加电运行后,会显示出 iOS 系统的版本等信息,读入内核文件并解压。

```
System Bootstrap, Version 12.1(3r)T2, RELEASE SOFTWARE (fc1)
Copyright (c) 2000 by cisco Systems, Inc.
cisco 2620 (MPC860) processor (revision 0x200) with 60416K/5120K bytes of memory
Self decompressing the image :
###################################################################[OK]
```

然后检查软件和各种接口信息。

```
Restricted Rights Legend
...
Cisco Internetwork Operating System Software
IOS (tm) C2600 Software (C2600-I-M), Version 12.2(28), RELEASE SOFTWARE (fc5)
Technical Support: http://www.cisco.com/techsupport
Copyright (c) 1986-2005 by cisco Systems, Inc.
Compiled Wed 27-Apr-04 19:01 by miwang
```

```
cisco 2620 (MPC860) processor (revision 0x200) with 60416K/5120K bytes of memory
.
Processor board ID JAD05190MTZ (4292891495)
M860 processor: part number 0, mask 49
Bridging software.
X.25 software, Version 3.0.0.
1 FastEthernet/IEEE 802.3 interface(s)
4 Low-speed serial(sync/async) network interface(s)
32K bytes of non-volatile configuration memory.
63488K bytes of ATA CompactFlash (Read/Write)
```

　　如果之前没有配置过路由器,或是没有保存配置文件,会提示是否运行配置向导。如果选择不运行配置向导,则会直接转到命令提示符下。

```
---System Configuration Dialog ---
Continue with configuration dialog? [yes/no]: yes
...
```

　　如果选择运行配置向导就会询问是否进入基本配置。

```
Would you like to enter basic management setup? [yes/no]: yes
```

　　选择进入基本配置后,输入路由器名称。

```
Configuring global parameters:
  Enter host name [Router]: R1
```

　　输入路由器的加密密码。

```
  Enter enable secret: 123456
```

　　输入路由器的不加密密码。如果有加密密码则在进入特权模式视图时会询问加密密码,如果没有,则询问不加密密码。IOS规定不加密密码不能与加密密码相同。

```
  Enter enable password: 123456
  %Please choose a password that is different from the enable secret
  Enter enable password: 123
```

　　输入虚拟终端的访问密码(明文保存)。

```
Enter virtual terminal password: 123
```

　　选择是否配置SNMP(简单网络管理协议),默认是不配置。

```
Configure SNMP Network Management? [no]:
```

　　给出接口列表,并要求选择使用哪个接口作为管理接口。

```
Current interface summary
Interface       IP-Address    OK? Method Status                     Protocol
FastEthernet0/0 unassigned    YES manual administratively down down
Serial1/0       unassigned    YES manual administratively down down
```

```
Serial1/1        unassigned      YES manual administratively down down
Serial1/2        unassigned      YES manual administratively down down
Serial1/3        unassigned      YES manual administratively down down
Enter interface name used to connect to the mnagement network from the above
interface summary: FastEthernet0/0
```

配置管理接口的 IP 地址信息。

```
Configuring interface FastEthernet0/0:
  Configure IP on this interface? [yes]: yes
    IP address for this interface: 192.168.1.1
    Subnet mask for this interface [255.255.255.0]:
```

配置完成后,给出配置文件清单。

```
The following configuration command script was created:

!
hostname R1
enable secret 5 $1$mERr$H7PDxl7VYMqaD3id4jJVK/
enable password 123
line vty 0 4
password 123
!
interface FastEthernet0/0
  no shutdown
  ip address 192.168.1.1 255.255.255.0
!
interface Serial1/0
  shutdown
  no ip address
!
interface Serial1/1
  shutdown
  no ip address
!
interface Serial1/2
  shutdown
  no ip address
!
interface Serial1/3
  shutdown
  no ip address
!
end
```

最后给出配置结束操作,默认保存到 NVRAM 中,生成启动时配置文件(startup-config)。

```
[0] Go to the IOS command prompt without saving this config.
[1] Return back to the setup without saving this config.
[2] Save this configuration to nvram and exit.
```

```
Enter your selection [2]:
Building configuration...
[OK]
Use the enabled mode 'configure' command to modify this configuration.
```

4.2.2 路由器的基本操作与命令模式

路由器与交换机在操作上基本相似,比如 Cisco 路由器与 Cisco 交换机都使用 IOS 系统,因此其基本操作(比如命令帮助、命令缩写、命令补全等)都是相同的,而且模式视图也基本相似。

1. 用户模式视图

访问路由器最先进入的模式视图,主要包括一些基本的信息测试与查看命令。其命令提示符是 Router>。

2. 特权模式视图

在用户模式视图中输入 enable 命令可进入特权模式视图,主要包括验证配置等命令。

```
Router>enable
Router#
```

3. 全局配置模式视图

在特权模式视图中输入 configure terminal 命令可以进入全局配置模式视图,主要包括各种全局性的配置命令。

```
Router#configure terminal
Enter configuration commands, one per line. End with CNTL/Z.
Router(config)#
```

4. 接口配置模式视图

在全局配置模式视图中输入 interface 接口命令可以进入接口配置模式视图,主要包括对指定接口的配置命令。

```
Router(config)#interface fastEthernet 0/0
Router(config-if)#
```

5. 路由器配置模式

在全局配置模式视图中输入 rip 或 ospf 命令可以进入路由器配置模式视图,主要包括对路由协议的配置命令。

```
Router(config)#router rip
Router(config-router)#
```

6. 线路配置模式

在全局配置模式视图中输入"line 线路接口名"命令可以进入线路配置模式视图,主要包括对线路接口的配置命令。

```
Router(config)#line console 0
Router(config-line)#
```

4.2.3　路由器的基本配置

路由器的基本配置包括状态信息查看、路由器端口配置等内容。有些命令与交换机的命令非常相似,甚至相同。

1. 路由器的常用命令

1) show cdp…命令

show cdp…命令用于显示路由器邻居设备的信息。

```
Router#show cdp neighbors
Capability Codes: R -Router, T -Trans Bridge, B -Source Route Bridge
                  S -Switch, H -Host, I -IGMP, r -Repeater, P -Phone
Device ID  Local Intrfce  Holdtme  Capability  Platform  Port ID
  Switch      Fas 0/0        128        S         2950     Fas 0/1
  Router      Ser 0/0        175        R         C2600    Ser 0/0
```

2) show interface 命令

show interface 命令用于查看路由器的接口信息。

```
Router#show interfaces
FastEthernet0/0 is up, line protocol is up (connected)
  Hardware is Lance, address is 00e0.f91d.6201 (bia 00e0.f91d.6201)
...
FastEthernet0/1 is up, line protocol is up (connected)
  Hardware is Lance, address is 00e0.f91d.6202 (bia 00e0.f91d.6202)
...
Serial0/0 is up, line protocol is up (connected)
...
```

3) show history 命令

show history 命令用于显示包括本命令在内的前十条历史命令。

```
Router#show history
  configure terminal
...
  show history
```

在 CLI 下用户可以使用上、下方向键选择历史命令。

4) dir 命令

dir 命令用于以列表方式显示指定文件或存储器(主要是 Flash 和 NVRAM)中的文件信息。

```
Router#dir
Directory of flash:/
    3  -rw-  5571584      <no date>  c2600-i-mz.122-28.bin
    2  -rw-    28282      <no date>  sigdef-category.xml
    1  -rw-   227537      <no date>  sigdef-default.xml
64016384 bytes total (58188981 bytes free)
```

5）reload 命令

reload 命令用于重启路由器，在提示语句后按回车或输入 confirm 即可重启，否则将不重启。

```
Router#reload
Proceed with reload? [confirm]
```

6）setup 命令

setup 命令用于调用配置向导重新配置路由器。如果输入 yes 就会调用配置向导，如果输入 no 则中止执行，输入其他内容会提示错误信息。

```
Router#setup
        ---System Configuration Dialog ---
Continue with configuration dialog? [yes/no]:
```

7）write 命令

write 命令用于将配置信息写入启动时配置文件（startup-config）。

```
Router#write
Building configuration...
[OK]
```

8）copy 命令

copy 命令用于复制文件，最主要的功能是与 TFTP 服务器通信，上传或下载文件（内核文件升级、配置文件备份等），或是在运行时配置文件（running-config）与启动时配置文件（startup-config）之间进行文件复制。

```
Router#copy running-config startup-config
Destination filename [startup-config]?
Building configuration...
[OK]
```

上面执行的效果与使用 write 命令相似。

9）hostname 命令

hostname 命令用于修改路由器的名称。

```
Router(config)#hostname R1
R1(config)#
```

10）enable 命令

enable 命令用于设置进入特权模式的密码，主要有两个命令，一个是密码以明文方式保存的命令。

```
R1(config)#enable password 123456
R1#show running-config
...
enable password 123456
...
```

另一个是以密文方式保存的命令。

```
R1(config)#enable secret 123456
R1#show running-config
...
enable secret 5 $1$mERr$H7PDxl7VYMqaD3id4jJVK/
enable password 123456
...
```

11) no 命令

no 命令要和其他命令结合使用,一般用在其他命令的前面,用于清除其他命令的配置。

```
R1>enable
Password:
R1#conf t
Enter configuration commands, one per line. End with CNTL/Z.
R1(config)#no enable password
R1(config)#exit
%SYS-5-CONFIG_I: Configured from console by console
R1#exit
R1>enable
R1#
```

2. 路由器的接口配置

路由器面板上的以太网接口比较少,比如 Cisco 2620 路由器,面板上只有一个以太网端口,即只能连接一台 PC,或是连接一台交换机。如果需要增加以太网的连接数量,必须增加模块(比如 NM-4E 模块)。

由于路由器是工作在三层的设备,因此可以为以太网端口和广域网端口配置 IP 地址,用于和其他路由器或 PC 相连接。

1) 以太网接口配置

路由器中以太网接口的命名及使用与交换机相似,普通以太网为 Ethernet(可缩写为 E),快速以太网为 FastEthernet(可缩写为 F 或 Fa 等),后面是模块号(从 0 开始)和模块上端口编号(从 0 开始),比如 FastEthernet 0/0 即为第一个模块中的第一个快速以太网接口。

以太网接口的配置主要是配置 IP 地址与子网掩码,首先进入相应的以太网接口配置模式视图中。

```
R1(config)#interface fastEthernet 0/0
R1(config-if)#
```

然后使用 ip address 命令配置其 IP 地址与子网掩码。

```
R1(config-if)#ip address 192.168.1.1 255.255.255.0
```

为以太网接口配置的 IP 地址，一般就是与其连接的 PC 或局域网的网关地址，为了能够让连接在此接口的设备通过路由器访问其他网段，必须在 PC 网络配置中的网关项目中输入相同的 IP 地址(即 192.168.1.1)。

默认情况下路由器的端口都是关闭的，因此在配置完 IP 地址后，还需要手工打开端口。

```
R1(config-if)#no shutdown
```

shutdown 命令为关闭，no shutdown 则为打开端口命令。

2) 路由器串口配置

路由器广域网接口的类型有多种，其中串口命名为 serial(或缩写为 s)，后面跟着模块号和模块端口编号。串口的配置与以太网接口基本相似，都是进入端口后设置 IP 地址。

```
R1(config)#interface serial 0/0
R1(config-if)#ip address 10.0.0.1 255.0.0.0
```

由于串口之间的通信是同步操作，因此必须统一相邻两个路由器的串口时钟速率，要根据实际情况选择合适的速率。

```
R1(config-if)#clock rate 9600
```

最后再打开该端口。

```
R1(config-if)#no shutdown
```

如果与此端口连接的路由器的对应端口处于关闭状态，在打开本地路由器端口命令执行完成后，端口会自动变为假关闭状态，并显示相应的提示信息。

```
%LINK-5-CHANGED: interface serial0/0, changed state to down
```

只有当另一个端口被手动打开以后，这个端口的状态才会变为打开，并显示相应的提示信息。

```
%LINK-5-CHANGED: interface serial0/0, changed state to up
```

3) Console 端口和虚拟终端配置

路由器的 Console 端口和虚拟终端的配置与交换机基本相似，如果需要远程登录访问路由器，要为虚拟终端口配置密码。

```
R1(config)#line console 0
R1(config-line)#password 123456
R1(config-line)#end
```

4.3　静态路由的配置

静态路由是管理员根据网络的实际情况手动设置的连接路径，其不会随着网络结构的变化而自动改变。由于是管理员手工设置，静态路由的可靠性比动态路由高，当有多条路径可以选择时,静态路由的优先级要高于动态路由。但是当网络拓扑环境比较复杂时(路由器比较多),静态路由在配置和管理上将会比较麻烦,出错率也较高,因此一般只适用于拓扑结构比较简单的网络环境。

4.3.1　直接连接目的网络

如果目的网络直接与路由器的接口相连接,路由器可以自动识别并建立路由表。如图 4-8 所示的拓扑结构图中,路由器的两个以太网接口分别连接两个网络,路由器在启动后会自动检测到目的网络与路由器以太网接口之间的对应关系,并建立起路由表。

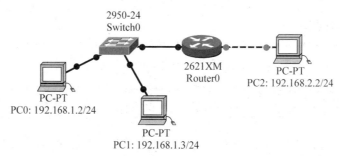

图 4-8　直接连接目的网络的拓扑结构图

这些路由表项,是路由器自动检测的,会随着网络拓扑结构的变化而改变,因此从严格意义上说,这种路由不是静态路由,更像是动态路由。

在特权模式视图中执行 show ip route 命令,可以查看路由器的路由表。

```
Router0#show ip route
Codes: C -connected, S -static, I -IGRP, R -RIP, M -mobile, B -BGP
       D -EIGRP, EX -EIGRP external, O -OSPF, IA -OSPF inter area
       N1 -OSPF NSSA external type 1, N2 -OSPF NSSA external type 2
       E1 -OSPF external type 1, E2 -OSPF external type 2, E -EGP
       i -IS-IS, L1 -IS-IS level-1, L2 -IS-IS level-2, ia -IS-IS inter area
       * -candidate default, U -per-user static route, o -ODR
       P -periodic downloaded static route

Gateway of last resort is not set

C      192.168.1.0/24 is directly connected, FastEthernet0/0
C      192.168.2.0/24 is directly connected, FastEthernet0/1
```

Codes 及其后面的内容是路由代码说明,比较常见的代码说明如表 4-3 所示。

表 4-3　常见路由表路由代码说明

代　　码	说　　明
C	直连,即路由器与目的网络直接连接
S	静态路由,由管理员手工配置
R	RIP 动态路由
O	OSPF 动态路由
*	此项一般与静态路由代码同时出现,表示默认路由

Gateway of last resort is not set 一行表示没有设置默认路由。其下面的几行即为路由表的记录项,第一列为路由代码,后面是目的网络的网络地址,再后段是连接方式,最后是与目的网络相连接的端口。

4.3.2 静态路由的配置

如果目的网络不是直接连接在路由器上就需要启动动态路由进程进行检测,或是由管理员手工增加路由表项。如图 4-9 所示,三个网络中的两个连接在一台路由器两端,相互之间的通信可以由直连路由解决,而另一个网络连接在了另一个路由器上,因此这时需要在路由器中配置静态路由。

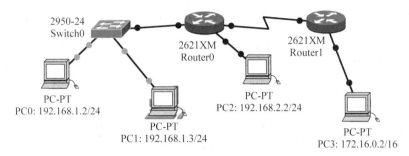

图 4-9 配置静态路由表的网络拓扑结构图

全部设备配置接口信息见表 4-4。

表 4-4 全部设备的接口配置信息表

设备名称	接口名称	IP 地址及子网掩码	说 明
PC0	以太网网卡	192.168.1.2/24	网关地址是:192.168.1.1
PC1	以太网网卡	192.168.1.3/24	网关地址是:192.168.1.1
PC2	以太网网卡	192.168.2.2/24	网关地址是:192.168.2.1
PC3	以太网网卡	172.16.0.2/16	网关地址是:172.16.0.1
Router0	Fa0/0	192.168.1.1/24	与 PC0、PC1 连接
	Fa0/1	192.168.2.1/24	与 PC2 连接
	Se0/0	10.0.0.1/8	与 Router1 连接
Router1	Fa0/0	172.16.0.1/8	与 PC3 连接
	Se0/0	10.0.0.2/8	与 Router0 连接

路由器与路由器之间的连接也需要使用独立地网段,但是在静态路由配置时,由于不影响目的网络,因此可以不将其写入静态路由表项中。

而目的网络则必须要明确指出。在全局配置模式下,使用 ip route 命令可以设置静态路由表项,后面是必须要有的三个参数:①目的网络的网络地址;②目的网络的子网掩码;③要到的目的网络,必须先经过路由器的入口地址(即与当前路由器相连接,可以找到目的网络的路由器的对应接口地址,也称下一跳地址)。

从路由器 Router0 上不能直接访问的只有一个网络,即 172.16.0.0,因此只需要设置一条路由表项。

```
Router0(config)#ip route 172.16.0.0 255.255.0.0 10.0.0.2
```

10.0.0.2 是要访问 172.16.0.0 网络时必须要经过的下一个路由器的入口地址(与 Router0 相连的接口地址)。

设置完成后,查看路由器的路由表记录。

```
Router0#show ip route
...
C     10.0.0.0/8 is directly connected, Serial0/0
S     172.16.0.0/16 [1/0] via 10.0.0.2
C     192.168.1.0/24 is directly connected, FastEthernet0/0
C     192.168.2.0/24 is directly connected, FastEthernet0/1
```

其中,类型标记为 S 的路由表项为刚刚设置的静态路由表项。其中中括号中记录的是路径的花费和优先级(静态路由的花费最少,优先级最高),其后指明了下一跳的 IP 地址。

如果路由表项设置错误,或是需要修改,则要先删除这个静态路由记录,然后再设置新的内容。删除的方法是在设置命令之前加上 no 命令。

```
Router0(config)#no ip route 172.16.0.0 255.255.0.0 10.0.0.2
```

仅仅配置了一个路由器中的路由表是不够的,还需要配置全部路由器的路由表项,才能使整个网络相互之间可以通信。

通过路由器 Router1 可以访问的网络有两个,因此需要配置两条静态路由记录。

```
Router1(config)#ip route 192.168.1.0 255.255.255.0 10.0.0.1
Router1(config)#ip route 192.168.2.0 255.255.255.0 10.0.0.1
```

配置完成后查看 Router1 中的路由表,可以看到包括了两条静态路由表项。

```
Router1#show ip route
...
C   10.0.0.0/8 is directly connected, Serial0/0
C   172.16.0.0/16 is directly connected, FastEthernet0/0
S   192.168.1.0/24 [1/0] via 10.0.0.1
S   192.168.2.0/24 [1/0] via 10.0.0.1
```

整个网络中的路由器都配置好以后,可以使用 ping 命令进行两台 PC 之间的测试,但是 ping 命令只能测试其是否连通,而经过了哪条路径是不能显示出来的,因此可以使用另一个网络测试常用命令 tracert(在 Linux 中是 traceroute)。命令后面使用目的 IP 作为参数。从 IP 地址是 172.16.0.2 的 PC 访问 IP 地址 192.168.1.2 的 PC 机,显示结果如下。

```
D:\>tracert 192.168.1.2
Tracing route to 192.168.1.2 over a maximum of 30 hops:
  1   31 ms    16 ms    31 ms    172.16.0.1
  2   62 ms    62 ms    62 ms    10.0.0.1
  3  110 ms   110 ms   110 ms   192.168.1.2
Trace complete.
```

Tracing route to 192.168.1.2 over a maximum of 30 hops:表示数据包最大只能经过 30 个

路由器或相似设备,超过这个值,数据包将被丢弃,这个设置是为了防止数据包被无限制地转发,进而影响网络的速度。

数据包经过路由器的列表时,从中可以看出,从 IP 地址为 172.16.0.2 的 PC 到 IP 地址是 192.168.1.2 的 PC,首先要经过接口 IP 地址为 172.16.0.1 的路由器(其是源主机的网关),再经过另一台路由器后找到目标主机。

4.3.3　默认路由

当目的网络不在管理员管理的区域范围内,并且明确掌握本区域网络与外网连接的出口,或是在管理区域范围内,从某一台路由器访问多个不同的目标网络,其下一跳的地址相同时,可以使用默认路由(仅能使用一次,即一个路由表中只能有一个默认路由记录)。

注:一般在本管理区域范围内的所有路由器上都会配置默认路由,用于访问其他区域(外网)里的网络。

如图 4-10 所示,在拓扑结构中,每一个网络都在管理区域范围内,其中路由器 Router2 和 Router3 要想访问除了直连外的其他网段时,其下一跳都指向了同一个路由器。Router0 访问 172.18.0 和 172.16.0.0 两个网段时也需要通过相同的下一跳路由器 Router1。同理 Router1 要访问 172.17.0.0、192.168.1.0 和 192.168.2.0 三个网段时需要通过同一个下一跳路由器 Router0。

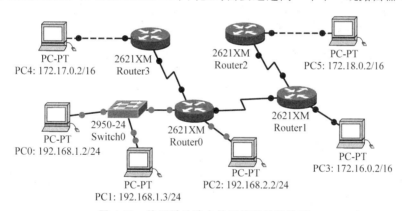

图 4-10　使用默认路由的网络拓扑结构图

如果还是为每一个目的网络配置一条路由记录,比如在路由器 Router1 中,由于其有四个非直连目标网络,因此要输入四条静态路由命令。

```
Router1(config)#ip route 172.18.0.0 255.255.0.0 12.0.0.2
Router1(config)#ip route 172.17.0.0 255.255.0.0 10.0.0.1
Router1(config)#ip route 192.168.1.0 255.255.255.0 10.0.0.1
Router1(config)#ip route 192.168.2.0 255.255.255.0 10.0.0.1
```

其路由表也会如实地记录下四条路由表项。

```
Router1#show ip route
...
C    10.0.0.0/8 is directly connected, Serial0/0
C    12.0.0.0/8 is directly connected, Serial1/0
C    172.16.0.0/16 is directly connected, FastEthernet0/0
S    172.17.0.0/16[1/0] via 10.0.0.1
```

```
S       172.18.0.0/16 [1/0] via 12.0.0.2
S       192.168.1.0/24 [1/0] via 10.0.0.1
S       192.168.2.0/24 [1/0] via 10.0.0.1
```

这不但会增加管理员的工作,还会降低路由器查找到正确路由表项的速度。因此可以使用默认路由代替其中具有相同下一跳地址的多条路由记录。默认路由也是使用 ip route 命令,但其目的网络和子网掩码都要写为 0.0.0.0,即表示全部网络,第三个参数还是下一跳的 IP 地址。

```
Router1(config)#ip route 172.18.0.0 255.255.0.0 12.0.0.2
Router1(config)#ip route 0.0.0.0 0.0.0.0 10.0.0.1
```

设置完成后查看路由表,发现在路由表的最后一行出现以 S * 为类型的路由记录是默认路由,会在其他路由记录都不匹配的情况下被执行。

```
Router1#show ip route
...
Gateway of last resort is 10.0.0.1 to network 0.0.0.0
C    10.0.0.0/8 is directly connected, Serial0/0
C    12.0.0.0/8 is directly connected, Serial1/0
C    172.16.0.0/16 is directly connected, FastEthernet0/0
S    172.18.0.0/16 [1/0] via 12.0.0.2
S *  0.0.0.0/0 [1/0] via 10.0.0.1
```

在 PC 中使用 tracert 命令可以了解到路径的详细信息,与不使用默认路由所得到的路径是完全一样的。

```
D:\>tracert 172.17.0.2
Tracing route to 172.17.0.2 over a maximum of 30 hops:
  1     47 ms      31 ms      18 ms       172.16.0.1
  2     62 ms      62 ms      62 ms       10.0.0.1
  3     81 ms      78 ms      63 ms       11.0.0.1
  4    125 ms     125 ms     109 ms       172.17.0.2
Trace complete.
```

4.3.4　单臂路由

在一台交换机中设置了多个 VLAN,如果只需要一台路由器连通并路由每个 VLAN 中的 PC,则可以使用单臂路由,如图 4-11 所示。

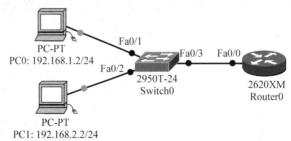

图 4-11　使用单臂路由的网络拓扑结构图

1. 交换机配置

在交换机 Switch0 中配置两个 VLAN：VLAN 2 和 VLAN 3。

```
Switch#vlan database
%Warning: It is recommended to configure VLAN from config mode,
  as VLAN database mode is being deprecated. Please consult user
  documentation for configuring VTP/VLAN in config mode.
Switch(vlan)#vlan 2 name vlan 2
VLAN 2 added:
    Name: vlan2
Switch(vlan)#vlan 3 name vlan 3
VLAN 3 added:
    Name: vlan3
Switch(vlan)#exit
APPLY completed.
Exiting...
```

并将相应的以太网接口划归到指定的 VLAN 中。

```
Switch(config)#interface fa0/1
Switch(config-if)#switchport access vlan 2
Switch(config-if)#exit
Switch(config)#interface fa0/2
Switch(config-if)#switchport access vlan 3
Switch(config-if)#exit
```

配置 VLAN 的公共通道，即将与路由器相连接的以太网接口模式改为 trunk 模式，并应用于全部 VLAN，这样所有 VLAN 的数据都可以通过这个接口与路由器通信。

```
Switch(config)#interface fa0/3
Switch(config-if)#switchport mode trunk
Switch(config-if)#switchport trunk allowed vlan all
Switch(config-if)#end
```

2. 路由器配置

在路由器 Router0 中配置接口的 IP 地址，但是由于路由器与交换机连接只使用了一个以太网接口，此接口不能同时配置两个 IP，因此需要使用子接口，即在一个真实的接口上建立多个逻辑的接口，用于为不同的网段提供服务。子接口的名称就是在接口名称的后面加上点和子接口编号，如 Fa0/0 接口的第一个子接口可以命名为 Fa0/0.1。

为子接口配置 IP 的方法与接口的配置方法相同，同时为了在某个子接口中只接收和传递某 VLAN 的数据，还要使用 encapsulation 命令配置此接口的对应 VLAN，其后面的参数是 dot1Q（由 IEEE 802.1Q 定义的 VLAN 格式及标识）和对应的 VLAN 编号。

```
Router(config)#interface fa0/0.1
Router(config-subif)#encapsulation dot1Q 2
Router(config-subif)#ip address 192.168.1.1 255.255.255.0
```

```
Router(config-subif)#exit
Router(config)#interface fa0/0.2
Router(config-subif)#encapsulation dot1Q 3
Router(config-subif)#ip address 192.168.2.1 255.255.255.0
Router(config-subif)#exit
```

可以在配置完每一个子接口后打开(使用命令 no shutdown)其接口,也可以在配置完全部子接口后,一次地在接口中使用 no shutdown 命令打开接口。

```
Router(config)#interface fa0/0
Router(config-if)#no shutdown
%LINK-5-CHANGED: Interface FastEthernet0/0, changed state to up
%LINEPROTO-5-UPDOWN: Line protocol on Interface FastEthernet0/0, changed state
to up
%LINK-5-CHANGED: Interface FastEthernet0/0.1, changed state to up
%LINEPROTO-5-UPDOWN: Line protocol on Interface FastEthernet0/0.1, changed state
to up
%LINK-5-CHANGED: Interface FastEthernet0/0.2, changed state to up
%LINEPROTO-5-UPDOWN: Line protocol on Interface FastEthernet0/0.2, changed state
to up
```

查看路由器中的路由表信息,可以看到两个直连的路由记录。

```
Router#show ip route
...
C    192.168.1.0/24 is directly connected, FastEthernet0/0.1
C    192.168.2.0/24 is directly connected, FastEthernet0/0.2
```

3. PC 的配置及测试

在 PC 上配置好相应的 IP 地址、子网掩码和网关地址,并使用 ping 命令测试 VLAN 之间是否连通。

```
PC>ping 192.168.2.2
Pinging 192.168.2.2 with 32 bytes of data:

Reply from 192.168.2.2: bytes=32 time=112ms TTL=127
Reply from 192.168.2.2: bytes=32 time=125ms TTL=127
Reply from 192.168.2.2: bytes=32 time=125ms TTL=127
Reply from 192.168.2.2: bytes=32 time=112ms TTL=127

Ping statistics for 192.168.2.2:
    Packets: Sent =4, Received =3, Lost =1 (25%loss),
Approximate round trip times in milli-seconds:
    Minimum =112ms, Maximum =125ms, Average =120ms
```

4. 不使用单臂路由连接多个 VLAN

如果不使用单臂路由,也可以使用普通方法,但路由器必须支持两个以上的以太网接口,如图 4-12 所示。

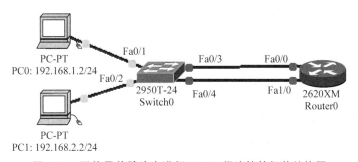

图 4-12 不使用单臂路由进行 VLAN 间连接的拓扑结构图

其中在交换机上将 Fa0/1 和 Fa0/3 配置在一个 VLAN 中,Fa0/2 和 Fa0/4 配置在另一个 VLAN 中,并在路由器的对应接口上进行配置,配置方法与单臂路由相似,但不是在子接口中配置而是在接口中配置。配置好后也可以实现两个 VLAN 之间的通信,具体的配置方法请读者自行实验。

不使用单臂路由的方法需要多使用一个路由器接口和一条线路,这会增加网络的建造成本,其与图 4-13 所示的拓扑图具有相同的逻辑拓扑结构和运行机制。

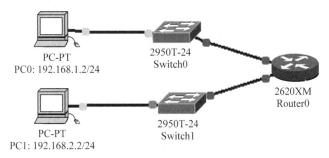

图 4-13 具有相同逻辑拓扑结构的拓扑结构图

4.4 动态路由的配置

静态路由算法需要管理员手工配置每条路由,但是当网络环境比较复杂,路由器比较多,或是网络拓扑结构经过变化时,管理员的工作将会比较繁重,出错率也会大增,这时可以改用动态路由。

动态路径是路由器根据网络的运行情况,自动学习并生成的路由表,会随着网络状态的调整而改变。动态路由主要依据路由算法生成路由表,而不同的路由算法会产生出不同的路由表,因此动态路由协议也有多种,下面介绍两种比较常用的动态路由协议。

4.4.1 RIP 路由

RIP(Routing Information Protocol,路由信息协议)是最简单的动态路由协议,运行该协议的路由器仅和相邻的路由器按固定时间交换信息,这些信息是当前路由器所知道的全部信息(即路由表的全部信息),算法非常简单,只寻找从源端到目的端经过路由器数最少的路径,并记录到路由表中。

　　RIP 支持站点的数量有限,不能支持超过 15 跳数(每经过一个路由器,称为一跳)的网络。其路由表更新信息时,需要使用广播发送数据包,要占用较大的网络带宽,并且收敛速度很慢。另外其算法只考虑跳数,不考虑线路的速率等其他关键因素,因此这种算法只适用于较小的自治系统(AS,是指一组通过统一的路由政策或路由协议互相交换路由信息的网络),其线路速率的差异不能太大。

　　RIP 配置的方法非常简单,如图 4-14 所示,在拓扑结构图中,先为每个设备的接口配置相应的 IP 等信息,配置清单如表 4-5 所示。

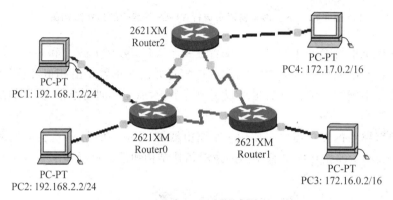

图 4-14　使用 RIP 动态路由的网络拓扑图

表 4-5　全部设备的接口配置信息表

设备名称	接口名称	IP 地址及子网掩码	说　　明
PC1	以太网网卡	192.168.1.2/24	网关地址是:192.168.1.1
PC2	以太网网卡	192.168.2.2/24	网关地址是:192.168.2.1
PC3	以太网网卡	172.16.0.2/16	网关地址是:172.16.0.1
PC4	以太网网卡	172.17.0.2/16	网关地址是:172.17.0.1
Router0	Fa0/0	192.168.1.1/24	与 PC1 连接
	Fa0/1	192.168.2.1/24	与 PC2 连接
	Se0/0	10.0.0.1/8	与 Router1 连接
	Se1/0	11.0.0.1/8	与 Router2 连接
Router1	Fa0/0	172.16.0.1/16	与 PC3 连接
	Se0/0	10.0.0.2/8	与 Router0 连接
	Se1/0	12.0.0.1/8	与 Router2 连接
Router2	Fa0/0	172.17.0.1/16	与 PC4 连接
	Se0/0	12.0.0.2/8	与 Router1 连接
	Se1/0	11.0.0.2/8	与 Router0 连接

　　配置完接口后查看路由表,可以看到其中只包含直连的信息。

```
Router0#show ip route
...
C    10.0.0.0/8 is directly connected, Serial0/0
```

```
C       11.0.0.0/8 is directly connected, Serial1/0
C       192.168.1.0/24 is directly connected, FastEthernet0/0
C       192.168.2.0/24 is directly connected, FastEthernet0/1
```

在路由器的全局配置模式中,使用 router rip 命令进入 RIP 路由配置模式,使用 network命令广播本地路由的联网信息,即本地路由器与哪些网络相连接。

在路由器 Router0 上执行的 RIP 路由配置命令如下。

```
Router0(config)#router rip
Router0(config-router)#network 192.168.1.0
Router0(config-router)#network 192.168.2.0
Router0(config-router)#network 10.0.0.0
Router0(config-router)#network 11.0.0.0
```

在路由器 Router1 上执行的 RIP 路由配置命令如下。

```
Router1(config)#router rip
Router1(config-router)#network 172.16.0.0
Router1(config-router)#network 10.0.0.0
Router1(config-router)#network 12.0.0.0
```

在路由器 Router2 上执行的 RIP 路由配置命令如下。

```
Router2(config)#router rip
Router2(config-router)#network 172.17.0.0
Router2(config-router)#network 11.0.0.0
Router2(config-router)#network 12.0.0.0
```

配置完成后查看路由表,可以发现其中增加了以 R 类型开头的路由记录,其中 R 表示RIP 协议生成的路由。其他路由器中的路由表也都相似。

```
Router0#show ip route
...
C       10.0.0.0/8 is directly connected, Serial0/0
C       11.0.0.0/8 is directly connected, Serial1/0
R       12.0.0.0/8 [120/1] via 10.0.0.2, 00:00:08, Serial0/0
                   [120/1] via 11.0.0.2, 00:00:22, Serial1/0
R       172.16.0.0/16 [120/1] via 10.0.0.2, 00:00:08, Serial0/0
R       172.17.0.0/16 [120/1] via 11.0.0.2, 00:00:22, Serial1/0
C       192.168.1.0/24 is directly connected, FastEthernet0/0
C       192.168.2.0/24 is directly connected, FastEthernet0/1
```

从 PC1 上使用 tracert 命令访问 172.17.0.2,可以看到经过的每个路由器的信息。

```
D:\>tracert 172.17.0.2
Tracing route to 172.17.0.2 over a maximum of 30 hops:
  1    31 ms      31 ms      32 ms    192.168.1.1
  2    63 ms      62 ms      62 ms    11.0.0.2
  3    93 ms      94 ms      80 ms    172.17.0.2
Trace complete.
```

由于 RIP 只计算跳数,因此在路由表中,到 12.0.0.0 网络的路径会出现两条记录,这两条记录没有先后区别,随机选择使用,如下所示,两次连续使用相同的命令访问相同的目的端,其路径是不同的。

```
D:\>tracert 12.0.0.2
Tracing route to 12.0.0.2 over a maximum of 30 hops:
    1    31 ms        31 ms        32 ms        192.168.1.1
    2    47 ms        63 ms        63 ms        10.0.0.2
Trace complete.

D:\>tracert 12.0.0.2
Tracing route to 12.0.0.2 over a maximum of 30 hops:
    1    31 ms        31 ms        32 ms        192.168.1.1
    2    53 ms        63 ms        63 ms        12.0.0.2
Trace complete.
```

也可以在特权模式下输入 show ip rip database 命令,查看 RIP 协议路由记录的详细信息。

```
Router0#show ip rip database
10.0.0.0/8          directly connected, Serial0/0
11.0.0.0/8          directly connected, Serial1/0
12.0.0.0/8
    [1] via 11.0.0.2, 00:00:14, Serial1/0
    [1] via 10.0.0.2, 00:00:03, Serial0/0
172.16.0.0/16
    [1] via 10.0.0.2, 00:00:03, Serial0/0
172.17.0.0/16
    [1] via 11.0.0.2, 00:00:14, Serial1/0
192.168.1.0/24      directly connected, FastEthernet0/0
192.168.2.0/24      directly connected, FastEthernet0/1
```

当网络拓扑结构发生了变化,比如 Router0 与 Router1 之间的线路由于某种原因无法使用,如图 4-15 所示。RIP 会自动调整路由表信息(当拓扑结构出现变化时,RIP 不能立即反应,而是要等到下一次 RIP 信息被广播时才能得到网络结构改变的信息)。

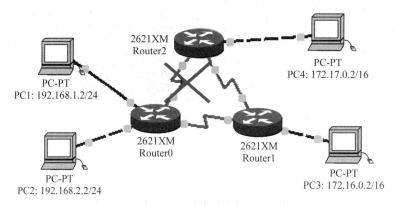

图 4-15　使用 RIP 动态路由的网络拓扑图

查看路由器 Router0 中的路由表发现路径已经被改变,到 172.17.0.0 网络的路径已经从下一跳地址是 11.0.0.2(数据包发送到 Router2)变成了 10.0.0.2(数据包发送到 Router1)。

```
Router0#show ip route
...
C    10.0.0.0/8 is directly connected, Serial10/0
R    12.0.0.0/8 [120/1] via 10.0.0.2, 00:00:01, Serial10/0
R    172.16.0.0/16 [120/1] via 10.0.0.2, 00:00:01, Serial10/0
R    172.17.0.0/16 [120/2] via 10.0.0.2, 00:00:01, Serial10/0
C    192.168.1.0/24 is directly connected, FastEthernet0/0
C    192.168.2.0/24 is directly connected, FastEthernet0/1
```

在 IP 地址为 192.168.1.2 的 PC 上,使用 tracert 命令访问 172.17.0.2,可以看到访问路径发生了改变,不可用的线路已经被忽略。

```
PC>tracert 172.17.0.2
Tracing route to 172.17.0.2 over a maximum of 30 hops:
  1    31 ms        31 ms        32 ms        192.168.1.1
  2    63 ms        62 ms        62 ms        10.0.0.2
  3    93 ms        94 ms        94 ms        12.0.0.2
  4    125 ms       110 ms       125 ms       172.17.0.2
Trace complete.
```

路由表由路由协议定期自动更新,也可以手工清空路由表,强制路由表立即更新。在特权模式下使用 clear ip route * 可以清空路由表中除直连外的全部内容,也可以使用"clear ip route 目的网段的网络地址"删除某一个指定的路由记录项。但注意,此命令只清除动态路由协议生成的路由记录,对于直连路由和静态路由是不能清除的。

4.4.2 OSPF 路由

OSPF(Open Shortest Path First,开放式最短路径优先)路由协议是另一个比较常用的路由协议之一,它通过路由器之间通告网络接口的状态,使用最短路径算法建立路由表。在生成路由表时,OSPF 协议优先考虑线路的速率等因素(费用),而经过的跳数则不是重点参考条件。

OSPF 路由协议可以支持在一个自治区域中运行,也可以支持在多个自治区域之间运行。本书主要介绍单区域内 OSPF 的配置方法。

如图 4-16 所示,在网络拓扑图中,每个路由器都使用 OSPF 协议生成路由表,其中 Router0 与 Router3 之间线路的速率比较慢(费用比较高,为 100),而其他三条线路的速率比较快(费用比较小,每条都是 10)。

首先,配置全部设备的接口信息,如表 4-6 所示。

表 4-6　全部设备的接口配置信息表

设 备 名 称	接 口 名 称	IP 地址及子网掩码	说　　明
PC1	以太网接口	192.168.1.2/24	网关地址是:192.168.1.1
PC2	以太网接口	192.168.2.2/24	网关地址是:192.168.2.1
PC3	以太网接口	172.16.0.2/16	网关地址是:172.16.0.1

续表

设 备 名 称	接 口 名 称	IP 地址及子网掩码	说　　　明
PC4	以太网接口	172.17.0.2/16	网关地址是：172.17.0.1
PC5	以太网接口	172.18.0.2/16	网关地址是：172.18.0.1
Router0	Fa0/0	192.168.1.1/24	与 PC1 连接
Router0	Fa0/1	192.168.2.1/24	与 PC2 连接
Router0	Se0/0	10.0.0.1/8	与 Router1 连接
Router0	Se1/0	13.0.0.2/8	与 Router1 连接
Router1	Fa0/0	172.16.0.1	与 PC3 连接
Router1	Se0/0	10.0.0.2/8	与 Router0 连接
Router1	Se1/0	11.0.0.1/8	与 Router2 连接
Router2	Fa0/0	172.18.0.1	与 PC5 连接
Router2	Se0/0	11.0.0.2/8	与 Router1 连接
Router2	Se1/0	12.0.0.1/8	与 Router3 连接
Router3	Fa0/0	172.17.0.1	与 PC4 连接
Router3	Se0/0	12.0.0.2/8	与 Router2 连接
Router3	Se1/0	13.0.0.1/8	与 Router0 连接

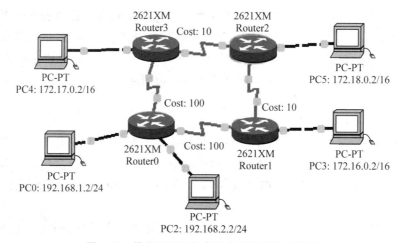

图 4-16　使用 OSPF 生成路由表的网络拓扑图

然后在指定接口的配置模式下,使用"ip ospf cost 费用"命令为每一个接口上的线路配置费用。

在 Router0 中配置接口的费用,其中 Se1/0 接口连接的线路费用是 100,Se0/0 费用是 10。

```
Router0(config)#interface s0/0
Router0(config-if)#ip ospf cost 10
Router0(config-if)#exit
Router0(config)#interface s1/0
Router0(config-if)#ip ospf cost 100
```

在 Router1 中配置全部接口的费用都是 10。

```
Router1(config)#interface s0/0
Router1(config-if)#ip ospf cost 10
Router1(config-if)#exit
Router1(config)#interface s1/0
Router1(config-if)#ip ospf cost 10
```

在 Router2 中配置全部接口的费用都是 10。

```
Router2(config)#interface s0/0
Router2(config-if)#ip ospf cost 10
Router2(config-if)#exit
Router2(config)#interface s1/0
Router2(config-if)#ip ospf cost 10
```

最后在每个路由器中使用 router ospf 命令,其后面需要指定一个数字作为 OSPF 进程的进程号,这样就可以进入指定进程号的 OSPF 配置环境中了。在这个配置环境中,同样使用 network 广播本地路由器直接连接的网络 IP 地址,其后的参数不是子网掩码,而是使用“area 区域号”作为最后一个参数(由于实例是在一个区域中,即单区域,因此其区域号都设置为 1)。

在路由器 Router0 中配置 OSPF 协议。

```
Router0(config)#router ospf 1
Router0(config-router)#network 192.168.1.0 0.0.0.255 area 1
Router0(config-router)#network 192.168.2.0 0.0.0.255 area 1
Router0(config-router)#network 10.0.0.0 0.255.255.255 area 1
Router0(config-router)#network 11.0.0.0 0.255.255.255 area 1
```

在路由器 Router1 中配置 OSPF 协议。

```
Router1(config)#router ospf 1
Router1(config-router)#network 172.16.0.0 0.0.255.255 area 1
Router1(config-router)#network 10.0.0.0 0.255.255.255 area 1
Router1(config-router)#network 11.0.0.0 0.255.255.255 area 1
```

在路由器 Router2 中配置 OSPF 协议。

```
outer(config)#router ospf 1
Router2(config-router)#network 172.17.0.0 0.0.255.255 area 1
Router2(config-router)#network 11.0.0.0 0.255.255.255 area 1
Router2(config-router)#network 12.0.0.0 0.255.255.255 area 1
```

查看路由器 Router0 中的路由表,其中以 O 开头的路由记录都是由 OSPF 协议计算得到的。

```
Router0#show ip route
...
C     10.0.0.0/8 is directly connected, Serial0/0
C     11.0.0.0/8 is directly connected, Serial1/0
O     12.0.0.0/8 [110/20] via 10.0.0.2, 00:03:24, Serial0/0
O     13.0.0.0/8 [110/30] via 10.0.0.2, 00:01:47, Serial0/0
O     172.16.0.0/16 [110/11] via 10.0.0.2, 00:03:24, Serial0/0
```

```
O       172.17.0.0/16 [110/31] via 10.0.0.2, 00:00:39, Serial0/0
O       172.18.0.0/16 [110/21] via 10.0.0.2, 00:01:47, Serial0/0
C       192.168.1.0/24 is directly connected, FastEthernet0/0
C       192.168.2.0/24 is directly connected, FastEthernet0/1
```

结合线路的费用,OSPF 协议没有使用 Router0 与 Router3 之间的线路,而是使用了 Router0→Router1→Router2→Router3 路径(到 172.17.0.0 网络的下一跳路由是 Router1,其入口地址是 10.0.0.2)。

在 PC1 中使用 tracert 命令检查实际路径是否与路由表中的记录相符合。

```
D:\>tracert 172.17.0.2
Tracing route to 172.17.0.2 over a maximum of 30 hops:
    1     32 ms       18 ms        18 ms        192.168.1.1
    2     62 ms       50 ms        63 ms        10.0.0.2
    3     94 ms       94 ms        94 ms        12.0.0.2
    4    125 ms      125 ms       125 ms        13.0.0.1
    5    157 ms      156 ms       156 ms        172.17.0.2
Trace complete.
```

路由器中还提供了多条命令用于查看 OSPF 协议的详细信息。

Show ip ospf neighbor 可以显示本地路由的 OSPF 邻居的信息,包括它们的路由器 ID、接口地址和 IP 地址等。

Show ip ospf database 用于显示本地路由的 OSPF 库内容(与路由表内容相似)。

Show ip protocols 命令用于显示与路由协议相关的参数与定时器信息,本命令也可以在启用了 RIP 路由协议的路由器中使用。

4.5   三层交换机配置实例

网络的拓扑结构如图 4-17 所示,要求做如下设置:配置 VTP 域,减轻管理员工作量;配置 PVST,避免环路的产生;做好 DHCP 中继,使不同 VLAN 中的 PC 能够动态获取 IP 地址;设置以太网通道,增加数据流量;三层交换机配置路由功能,使不同 VLAN 之间可以通信。

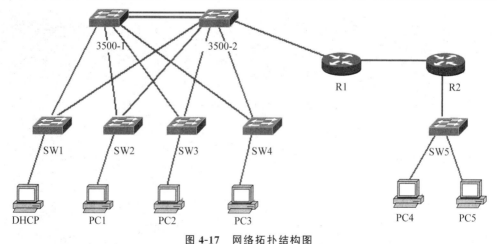

图 4-17   网络拓扑结构图

1. IP 地址、接口分配及相应设备配置要求

表 4-7、表 4-8、表 4-9 所示分别是 IP 地址、接口分配及路由器设备配置要求。

表 4-7 IP 地址分配表

设备或 VLAN 名称	接口名称	IP 地址及子网掩码	说　明
DHCP	以太网接口	192168.1.3/24	网关地址是：192.168.1.1
PC1	以太网接口	192.168.2.3/24	网关地址是：192.168.2.1
PC2	以太网接口	192.168.3.3/24	网关地址是：192.168.3.1
PC3	以太网接口	192.168.4.3/24	网关地址是：192.168.4.1
PC4	以太网接口	192.168.7.2/24	网关地址是：192.168.7.1
PC5	以太网接口	192.168.8.2/24	网关地址是：192.168.8.1
3550-1 VLAN 10		192.168.1.1/24	
3550-1 VLAN 20		192.168.2.1/24	
3550-1 VLAN 30		192.168.3.1/24	
3550-1 VLAN 40		192.168.4.1/24	
3550-2 VLAN 10		192.168.1.2/24	
3550-2 VLAN 20		192.168.2.2/24	
3550-2 VLAN 30		192.168.3.2/24	
3550-2 VLAN 40		192.168.4.2/24	
3550-2	Fa0/7	192.168.5.1/24	
R1	Fa0/1	192.168.5.2/24	
R1	Fa0/2	192.168.6.1/24	
R2	Fa0/1	192.168.6.2/24	
R2	Fa0/2.1	192.168.7.1/24	
R2	Fa0/2.2	192.168.8.1/24	

表 4-8 接口分配表

连接设备	连接设备接口	被连接设备	被连接设备接口	说　明
SW1	Fa0/1	3550-1	Fa0/1	
SW1	Fa0/2	3550-2	Fa0/1	
SW1	Fa0/3	DHCP 服务器	以太网接口	VLAN 10
SW2	Fa0/1	3550-1	Fa0/2	
SW2	Fa0/2	3550-2	Fa0/2	
SW2	Fa0/3	PC1	以太网接口	VLAN 20
SW3	Fa0/1	3550-1	Fa0/3	
SW3	Fa0/2	3550-2	Fa0/3	
SW3	Fa0/3	PC2	以太网接口	VLAN 30
SW4	Fa0/1	3550-1	Fa0/4	
SW4	Fa0/2	3550-2	Fa0/4	

连接设备	连接设备接口	被连接设备	被连接设备接口	说　　明
SW4	Fa0/3	PC3	以太网接口	VLAN 40
SW5	Fa0/1	PC4	以太网接口	
SW5	Fa0/2	PC5	以太网接口	
R1	Fa0/2	R2	Fa0/1	
R2	Fa0/2	SW5	Fa0/24	
3550-1	Fa0/5	3550-2	Fa0/5	
3550-1	Fa0/6	3550-2	Fa0/6	
3550-2	Fa0/7	R1	Fa0/1	

表 4-9　路由器、交换机配置要求

配置名称	配置要求
VTP	VTP 的域名、VTP 的密码、VTP 的修剪、配置两台 3550VTP Server 模式、配置其他交换机为 Client 模式
STP	设置 3550-1 是 VLAN 1 和 VLAN 2 的生成树根网桥,设置 3550-2 是 VLAN 3 和 VLAN 4 的生成树根网桥,在接入层交换机上配置速端口和上行速链路
三层交换机	在交换机上划分 VLAN,在三层交换机上配置各个 VLAN 的 IP 地址。 配置两台三层交换机之间的以太网通道(Ethernet Channel)。 配置 3550-2 交换机的路由接口,在三层交换机上配置 RIP 协议
路由器	配置路由器接口的 IP 地址,配置路由器的 RIP 协议,在 R2 上配置单臂路由
SW5	在 SW5 上将 PC4、PC5 添加进去

2. 具体配置过程

(1) 3550-1 的配置如下。
配置交换机的三层路由功能:

```
3550-1#config terminal
3550-1<config>#ip routing          // 启用三层路由功能
```

配置 VTP 域:

```
3550-1>enable
3550-1#config terminal
3550-1<config>#vtp domain benet     // 创建 VTP 域
3550-1<config>#vtp password 123     // VTP 域的密码
3550-1<config>#vtp pruning          // 起用 VTP 修剪
3550-1<config>#vtp mode server      // 配置交换机为 VTP server 模式
3550-1<config>#exit                 // 返回下一级
```

配置 VLAN:

```
3550-1#vlan database                // 进入 VLAN 数据库
3550-1<vlan>#vlan 10 name vlan10     // 创建 VLAN 10
```

```
3550-1<vlan>#vlan 20 name vlan20          // 创建 VLAN 20
3550-1<vlan>#vlan 30 name vlan30          // 创建 VLAN 30
3550-1<vlan>#vlan 40 name vlan40          // 创建 VLAN 40
3550-1<vlan>#exit
```

配置 VLAN IP 地址：

```
3550-1#config terminal
3550-1<config>#interface vlan10
3550-1<config-vlan>#ip address 192.168.1.1 255.255.255.0
3550-1<config-vlan>#exit
3550-1<config>#interface vlan20
3550-1<config-vlan>#ip address 192.168.2.1 255.255.255.0
3550-1<config-vlan>#exit
3550-1<config>#interface vlan30
3550-1<config-vlan>#ip address 192.168.3.1 255.255.255.0
3550-1<config-vlan>#exit
3550-1<config>#interface vlan40
3550-1<config-vlan>#ip address 192.168.4.1 255.255.255.0
3550-1<config-vlan>#exit
```

配置 RIP 协议：

```
3550-1#config terminal
3550-1<config>#router rip
3550-1<config-router>#network 192.168.1.0
3550-1<config-router>#network 192.168.2.0
3550-1<config-router>#network 192.168.3.0
3550-1<config-router>#network 192.168.4.0
```

配置 PVST：

```
3550-1<config>#spanning-tree vlan vlan10 root primary      //配置 VLAN 10 的根网桥
3550-1<config>#spanning-tree vlan vlan20 root primary      //配置 VLAN 20 的根网桥
3550-1<config>#spanning-tree vlan vlan30 root secondary
3550-1<config>#spanning-tree vlan vlan40 root secondary
3550-1<config>#interface range fastEthernet 0/5 - 6        //进入一定端口
3550-1<config-range>#channel-group 1 mode on               //配置以太网通道
```

配置 DHCP 中继：

```
  3550-1<config>#interface vlan vlan10
  3550-1<config-if>#ip helper-address 192.168.1.3
  3550-1<config>#interface vlan vlan20
  3550-1<config-if>#ip helper-address 192.168.1.3
```

(2) 3550-2 的配置如下。

配置交换机的三层路由功能：

```
3550-2#config terminal
3550-2<config>#ip routing
```

配置 VTP 域：

```
3550-2>enable
3550-2#config terminal
3550-2<config>#vtp domain benet
3550-2<config>#vtp password 123
3550-2<config>#vtp pruning
3550-2<config>#vtp mode server
3550-2<config>#exit
```

配置 VLAN IP 地址：

```
3550-2#config terminal
3550-2<config>#interface vlan10
3550-2<config-vlan>#ip address 192.168.1.2 255.255.255.0
3550-2<config-vlan>#exit
3550-2<config>#interface vlan20
3550-2<config-vlan>#ip address 192.168.2.2 255.255.255.0
3550-2<config-vlan>#exit
3550-2<config>#interface vlan30
3550-2<config-vlan>#ip address 192.168.3.2 255.255.255.0
3550-2<config-vlan>#exit
3550-2<config>#interface vlan40
3550-2<config-vlan>#ip address 192.168.4.2 255.255.255.0
3550-2<config>#interface f0/7
3550-2<config-if>#no switchport
3550-2<config-if>#ip address 192.168.5.1 255.255.255.0
3550-2<config-if>#no shutdown
3550-2<config-if>#exit
```

配置 RIP 协议：

```
3550-2#config terminal
3550-2<config>#router rip
3550-1<config-router>#network 192.168.1.0
3550-1<config-router>#network 192.168.2.0
3550-1<config-router>#network 192.168.3.0
3550-1<config-router>#network 192.168.4.0
3550-1<config-router>#network 192.168.5.0
```

配置 PVST：

```
3550-2<config>#spanning-tree vlan vlan30 root primary
3550-2<config>#spanning-tree vlan vlan40 root primary
3550-2<config>#spanning-tree vlan vlan10 root secondary
3550-2<config>#spanning-tree vlan vlan20 root secondary
3550-2<config>#interface range fastEthernet 0/5-6
3550-2<config-if-range>#channel-group 1 mode on
```

配置 DHCP 中继：

```
3550-2<config>#interface vlan vlan30
3550-2<config-if>#ip helper-address 192.168.1.3
3550-2<config>#interface vlan vlan40
3550-2<config-if>#ip helper-address 192.168.1.3
```

配置交换机：

```
Sw1#config terminal
Sw1<config>#vtp domain benet
Sw1<config>#vtp password 123
Sw1<config>#vtp mode client
Sw1<config>#vtp pruning
Sw1<config>#interface f0/1
Sw1<config-if>#switchport mode trunk
Sw1<config-if>#exit
Sw1<config>#interface f0/2
Sw1<config-if>#switchport mode trunk
Sw1<config-if>#exit
Sw1<config>#interface f0/3
Sw1<config-if>#switchport access vlan 10
Sw1<config-if>#spanning-tree portfast              //端口速链路
Sw1<config-if>#exit
Sw1<config>#spanning-tree uplinkfast              //上行速端口

Sw2#config terminal
Sw2<config>#vtp domain benet
Sw2<config>#vtp password 123
Sw2<config>#vtp mode client
Sw1<config>#vtp pruning
Sw2<config>#interface f0/1
Sw2<config-if>#switchport mode trunk
Sw2<config-if>#exit
Sw2<config>#interface f0/2
Sw2<config-if>#switchport mode trunk
Sw2<config-if>#exit
Sw2<config>#interface f0/3
Sw2<config-if>#switchport access vlan 20
Sw2<config-if>#spanning-tree portfast
Sw2<config-if>#exit
Sw2<config>#spanning-tree uplinkfast

Sw3#config terminal
Sw3<config>#vtp domain benet
Sw3<config>#vtp password 123
Sw3<config>#vtp mode client
Sw1<config>#vtp pruning
Sw3<config>#interface f0/1
Sw3<config-if>#switchport mode trunk
Sw3<config-if>#exit
Sw3<config>#interface f0/2
Sw3<config-if>#switchport mode trunk
```

```
Sw3<config-if>#exit
Sw3<config>#interface f0/3
Sw3<config-if>#switchport access vlan 30
Sw3<config-if>#spanning-tree portfast
Sw3<config-if>#exit
Sw3<config>#spanning-tree uplinkfast

Sw4#config terminal
Sw4<config>#vtp domain benet
Sw4<config>#vtp password 123
Sw4<config>#vtp mode client
Sw1<config>#vtp pruning
Sw4<config>#interface f0/1
Sw4<config-if>#switchport mode trunk
Sw4<config-if>#exit
Sw4<config>#interface f0/2
Sw4<config-if>#switchport mode trunk
Sw4<config-if>#exit
Sw4<config>#interface f0/3
Sw4<config-if>#switchport access vlan 40
Sw4<config-if>#spanning-tree portfast
Sw4<config-if>#exit
Sw4<config>#spanning-tree uplinkfast

Sw5 >enable
Sw5#config terminal
Sw5<config>#interface f0/24
Sw5<config-if>#switchport mode trunk
Sw5<config-if>#end
Sw5#vlan database
Sw5<vlan>#vlan 10 valn10
Sw5<vlan>#vlan 20 valn20
Sw5<vlan>#exit
Sw5#config terminal
Sw5<config>#interface f0/1
Sw5<config-if>#switchport access vlan10
Sw5<config>#interface f0/2
Sw5<config-if>#switchport access vlan20
```

路由器的配置：

```
R1>enable
R1#config terminal
R1<config>#interface f0/1
R1<config-if>#ip address 192.168.5.2 255.255.255.0
R1<config-if>#no shutdown
R1<config>#interface f0/2
R1<config-if>#ip address 192.168.6.1 255.255.255.0
R1<config-if>#no shutdown
```

```
R1<config-if>#exit
R1<config>#router rip
R1<config>#network 192.168.5.0
R1<config>#network 192.168.6.0

R2>enable
R2#config terminal
R2<config>#interface f0/1
R2<config-if>#ip address 192.168.6.2 255.255.255.0
R1<config-if>#no shutdown
R1<config-if>#exit
R1<config>#interface f0/2
R1<config-if>#no shutdown
R1<config-if>#exit
R2<config>#interface f0/2.1
R2<config-subif>#ip address 192.168.7.1 255.255.255.0
R2<config-subif>#encapsolution dot1 10
R2<config-subif>#interface f0/2.2
R2<config-subif>#ip address 192.168.8.1 255.255.255.0
R2<config-subif>#encapsolution dot1 20
R2<config-if>#exit
R2<config>#router rip
R2<config>#network 192.168.6.0
R2<config>#network 192.168.7.0
R2<config>#network 192.168.8.0

PC4: IP: 192.168.7.2 mask:255.255.255.0 default-gateway:192.168.7.1
PC5: IP: 192.168.8.2 mask:255.255.255.0 default-gateway:192.168.8.1
```

本章小结

本章简要介绍了网络互联的主要设备路由器、三层交换机的基本工作原理和配置方法。要求学生掌握路由器和三层交换机结构、工作特点和应用场合。掌握路由表的作用和产生路由表的方法，尤其是静态路由和动态路由的配置方法。清楚三层交换机与路由器的区别和它们的外部接口特征。了解三层交换机和路由器的产品特征并能根据网络集成的需要进行设备选型。了解组播的简单应用。能运用上述知识进行简单网络设计与配置。

思考与练习

（1）简述常用网络互联设备的种类和工作原理。

（2）简述路由器和三层交换机的共同点、不同点与常用场合。

（3）简述路由表的配置方法。

（4）总结常用的路由配置命令。

（5）设计一个将三个虚拟局域网互联的方案并实施。

实践课堂

在三层交换机及路由器间运行动态路由协议，实现各子网互通，如图4-18所示。

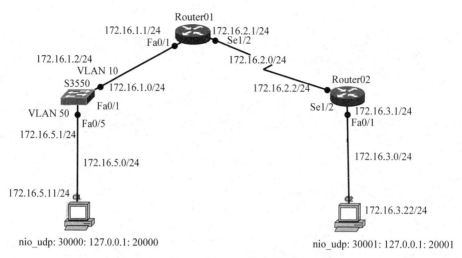

图 4-18　三层交换机及路由器子网互联实验

第 5 章

服务器技术概述

知识技能要求

1. 掌握服务器的硬件特征和常用操作系统的特点。

2. 掌握增强服务器性能的主要途径,了解刀片服务器的结构。

3. 在带 SCSI 硬盘的服务器上,完成 Windows Server 2012 的安装。

5.1 服务器概述

5.1.1 服务器定义

服务器(Server)指的是在网络环境中为客户机(Client)提供各种服务的、特殊的专用计算机。在网络中,服务器承担着数据的存储、转发、发布等关键任务,是各类基于客户机/服务器模式网络中不可或缺的重要组成部分。

从狭义上讲,服务器专指某些高性能计算机能通过网络对外提供服务。相对于 PC,服务器在稳定性、安全性、性能等方面的要求更高,因此其 CPU、芯片组、内存、磁盘系统、网络等硬件和 PC 有所不同。一台服务器应当具有五大主要特性,简称 RASUM,即 R:Reliability—可靠性;A:Availability—可用性;S:Scalability—可扩展性;U:Usability—易用性;M:Manageability—可管理性。

5.1.2 服务器的硬件

服务器系统的硬件构成与我们平常所接触的计算机有众多相似之处,主要硬件包含如下几个部分:中央处理器(Central Processing Unit,CPU)、内存、芯片组、I/O(Input/Out,输入/输出)总线、I/O 设备、电源、机箱等。

1. CPU

由运算器和控制器组成,CPU 的内部结构可分为控制单元、算术逻辑单元和存储单元三大部分。CPU 产品主要有以下两类。

(1) RISC(Reduced Instruction Set Computer,精简指令集),它是在 CISC 指令系统基础上发展起来的,对 CISC 机进行测试表明,各种指令的使用频度相当悬殊,最常使用的是一些比较简单的指令,它们仅占指令总数的 20%,在程序中出现的频度却占 80%。复杂的指令系统必然增加微处理器的复杂性,造成处理器的研制时间长、成本高。并且复杂指令需要复杂的操作,必然会降低计算机的速度。基于上述原因,产生了 RISC 型 CPU。RISC 型 CPU 不仅精简了指令系统,还采用了一种叫作"超标量和超流水线结构",大大增加了并行处理能力。

RISC 是高性能 CPU 的发展方向。相较传统的 CISC(复杂指令集),RISC 的指令格式统一、种类较少、寻址方式比复杂指令集少,使得处理速度提高很多。目前在中高档服务器中普遍采用这一指令系统的 CPU,特别是高档服务器全都采用 RISC 指令系统的 CPU。

RISC 更加适合操作系统 UNIX(Linux 属于类 UNIX 操作系统),RISC 型 CPU 与 Intel 和 AMD 的 CPU 在软件和硬件上都不兼容。在中高档服务器中采用 RISC 指令的 CPU 主要有以下几类:PowerPC 处理器、PA-RISC 处理器、MIPS 处理器、Alpha 处理器。

(2) 非 RISC。

① CISC(Complex Instarction Set Computer,复杂指令集)微处理器,程序的各条指令是按顺序串行执行的,每条指令中的各个操作也是按顺序串行执行的。顺序执行的优点是控制简单,缺点是执行速度慢。由于这种指令系统的指令不等长,指令的条数比较多,编程和设计处理比较麻烦。CISC 微处理器是英特尔生产的 X86 系列(也就是 IA-32 架构)CPU 及其兼容 CPU,如 AMD、VIA。现在的 X86-64 也属于 CISC 的范畴。

② EPIC(Explicitly Parallel Instruction Computers,精确并行指令集),它是否是 RISC 和 CISC 体系的继承者的争论已经有很多,单以 EPIC 体系来说,它更像 Intel 处理器迈向 RISC 体系的重要步骤。

从理论上说 EPIC 体系设计的 CPU 并行能力特别强,以前处理器必须动态地分析代码,以判断最佳执行路径,采用并行技术后,处理器可让编译器提前完成代码排序,代码已明确排布好,直接执行即可。Intel 采用 EPIC 技术的服务器 CPU 是安腾 Itanium 64 位处理器,也是 IA-64 系列中的一款。微软也已开发了 Win64 的操作系统,在软件上加以支持。

在采用了 X86 指令集之后,Intel 又转而寻求更先进的 64-bit 微处理器,Intel 这样做的原因是想摆脱容量巨大的 X86 架构,从而引入精力充沛而又功能强大的指令集,于是采用 EPIC 指令集的 IA-64 架构便诞生了。IA-64 在很多方面来说,都比 X86 有了长足的进步。IA-64 突破了传统 IA-32 架构的许多限制,在数据的处理能力和系统的稳定性、安全性、可用性、可观理性等方面获得了突破性的提高。

IA-64 微处理器最大的缺陷是它们缺乏与 X86 的兼容,而 Intel 为了 IA-64 处理器能够更好地运行软件,它在 IA-64 处理器上(Itanium)引入了 X86-to-IA-64 的解码器,这样就能把 X86 指令翻译为 IA-64 指令。该解码器并不是最有效率的解码器,也不是运行 X86 代码的最好途径(最好的途径是直接在 X86 处理器上运行 X86 代码)。

③ VLIM(Very Long Instruction Word,超长指令集)指令字集采用了先进的清晰并行指令计算设计,每时钟周期可运行多条指令。同时简化了处理器结构,删除了许多内部复杂的控制电路,而这些控制电路的工作,VLIM 将它交给编译器去完成。但基于 VLIM 指令集的 CPU 芯片使得程序变得很大,需要很多内存。更重要的是编译器必须足够聪明。目前 VLIM 指令集应用于富士通 FRV CPU MB93461。

④ SMP(Symmetric Multi-Processing,对称多处理结构),它是指在一个计算机上汇集了一组处理器(多 CPU),各 CPU 之间共享内存子系统以及总线结构。在这种技术的支持下,一个服务器系统可以同时运行多个处理器,并共享内存和其他的主机资源。像双至强,也就是我们所说的二路,这是在对称处理器系统中最常见的一种(至强 MP 可以支持到 4 路,AMD Opteron 可以支持 1～8 路)。也有少数是 16 路的。但是 SMP 结构的机器可扩展性较差,很难做到 100 个以上多处理器,常规的一般是 8 个到 16 个,不过这对于多数的用户来说已经够用了。SMP 在高性能服务器和工作站级主板架构中最为常见,像 UNIX 服务器可支持最多

256 个 CPU 的系统。

构建一套 SMP 系统的必要条件是：支持 SMP 的硬件包括主板和 CPU、支持 SMP 的系统平台、再就是支持 SMP 的应用软件。为了能够使得 SMP 系统发挥高效的性能，操作系统必须支持 SMP 系统，如 WINNT、Linux 以及 UNIX 等 32 位操作系统。即能够进行多任务和多线程处理。多任务是指操作系统能够在同一时间让不同的 CPU 完成不同的任务；多线程是指操作系统能够使得不同的 CPU 并行地完成同一个任务。

组建 SMP 系统的 CPU 的要求是：①CPU 内部必须内置 APIC(Advanced Programmable Interrupt Controllers,高级可编程中断控制器)单元。Intel 多处理规范的核心就是 APIC 的使用；②相同的产品型号、同样类型的 CPU 核心、完全相同的运行频率；③尽可能保持相同的产品序列编号，因为两个生产批次的 CPU 作为双处理器运行的时候，有可能会发生一颗 CPU 负担过高，而另一颗负担少的情况，无法发挥最大性能，更糟糕的是可能导致死机。

2. 内存

服务器内存与 PC 内存在外观和结构上没有什么明显实质性的区别，主要是在内存上引入了一些特有技术，如 ECC、ChipKill,如图 5-1 所示。

内存的错误更正功能(Error Check & Correct, ECC)不但使内存具有数据检查的能力，而且使内存具备了数据错误修正的功能，奇偶校验为系统存储器提供了一位的错误检测能力，但是不能处理多位错误，并且也没有办法纠正错误。它用一个单独的位来为 8 位数据提供保护。ECC 用 7 位来保护 64 位,它用一种特殊的算法在这 7 位中包含了足够的详细信息，所以能够恢复被保护数据中的一个单独位的错误，并且能检测到 2 位、3 位甚至 4 位的错误。

图 5-1 带 ECC 校验的内存

大多数支持 ECC 内存的主板实际上是用标准的奇偶校验内存模块来工作在 ECC 模式。因为 64 位的奇偶校验内存实际上是 72 位宽，所以有足够的位数来做 ECC。ECC 需要特殊的芯片组来支持，芯片组将奇偶校验位组合成 ECC 所需的 7 位一组。芯片组一般允许 ECC 包含一种向操作系统报告所纠正错误的方法，但是并不是所有的操作系统都支持。Windows 和 Linux 会检测这些信息。

ECC 内存可以同时检测和纠正单一比特的错误，但不能同时检测出两个以上的比特错误。Chipkill 技术利用内存的子结构方法来解决这一难题。它的原理是单一芯片，无论数据宽度是多少，对于一个给定的 ECC 识别码，它的影响最多为一比特。

例如，如果使用 4bit 宽的 DRAM,4bit 中的每一位的奇偶性将分别组成不同的 ECC 识别码，这个 ECC 识别码是用单独一个数据位来保存的，也就是说保存在不同的内存空间地址。因此，即使整个内存芯片出了故障，每个 ECC 识别码也将最多出现一比特坏数据，而这种情况完全可以通过 ECC 逻辑修复，从而保证内存子系统的容错性，保证了服务器在出现故障时，有强大的自我恢复能力。采用这种内存技术的内存可以同时检查并修复 4 个错误数据位,服务器的可靠性和稳定得到了更加充分的保障。

Chipkill 技术是 IBM 公司为了解决 ECC 技术的不足而开发的，是一种 ECC 内存保护标准。

3. 服务器硬盘

硬盘通常意义下是指将硬盘控制器与盘体集成在一起的硬盘驱动器。把盘体与控制器集成在一起的做法减少了硬盘接口的电缆数目与长度,使数据传输的可靠性得到增强,硬盘制造起来变得更容易,因为硬盘生产厂商不需要再担心自己的硬盘是否与其他厂商生产的控制器兼容。对用户而言,硬盘安装起来也更为方便。

1) 服务器硬盘的特点

大数据时代的到来突显了数据的价值,存储的重要性也逐渐被企业重视,作为数据最重要的保障,服务器硬盘责任重如泰山。

(1) 服务器硬盘更加稳定。

不同于 PC 3×24 小时的设计,服务器通常是按照 7×24 小时不间断设计的,这也要求服务器硬盘适用大数据量、长时间的工作环境。硬盘一旦损坏,将给企业带来不可估量的损失。而在服务器硬盘上,除采用 S.M.A.R.T 技术外(自监测、分析和报告技术),RAID 技术也可用来保证数据的稳定性。为避免意外损失,服务器硬盘一般都能承受 300G 到 1000G 的冲击力。

(2) 读取速度。

在转速上,服务器硬盘达到每分钟 10000 转、15000 转甚至更高,而 PC 硬盘基本上都在 10000 转以下。此外,在平均访问时间、外部传输率和内部传输率等参数上,服务器硬盘也都比 PC 硬盘更具优势,这使得服务器硬盘总体速度要比 PC 硬盘高出很多,在每秒的数据传输吞吐量上也要强于 PC 硬盘。

(3) 服务器硬盘支持热插拔。

热插拔技术广泛运用于服务器上,不仅是内存、电源,服务器硬盘同样支持热插拔。当硬盘发生损坏需要更换的时候,可以轻松实现硬盘更换。硬盘热插拔技术对于不间断运行的服务器来说非常必要。不同于服务器硬盘,PC 硬盘一般不支持热插拔技术。

2) 硬盘控制器接口

(1) SCSI(Small Computer System Interface,小型计算机系统接口)。相对于 IDE 接口,SCSI 接口具备如下性能优势:独立于硬件设备的智能化接口;减轻了 CPU 的负担;多个 I/O 并行操作,SCSI 设备传输速度快;可连接的外设数量多(如硬盘、磁带机、CD-ROM 等)。SCSI 接口硬盘如图 5-2 所示。

图 5-2   SCSI 接口硬盘

当同时访问到服务器的网络用户数量较多时,使用 SCSI 硬盘的系统 I/O 性能明显优于使用 IDE。SCSI 总线支持数据的快速传输。不同的 SCSI 设备通常有 8 位或 16 位的 SCSI 传输总线。在多任务操作系统,如 Windows Server 下,在同一时刻可以启动多个 SCSI 设备。

SCSI 适配器通常使用主机的 DMA(直接内存存取)通道把数据传送到内存。这意味着不需要主机 CPU 的帮助,SCSI 适配器就可以把数据传送到内存。为了管理数据流,每一个 SCSI 设备(包括适配卡)都有一个身份号码。通常把 SCSI 适配器的身份号码设置为 7,其余设备的身份号码编号为 0~6。

　　大部分基于 PC 的 SCSI 总线使用单端接的收发器发送和接收信号。但是随着传送速率的增大和线缆的加长,信号会失真。为了最大限度地增加总线长度并保证信号不失真,可以把差分收发器加到 SCSI 设备中。

　　差分收发器使用两条线来传送信号。一旦信号到达目的地,电路比较两条线的脉冲,并生成原始信号的正确复制。一种新的差分收发器 LVD(低压差分收发器),能够增加总线长度并且能够提供更高的可靠性和传输速率。LVD 能连接 15 个设备,最大总线长度可达 12m。

　　目前常用的 SCSI 系列硬盘接口见表 5-1。

表 5-1　常用的 SCSI 系列硬盘参数

Narrow Wide		Wide	
接　口	传输速率	接　口	传输速率
Fast SCSI	10MB/s	Fast Wide SCSI	20MB/s
Ultra SCSI	20MB/s	Ultra Wide SCSI	40MB/s
Ultra2 SCSI	40MB/s	Ultra 2 Wide SCSI	80MB/s
		Ultra 3	160MB

　　(2) SAS(Serial Attached SCSI,串行 SCSI)。SAS 采用串行技术以获得更高的传输速度,并通过缩短连接线改善内部空间等。SAS 是并行 SCSI 接口之后开发出的全新接口。此接口的设计是为了改善存储系统的效能、可用性和扩充性,提供与 SATA(Serial ATA,串行接口)硬盘的兼容性。SAS 的接口技术可以向下兼容 SATA。SAS 系统的背板(Backplane)既可以连接具有双端口、高性能的 SAS 驱动器,也可以连接高容量、低成本的 SATA 驱动器。

　　因为 SAS 驱动器的端口与 SATA 驱动器的端口形状看上去类似,所以 SAS 驱动器和 SATA 驱动器可以同时存在于一个存储系统之中。但需要注意的是,SATA 系统并不兼容 SAS,所以 SAS 驱动器不能连接到 SATA 背板上。由于 SAS 系统的兼容性,IT 人员能够运用不同接口的硬盘来满足各类应用在容量上或效能上的需求,因此在扩充存储系统时拥有更多的弹性,让存储设备发挥最大的投资效益。

　　(3) FC(Fibre Channel,光纤通道)。FC 是一种跟 SCSI 或 IDE 有很大不同的接口,很像以太网的转换开头。以前 FC 是专为网络设计的,后来随着存储器对高带宽的需求,慢慢移植到现在的存储系统上。光纤通道通常用于连接一个 SCSI RAID(或其他一些比较常用的 RAID 类型),以满足高端工作或服务器对高数据传输率的要求。

　　FC 硬盘是指采用 FC-AL(Fiber Channel Arbitrated Loop,光纤通道仲裁环)接口模式的磁盘。FC-AL 使光纤通道能够直接作为硬盘连接接口,为高吞吐量性能密集型系统的设计者开辟了一条提高 I/O 性能水平的途径。目前高端存储产品使用的都是 FC 接口的硬盘。由于通过光学物理通道进行工作,因此 FC 硬盘起名为光纤硬盘,现在也支持铜线物理通道。

　　就像是 IEEE-1394,FC 实际上定义为 SCSI-3 标准一类,属于 SCSI 的同胞兄弟。作为串行接口,FC-AL 峰值可以达到 2Gbit/s 甚至是 4Gbit/s。而且通过光学连接设备最大传输距离可以达到 10km。通过 FC-loop 可以连接 127 个设备,也就是为什么基于 FC 硬盘的存储设备通常可以连接几百块甚至上千块硬盘提供大容量存储空间。

光纤硬盘以其优越的性能、稳定的传输,在企业存储高端应用中担当重要角色。业界普遍关注光纤接口的带宽。最早普及使用的光纤接口带宽为1GB,随后2GB带宽光纤产品开始统治市场。现在的带宽标准是4GB,目前普遍厂商都已经采用4GB相关产品。8GB光纤产品也将在未来取代4GB光纤成为市场主流。

4GB是以2GB为基础延伸的传输协议,可以向下兼容1GB和2GB,所使用的光纤线材、连接端口也都相同,意味着使用者在导入4GB设备时,不需为了兼容性问题更换旧有的设备,不但可以保护既有的投资,也可以采取渐进式升级的方式逐步淘汰旧有的2GB设备。

(4) SATA接口。SATA采用串行连接方式,串行ATA总线使用嵌入式时钟信号,具备更强的纠错能力,与以往相比其最大的特点在于能对传输指令(不仅仅是数据)进行检查,如果发现错误会自动矫正,这在很大程度上提高了数据传输的可靠性。

现在一般硬盘接口都是SATA接口。SATA接口之所以能够取代IDE接口是因为SATA接口在性能和速度上均优于IDE接口,且支持热插拔。如果主板比较陈旧,可以通过转换设备进行硬盘接口的转换。

SATA接口是目前市场的主流接口,我们使用的计算机多数也是SATA接口,下文着重介绍SATA接口。

目前SATA接口有1.0、2.0、3.0三个版本。接口版本号越大,出现的时间越晚、性能越好、数据传输速率更快。SATA接口的版本向下兼容,高版本的SATA接口兼容低版本的SATA接口。有些SATA硬盘提供了跳线,跳线设置不同,同一块硬盘的SATA接口版本号就不同(主要是数据传输的速率不同)。

图 5-3　SATA 硬盘

SATA接口的实际传输速率与主板有关。SATA接口硬盘在外观上和IDE硬盘有很大不同,如图5-3所示,左边是电源,右边数据线。右边比较宽的是跳线接口,有的硬盘有,有的硬盘没有,SATA硬盘主从盘设置在BOIS中进行,这里的跳线主要设置SATA的传输速率。现在有些SATA硬盘,也出现了新的固件接口。

4. I2O

I2O是英文Intelligent Input & Output的缩写,中文意思是智能输入/输出,用于智能I/O系统的标准接口。

由于PC服务器的I/O体系源于单用户的个人台式计算机,而不是为处理大吞吐量任务的专用服务器设计的,一旦成为网络中心设备后,数据传输量大大增加,因而I/O数据传输经常会成为整个系统的瓶颈。I2O智能输入/输出技术把任务分配给智能I/O系统,在这些子系统中,专用的I/O处理器将负责中断处理、缓冲存取以及数据传输等烦琐任务,这样系统的吞吐能力就得到了提高,服务器的主处理器也能被解放出来去处理更为重要的任务。

5.1.3　服务器的操作系统

网络操作系统是网络的"心脏",是向网络计算机提供网络管理、网络通信和网络资源共享功能的操作系统。它是负责管理整个网络资源和方便网络用户的软件集合。由于网络操作系统是运行在服务器之上的,所以有时我们也把它称为服务器操作系统。

网络操作系统是在网络环境下实现对网络资源的管理和控制的操作系统,是用户与网络资源之间的接口。网络操作系统是建立在独立的操作系统之上,为网络用户提供使用网络系统资源的桥梁。在多个用户争用系统资源时,网络操作系统进行资源调剂管理,它依靠各个独立的计算机操作系统对所属资源进行管理,协调和管理网络用户进程或程序与联机操作系统进行交互。

一般情况下,网络操作系统以使网络相关特性最佳为目的。如共享数据文件、软件应用以及共享硬盘、打印机、调制解调器、扫描仪和传真机等。一般计算机的操作系统是让用户与系统及在此操作系统上运行的各种应用之间达到最佳的交互作用。

1. 网络操作系统的特征

作为网络用户和计算机网络之间的接口,一个典型的网络操作系统一般具有以下特征。

1) 硬件独立

硬件独立是指网络操作系统独立于具体的硬件平台,即支持多平台,系统可以运行于各种硬件平台之上。例如 X86 的 Intel 系统、基于精简指令集计算机的系统(如 MIPS R6000)等。当用户在两种或多种不同的硬件平台上使用时,不必修改操作系统。

2) 网络特性

网络操作系统的网络特性是能共享、管理网络上不同的计算机资源并提供良好的用户界面。例如 UNIX、Windows、Linux 等能提供良好的文件服务和打印管理。

3) 可移植性和可集成性

可移植性是指操作系统能在不同的硬件平台上实现和应用,而可集成性是指能集成多种应用和服务。具有良好的可移植性和可集成性也是现在网络操作系统必须具备的特征。

4) 多用户、多任务特性

多用户是指能同时提供给多个用户使用,而多任务是指在同一时刻能同时完成多项任务。目前的网络操作系统都是多进程,即把应用和服务分解成多个在 CPU 中运行的小的代码段,同时并行处理以提高效率。

另外还有一些特征如支持 SMP(Symmetric Multiple Processer,对称多处理器)技术等也是网络操作系统的基本特征之一。

网络操作系统是建立网络关键因素之一,网络操作系统的选择要综合权衡多个因素,如易用性、效率、访问率、管理对象、使用环境、使用范围、应用软件支持和网络服务能力等。

2. 常见的网络操作系统

目前,常见的网络操作系统有 UNIX、Windows、Linux 等几类。

1) UNIX 网络操作系统

UNIX 网络操作系统作为网络操作系统标准已有 50 年的历史。UNIX 可以运行在 HP、IBM 等工作站、小型机或巨型机上,其并发处理能力和优异的计算能力使它成为大型、关键应用的首选网络操作系统。同时,由于它与 Internet 有着天然的联系(早期 Internet 的发展主要是在 UNIX 系统上完成),为用户提供稳定、高效、多样、安全的网络应用服务,是高端用户的最佳选择。

UNIX 曾是 USL(AT&T 公司所有)的注册商标,现在为 The Open Group 所有。通常所说的 UNIX 系统是指 UNIX 内核(Kernel)、文件系统、用户命令界面(Shell)以及相关应用程序的集合,并不是这个注册商标。从网络诞生之日起,UNIX 就一直与之相伴。UNIX 的多用户、多任务功能、可移植性、系统的稳定性一直是业界公认的。UNIX 的可移植性打破了专用软件的统治,使用户摆脱了特定厂商不同硬件的限制。

在 20 世纪 70 年代和 80 年代,UNIX 风靡大学领域,为广大学生所喜爱,也影响了一代专家学者。当年的学子现在已处在信息产业的前沿,影响着当前计算机技术的研究和未来计算机技术的发展方向。

UNIX 系统的优点是系统的安全性与稳定性高,能够支持大型文件系统与数据库系统,对于系统应用软件方面的支持比较完善。集中计算的趋势使许多大企业都转向拥有数十个或数百个处理器的单一 UNIX 服务器,在这一点上,Windows 无法与其竞争。

UNIX 操作系统的缺点是所有操作都需要输入代码式的命令进行,人性化使用较差,使其在中低端服务器市场的发展难上加难,技术未得到广泛推广,相关维护费用较高。

UNIX 是对源代码实行知识产权保护的传统商业软件,常见版本有 Solaris、HP-UX、IBM AIX、SCO UNIX 等。

(1) Solaris 是类 UNIX 操作系统。早期的 Solaris 主要用于 Sun 工作站上。随着 Sun 让 Solaris 可以免费下载 Open Solaris,Solaris/Open Solaris 除了作为服务器/工作站外,还可以作为 Desktop。虽然现在仍然不普及,且应用程序和设备驱动的支持尚显不足,但这一问题正得到快速改善,未来用户群朝向一般大众仍有很大可能。

目前各大软件、应用程序厂商对 SPARC 平台的支持尚算良好,但对 X86 平台的 Solaris 多半都不支持。这也是 X86 使用者面临的困境之一。

(2) HP-UX 的全称为 Hewlett Packard UNIX,是惠普 9000 系列服务器的操作系统,可以在 HP 的 PA-RISC 处理器、Intel 的 Itanium 处理器的计算机上运行。它基于 System V,是 UNIX 的一个变种。惠普 9000 服务器支持范围从入门级商业应用到大规模服务器应用,支持互联网防火墙、虚拟主机或者远程办公室业务,大型公司可以采用此服务器管理 ERP 或电子商务业务,对于高端应用,可以采用惠普公司的 Superdome 计算机,它支持最多 64 个处理器进行并行计算。所有的服务器都采用 HP-UX 操作系统。

(3) IBM AIX 系统是 IBM 开发的一套 UNIX 操作系统,也可称为 AIX。它符合 Open Group 的 UNIX 98 行业标准(The Open Group UNIX 98 BASE Brand),通过全面集成对 32 位和 64 位应用的并行运行支持,为这些应用提供了全面的可扩展性。它可以在所有的 IBM 系列和 IBM RS/6000 工作站、服务器和大型并行超级计算机上运行。

2012 年,IBM 发表 UNIX 服务器操作系统 AIX 5L Version 5.2。AIX 5L Version 5.2 新增大型主机拥有的负载平衡功能,能将服务器尖峰时间平均使用率提升至 85%～100%。同时,AIX 5L Version 5.2 首次具备动态逻辑切割技术,亦为 UNIX 市场首创,此技术可将单一强大服务器分割为数个独立作业的虚拟服务器,企业可以充分利用服务器资源降低营运成本。

2) Windows Server(以 2008 为例说明)

Windows Server 2008 是 Windows Server 操作系统,可以帮助信息技术(IT)专业人员最大限度地控制其基础结构,同时提供空前的可用性和管理功能,建立比以往更加安全、可靠和稳定的服务器环境。Windows Server 2008 可确保任何位置的所有用户都能从网络获取完整的服务,从而为组织带来新的价值。Windows Server 2008 还具有对操作系统的深入洞查和诊断功能,使管理员将更多时间用于创造业务价值。

（1）通过改进的管理和诊断功能、开发和应用程序工具、较低的基础结构成本，Windows Server 2008 能够有效地提供基于 Web 的丰富体验。

Internet Information Services 7.0：Windows Server 2008 为 Web 发布提供了一个统一平台，该平台集成了 Internet Information Services（IIS）7.0、ASP.NET、Windows 通信基础、Windows Workflow Foundation 和 Windows SharePoint Services 3.0。IIS 7.0 是对现有 Windows Web 服务器的主要增强，在平台技术集成中扮演着中心角色。

IIS 7.0 通过委派管理、增强的安全性和缩小的攻击面、Web 服务的集成应用程序和健康管理以及改进的管理工具等关键功能，帮助开发人员和管理员等最大限度地提高对网络/Internet 接口的控制。

（2）通过内置的服务器虚拟技术，Windows Server 2008 能够降低成本、提高硬件使用率、优化基础结构并提高服务器可用性。

Terminal Services：Windows Server 2008 在 Terminal Services 中引入了连接到远程计算机和应用程序的新功能。Terminal Services RemoteApp 将终端服务器上运行的应用程序与用户桌面完全集成起来，因此远程应用程序运行起来与在各用户本地计算机上运行时相差无几；用户可以将远程位置的程序与本地程序一起运行。

Terminal Services Web Access 同样可以通过 Web 浏览器灵活地访问远程应用程序，甚至准许用户以更多的方式访问和使用在终端服务器上执行的程序。这些功能与 Terminal Services Gateway 一起应用，可允许用户通过 HTTPS 访问远程桌面和远程应用程序，不受防火墙的限制。

（3）Windows Server 2008 是安全的 Windows Server。它加强了操作系统并进行了安全创新，包括 Network Access Protection、Federated Rights Management、Read-Only Domain Controller，为网络、数据和业务提供了最高水平的保护。

① Network Access Protection（NAP）：一个新的框架，允许 IT 管理员为网络定义健康要求，并限制不符合这些要求的计算机与网络的通信。NAP 强制执行管理员定义的、用于描述特定组织健康要求的策略。

例如，健康要求可以定义为安装操作系统的所有更新，或者安装或更新反病毒或反间谍软件。以这种方式，网络管理员可以定义连接到网络时计算机应具备的基准保护级别。

Microsoft BitLocker 在多个驱动器上进行完整卷加密，为数据提供额外的安全保护，甚至当系统处于未经授权操作或运行不同的操作系统时间、数据和控制时也能提供安全保护。

② Read-Only Domain Controller（RODC）：Windows Server 2008 操作系统中的一种新型域控制器配置，使组织能够在域控制器安全性无法保证的位置轻松部署域控制器。RODC 维护给定域中 Active Directory 目录服务数据库的只读副本。

在此版本之前，当用户必须使用域控制器进行身份验证，但其所在的分支办公室无法为域控制器提供足够物理安全性时，必须通过广域网（WAN）进行身份验证。在很多情况下，这不是一个有效的解决方案。通过将只读 Active Directory 数据库副本放置在更接近分支办公室用户的地方，这些用户可以更快地登录，并能更有效地访问网络上的身份验证资源，即使身处没有足够物理安全性来部署传统域控制器的环境。

③ Failover Clustering：这些改进旨在更轻松地配置服务器群集，同时对数据和应用程序提供保护并保证其可用性。通过在故障转移群集中使用新的验证工具，可以测试系统、存储和网络配置是否适用于群集。凭借 Windows Server 2008 中的故障转移群集，管理员可以更轻

松地执行安装、迁移、管理和操作任务。群集基础结构的改进可帮助管理员最大限度地提高用户服务的可用性,可获得更好的存储和网络性能,并能提高安全性。

（4）Windows Server 2008 借助新技术和新功能,比如 Server Core、PowerShell、Windows Deployment Services 和加强的网络和群集技术,Windows Server 2008 提供了性能最全面、最可靠的 Windows 平台,可以满足所有的业务负载和应用程序要求。

① Server Core：从 Windows Server 2008 的 Beta 2 版本开始,管理员在安装 Windows Server 时可以选择只安装执行 DHCP、DNS、文件服务器或域控制器角色所需的服务。这个新安装选项只安装必要的服务和应用程序,只提供基本的服务器功能,没有任何额外开销。虽然 Server Core 安装选项是操作系统的一个完整功能模式,支持指定的角色,但它不包含服务器图形用户界面（GUI）。

由于 Server Core 安装只包含指定角色所需的功能,因此 Server Core 安装通常只需要较少的维护和更新,因为要管理的组件较少。换句话说,由于服务器上安装和运行的程序和组件较少,因此暴露在网络上的攻击量也较少,从而减少了攻击面。如果在没有安装的组件中发现了安全缺陷或漏洞,则不需要安装补丁。

② Windows PowerShell：一种新的命令行 Shell,包含 130 多种工具和一种集成的脚本语言。它使管理员能够更轻松地控制、更安全地自动执行日常系统管理任务,在跨多个服务器的情况下尤其有用。Windows PowerShell 不需要迁移现有脚本,非常适合于新的 Windows Server 2008 功能的自动执行。

凭借新的关注管理的脚本语言、一致的语法和实用程序,Windows PowerShell 促进了系统管理任务（如 Active Directory、终端服务器、Internet Information Server（IIS）7.0）的自动化,提高了组织解决其环境特有的系统管理问题的能力。

Windows PowerShell 易于采用、学习和使用,因为它不需要编程背景,它使用现有的 IT 基础结构、现有的脚本和现有命令行工具。

③ Server Manager：Windows Server 2008 中包含的一个新功能。它是一个一站式服务功能,旨在指导信息技术（IT）管理员通过端到端过程安装、配置和管理作为 Windows Server 2008 一部分的服务器角色和功能。Server Manager 替换和合并了 Microsoft Windows Server 2003 的许多功能,如管理您的服务器、配置您的服务器、添加或删除 Windows 组件。可以使用 Server Manager 在机器上配置各种角色和功能。

④ Windows Deployment Services（WDS）：更新和重新设计的 Remote Installation Services（RIS）Windows Server 2008 版本,WDS 协助基于映像的 Windows 操作系统的快速采用和部署。WDS 允许通过网络将 Windows Vista 和 Windows Server 2008 安装到裸机（没有安装操作系统）,甚至支持混合环境,包括 Microsoft Windows XP 和 Microsoft Windows Server 2003。Windows Deployment Services 还提供一个端到端解决方案,用于将 Windows 操作系统部署到客户端和服务器计算机,并可降低部署 Windows Server 2008 和 Windows Vista 的总体拥有成本（TCO）和复杂程度。

3）Linux

Linux 是一套自由软件,用户可以无偿得到它及其源代码和大量的相关应用程序,而且可以按照自己的意图和需求进行修改和补充,无偿使用,无限制地传播。这对用户深入学习、了解操作系统的内核非常有益。

Linux 是目前为数不多的可免费获得的、在 PC 平台上提供多用户、多任务、多进程功能的操作系统之一,它提供了和其他商用操作系统相同的功能,由于网络界有众多的用户为 Linux 的发展而工作,也可以自己动手对 Linux 进行改进,因此可以节省大量用于购买或升级操作系统和应用程序的资金。

Linux 不仅具有功能强大、性能稳定的 UNIX 网络操作系统的全部优点,而且还提供了丰富的应用软件,包括文本编辑器、高级语言编译器,多窗口管理器的 X Window 图形用户界面等。用户可以从 Internet 上下载各种 Linux 版本及其源代码、应用程序,UNIX 上大部分应用程序也可以移植到 Linux 上应用。任何用户都能从 Linux 网站上找到自己需要的应用程序及其源代码,并可修改和扩充操作系统或应用程序的功能。

Linux 以它的高效性和灵活性著称。它能够在 PC 上实现全部的 UNIX 特性,具有多任务、多用户的能力。Linux 是在 GNU 公共许可权限下免费获得的,是一个符合 POSIX 标准的操作系统。虽然它由众多爱好者开发,但是它在很多方面上是相当稳定的,它的网络功能、安全性、稳定性和应用绝不次于任何商业化的操作系统,现在已有众多的用户,包括大型公司和政府机构用它来构建安全、稳健的站点,提供各种关键业务的网络服务。

和 UNIX 一样,一个完整的 Linux 系统一般有 4 个主要组成部分,即 Linux 内核(Kernel)、操作系统与用户接口界面(Shell)、文件系统以及 Linux 实用工具等。

(1) 内核是 Linux 系统的心脏,是运行程序和管理磁盘和打印机等硬件设备的核心程序,完成对硬件设备和资源如 CPU、内存、I/O 设备等的使用、接口、调度等。一般新的内核都对原有内核进行了改进,提供了更强的功能和更高的效率和稳定性,修正了一些缺陷或错误等。Linux 内核源文件一般放在/usr/src/Linux-$VERSION 目录下。其中,$VERSION 指版本号,如 Fedora Core 5 所使用的内核是 2.6.13。用户可以通过网络或公司发行的光盘上获得新版本的 Linux 内核并对原有内核进行升级。

(2) Shell 是用户与内核之间进行交互操作的一种接口。它接收用户输入的命令并把它送到内核中执行。它是一个命令解释器,将用户输入的命令解释成内核能识别的指令并且把它们送到内核。Shell 编辑语言具有普通编程语言的很多特点,如循环结构和分支控制结构等,可以实现对命令的编辑,允许用户编写由 Shell 命令组成的程序,实现比较复杂的功能。

Linux 提供了功能强大、类似 Microsoft Windows 可视操作界面 X Window System 的图形用户界面(GUI),能够提供多窗口管理器,通过鼠标实现各种操作。现在比较流行的窗口管理器有 KDE 和 GNome 等。

每个 Linux 系统用户都可拥有自己的 Shell 或界面,来满足不同的个性化的需要,Shell 有多种不同的版本。

(3) 文件系统是对存放在磁盘等存储设备上的文件和目录的组织管理方法。目录提供了管理文件的一个方便而有效的途径。可以设置目录和文件的权限,也可以从一个目录切换到另一个目录。Linux 目录采用多级树形结构,用户可以浏览整个系统,也可以进入任何授权使用的目录和访问该目录下的文件。

Linux 系统中可建立连接文件,使几个用户访问同一个文件,共享数据变得更容易。操作系统本身的驻留程序存放在以根目录开始的专用目录中,有时被指定为系统目录。

内核、Shell 和文件系统一起构成了 Linux 的基本操作系统,实现对文件的管理、应用程序的管理和与用户进行交互操作的功能。Linux 操作系统一般还包括许多实用工具以完成特定任务。

（4）标准的 Linux 系统都有一套叫作实用工具的程序，它们是专门的程序。例如，编辑器可执行标准的计算操作等；用户也可以编制自己的工具。

实用工具可分为以下 3 类。

① 编辑器：用于编辑文件，如 Ed、Ex、Vi 和 Emacs。Ed 和 Ex 是行编辑器，Vi 和 Emacs 是全屏幕编辑器。在 X Window 下，如 KDE 环境中还有图形化编辑器 Kedit、二进制编辑器 khexdit、图标编辑器 kiconedit、超级编辑器 Kwrite 等。

② 过滤器：接收并过滤数据。过滤器(Filter)获取从其他地方输入的数据，对数据进行检查和处理，并输出结果。在整个过程中，过滤器对过往的数据进行过滤。Linux 有几种不同类型的过滤器，如按指定的模式寻找文件并输出，对一个文件进行格式过滤并输出格式化文件等。过滤器的输入可以是文件或用户从键盘输入的数据，也可以是另一个过滤器的输出，利用这一点可实现过滤器的相互连接。过滤器如 find、more、|、>、< 等。

③ 交互程序：这些程序实现用户发送信息给其他用户和接收其他用户发出的信息。交互程序有 Sendmail、Write 等。

目前比较流行的 Linux 版本有 Red Hat Linux、TurboLinux、Slackware Linux、红旗 Linux、Ubuntu Linux 等，Linux 的汉化工作也取得了很大的进展。

5.1.4 服务器分类

服务器按照不同的标准分类，就会得到不同的结果。常用的分类方法是按结构与按应用层次。

1. 按结构分类

1）塔式服务器

因为它的外形以及结构都跟我们平时使用的台式 PC 差不多。当然，由于服务器的主板扩展性较强、插槽也多一些，所以个头比普通主板大一些，因此塔式服务器的主机机箱也比标准的 ATX 机箱要大，一般都会预留足够的内部空间以便日后进行硬盘和电源的冗余扩展，如图 5-4 所示。

由于塔式服务器的机箱比较大，服务器的配置也可以很高，冗余扩展更可以很齐备，所以它的应用范围非常广，是目前使用率最高的一种服务器。我们平时常说的通用服务器一般都是塔式服务器，它可以集多种常见的服务应用于一身，不管是速度应用还是存储应用都可以使用塔式服务器来解决。

2）机架式服务器

机架式服务器的外形看来不像计算机，而像交换机，有 1U(1U＝4.45cm)、2U、4U 等规格。机架式服务器安装在标准机柜里面。这种结构的多为功能型服务器，如图 5-5 所示。

图 5-4 塔式服务器

图 5-5 机架式服务器

通常 1U 的机架式服务器最节省空间,但性能和可扩展性较差,适合一些业务相对固定的使用领域。4U 以上的产品性能较高,可扩展性好,一般支持 4 个以上的高性能处理器和大量的标准热插拔部件。管理也十分方便,厂商通常提供相应的管理和监控工具,适合大访问量的关键应用,但体积较大,空间利用率不高。

3)机柜式服务器

在一些高档企业服务器中由于内部结构复杂、设备较多,有的还将许多不同的设备单元或几个服务器都放在一个机柜中,这种服务器就是机柜式服务器,如图 5-6 所示。

4)刀片式服务器

刀片式服务器是指在标准高度的机架式机箱内可插装多个卡式的服务器单元,实现高可用和高密度。每一块刀片实际上就是一块系统主板。它们可以通过板载硬盘启动自己的操作系统,如 Windows Server 2008、Linux 等,类似于一个个独立的服务器,在这种模式下,每一块母板运行自己的系统,服务于指定的不同用户群,相互之间没有关联。不过,管理员可以使用系统软件将这些母板集合成一个服务器集群,如图 5-7 所示。

图 5-6　机柜式服务器　　　　　　　图 5-7　刀片式服务器

在集群模式下,所有的母板可以连接起来提供高速的网络环境,并同时共享资源,为相同的用户群服务。在集群中插入新的刀片,就可以提高整体性能。而由于每块刀片都是热插拔的,所以系统可以轻松地进行替换,并且将维护时间减少到最少。

2. 按应用层次分类

按应用层次划分通常也称为按服务器档次划分或按网络规模划分,是服务器最普遍的一种划分方法,它主要根据服务器在网络中应用的层次(或服务器的档次)来划分。服务器档次并不是按服务器 CPU 主频高低来划分,而是依据整个服务器的综合性能,特别是所采用的一些服务器专用技术来衡量。按这种划分方法,服务器可分为入门级服务器、工作组级服务器、部门级服务器、企业级服务器。

1)入门级服务器

入门级服务器是最基础的一类服务器,也是最低档的服务器。随着 PC 技术的日益提高,现在许多入门级服务器与 PC 机的配置差不多,所以目前也有部分人认为入门级服务器与 PC 服务器等同。这类服务器所包含的服务器特性并不是很多,通常具备以下几个方面特性。

(1)有一些基本硬件的冗余,如硬盘、电源、风扇等,但不是必需的。

(2)通常采用 SCSI(小型计算机系统专用接口)硬盘接口,现在也有采用 SATA 串行接口的。

（3）部分部件支持热插拔，如硬盘和内存等，这些也不是必需的。

（4）通常只有一个 CPU，但不是绝对，如 SUN 的入门级服务器有的就可支持 2 个处理器。

（5）内存容量也不会很大，一般在几 GB 以内，但通常会采用带 ECC 纠错技术的服务器专用内存。

入门级服务器所连的终端比较有限（通常为 20 台左右），况且在稳定性、可扩展性以及容错冗余性能较差，仅适用于没有大型数据库数据交换、日常工作网络流量不大、无须长期不间断开机的小型企业。

还有一点就是，这种服务器一般采用 Intel 的专用服务器 CPU 芯片，是基于 Intel 架构（俗称"IA 结构"）的，当然这并不是一种硬性标准规定，而是由于服务器的应用层次需要和价位的限制。

2）工作组级服务器

工作组级服务器是比入门级高一个层次的服务器，但仍属于低档服务器。它只能连接一个工作组（50 台左右）数量的用户，网络规模较小，服务器的稳定性也不高，在其他性能方面的要求也相应要低一些。工作组服务器具有以下主要特点。

（1）通常仅支持单或双 CPU 结构的应用服务器（但也不是绝对的，特别是 SUN 的工作组服务器就有能支持多达 4 个处理器的工作组服务器，这类型的服务器价格较高）。

（2）可支持大容量的 ECC 内存和增强服务器管理功能的 SM 总线。

（3）功能较全面、可管理性强、易于维护。

（4）采用 Intel 服务器 CPU 和 Windows/NetWare 网络操作系统，也有一部分采用 UNIX 系列操作系统。

可以满足中小型网络用户的数据处理、文件共享、Internet 接入及简单数据库应用的需求。

工作组级服务器较入门级服务器来说性能有所提高，功能有所增强，有一定的可扩展性，但容错和冗余性能仍不完善、也不能满足大型数据库系统的应用，但价格较前者贵许多，一般相当于 2～3 台高性能的 PC 品牌机总价。

3）部门级服务器

部门级服务器属于中档服务器，一般都是支持双 CPU 以上的对称处理器结构，具备比较完全的硬件配置，如磁盘阵列、存储托架等。部门级服务器的最大特点是除了具有工作组服务器全部特点外，还集成了大量的监测及管理电路，具有全面的服务器管理能力，可监测如温度、电压、风扇、机箱等状态参数，结合标准服务器管理软件，使管理人员及时了解服务器的工作状况。

同时，大多数部门级服务器具有优良的系统扩展性，能够满足用户在业务量迅速增大时及时在线升级系统，充分保护用户的投资。它是企业网络中分散的各基层数据采集单位与最高层的数据中心保持顺利连通的必要环节，一般为中型企业的首选，也可用于金融、邮电等行业。

部门级服务器一般采用 IBM、SUN 和 HP 各自开发的 CPU 芯片，这类芯片一般是 RISC 结构，采用 UNIX 系列操作系统，现在的 Linux 也在部门级服务器中得到了广泛应用。以前能生产部门级服务器的厂商通常只有 IBM、HP、SUN、COMPAQ（现在已并入 HP），不过随着其他一些服务器厂商开发技术的提高，现在能开发、生产部门级服务器的厂商比以前多了许多。国内也有好几家厂商具备部门级服务器的开发和生产实力，如联想、曙光、浪潮等。

部门级服务器可连接 100 个左右的计算机用户、适用于对处理速度和系统可靠性高一些的中小型企业网络，其硬件配置相对较高，其可靠性、价格比工作组级服务器高。由于这类服务器需要安装比较多的部件，所以机箱通常较大，采用机柜式。

4）企业级服务器

企业级服务器属于高档服务器行列，能生产这种服务器的企业不是很多，因没有行业标准硬性规定企业级服务器需达到什么水平，许多本不具备开发、生产企业级服务器水平的企业声称具有企业级服务器生产实力。企业级服务器最起码是采用 4 个以上 CPU 的对称处理器结构，有的高达几十个。另外一般还具有独立的双 PCI 通道和内存扩展板设计，具有高内存带宽、大容量热插拔硬盘和热插拔电源、超强的数据处理能力和群集性能等。

这种企业级服务器的机箱更大，一般为机柜式，有的还由几个机柜来组成，像大型机一样。企业级服务器产品除了具有部门级服务器全部服务器特性外，最大的特点是具有高度的容错能力、优良的扩展性能、故障预报警功能、在线诊断和 RAM、PCI、CPU 等具有热插拔性能。有的企业级服务器还引入了大型计算机的许多优良特性，如 IBM 和 SUN 公司的企业级服务器。

这类服务器所采用的芯片是几大服务器开发、生产厂商自己开发的独有 CPU 芯片，所采用的操作系统一般是 UNIX(Solaris)或 Linux。目前在全球范围内能生产高档企业级服务器的厂商有 IBM、HP、SUN，绝大多数厂家的企业级服务器都只能算是中、低档企业级服务器。

企业级服务器适合运行在需要处理大量数据、高处理速度和对可靠性要求极高的金融、证券、交通、邮电、通信或大型企业。企业级服务器用于联网计算机在数百台以上、对处理速度和数据安全要求非常高的大型网络。企业级服务器的硬件配置最高，系统可靠性也最强。

5.1.5　选择服务器的重要指标

一台服务器总体要求达到五大主要特性，简称 RASUM，R：Reliability—可靠性；A：Availability—可用性；S：Scalability—可扩展性；U：Usability—易用性；M：Manageability—可管理性。具体内容如下。

（1）可靠性：服务器的可靠性由服务器的平均无故障时间（Mean Time Between Failure，MTBF）来度量，故障时间越少，服务器的可靠性越高。用户在选购时必须把服务器的可靠性放在首位。

（2）可用性：关键的企业应用都追求高可用性服务器，系统 7×24 小时不停机、无故障运行。

（3）可扩展性：服务器的可扩展性是服务器的重要性能之一。服务器在工作中的升级特点，表现为工作站或用户的数量增加是随机的。

（4）易用性：服务器应采用国际标准，机箱设计科学合理，拆卸方便，可热拔插部件较多，可随时更换故障部件，而且随机配有完善的用户手册，可以指导用户迅速简单地安装和使用。

（5）可管理性：服务器的可管理性是服务器的标准性能。服务器管理有两个层次：硬件管理接口和管理软件。管理的内容可以包括性能管理、存储管理、可用性/故障管理、网络管理、安全管理、配置管理、软件分发、统计管理和技术支持管理等。

1. 服务器性能三大指标：CPU、I/O 和 Web

服务器的 CPU 仍按 CPU 的指令系统来区分,通常分为 CISC 型 CPU 和 RISC 型 CPU 两类,后来又出现了一种 64 位的 VLIM 指令系统的 CPU。

CISC 型 CPU 是指 Intel 生产的 X86(Intel CPU 的一种命名规范)系列 CPU 及其兼容CPU(其他厂商如 AMD、VIA 等生产的 CPU),它基于 PC 体系结构。这种 CPU 一般都是 32位的结构,所以我们也把它称为 IA-32 CPU(IA:Intel Architecture,Intel 架构)。CISC 型CPU 目前主要有 Intel 的服务器 CPU 和 AMD 的服务器 CPU 两类。

RISC 是在 CISC 指令系统基础上发展起来的,相对于 CISC 型 CPU,RISC 型 CPU 不仅精简了指令系统,还采用了超标量和超流水线结构。在同等频率下,采用 RISC 架构的 CPU比 CISC 架构的 CPU 性能高很多,这是由 CPU 的技术特征决定的。RISC 型 CPU 与 Intel 和AMD 的 CPU 在软件和硬件上都不兼容。

I/O 请求是从客户端发出并接受的,服务器主要是对这些读写请求进行管理排队、资源调配等,反映系统 I/O 吞吐量。它主要与 I/O 控制器(主板上、RAID 卡上的)、磁盘子系统、网络接口卡等几大部分密切相关;数据库的测试是利用客户端发出请求、服务器上的 SQL Server提供服务,应用程序和数据都驻扎在服务器上,服务器需要提供强大的 CPU 处理能力并进行资源管理。测试结果主要反映了被测系统 CPU 的能力以及 I/O 吞吐量。而与它密切相关的部件除了上面几个外,还应该包括 CPU 以及与 CPU 运算相关联的内存、总线带宽等。

衡量 Web 性能一般有以下几个重要指标。

(1) HTTP 每秒交易数,通常也叫作每秒的单击数。

(2) 每秒会话数,即每秒到达 Web 服务器的用户数。

(3) 当前用户数,是特定时间在 Web 站点上的用户数。

(4) 吞吐量,是在特定时间由 Web 站点发出的数据流量带宽,它与服务器提供服务的内容和交易数相关。

2. 服务器选型原则

服务器的设计和选择主要是根据服务主体、服务内容、服务范围、服务需求等要素来确定,服务器的一般选型原则如下。

(1) 能耗:随着服务器性能的提升,高密度化、高性能服务器的能耗也在不断加大,一台1U 的服务器,功率为 450～750W,10 台 1U 的服务器安装在一个机柜中,功率为 4500W～7500W。高能耗不仅增加了数据中心的运营成本,还会带来电源布线、机房通风、空调散热等一系列问题。

(2) 实用:实用是选型的关键因素。

(3) 操作简便:服务器的可操作性直接影响到服务器的正常使用、维护以及管理成本。操作简便与否主要包括电源、硬盘、内存、处理器等主要部件是否便于拆卸、保养和升级,是否具有远程管理和监控功能,是否拥有人性化、可视化的管理界面,是否具有良好的安全保护措施等内容。在电源、硬盘、内存、处理器发生故障时,系统要有必要的隐患提示信号,操作人员能够通过管理系统及时监控隐患信息,并对服务器故障进行远程修复。

(4) 扩展空间大:系统的可扩展空间对于服务器的选择也很重要,系统应具备充足的扩展空间,以利于随着服务范围的扩大而随时进行系统升级。在实践中,不少用户在组建网络时,由于受资金和长远规划的制约,系统配置不得当,在运行一段时间后,系统的承载能力和扩展空间就达到了极限,这种情况极易造成投资浪费或者运行效率降低。系统可扩展性主要包括处理器扩展、存储设备扩展以及外部设备的扩展、应用软件的升级等内容。

5.2　提高服务器性能的常用技术

对于服务器而言,单纯地提高单个处理器的运算能力和处理能力正在变得越来越难,虽然许多制造商从材料、工艺和设计等方面进行了不懈的努力,近期内仍然使得 CPU 性能保持着高速的增长势态,但高频之下的高功耗所引起的电池容量问题和散热问题等负面效应,以及这些负面效应对整机系统产生的电磁兼容性问题又反过来将 CPU 运算能力的提升推到了暮年。但网络应用的发展,特别是 B/S 模式应用程序的广泛使用,要求服务器端提供越来越强大的计算能力,于是多 CPU 的并行处理技术应运而生,它提供了提高服务器处理能力的新途径。

5.2.1　SMP

SMP(Symmetrical Multi-Processing,对称多处理器结构),是指服务器中多个 CPU 对称工作,无主次或从属关系,共享全部资源,如总线、内存和 I/O 系统等,操作系统或管理数据库的复本只有一个。如图 5-8 所示,各 CPU 共享相同的物理内存,每个 CPU 访问内存中的任何地址所需时间是相同的,因此 SMP 也被称为一致存储器访问结构(Uniform Memory Access,UMA)。对 SMP 服务器进行扩展的方式包括增加内存、使用更快的 CPU、增加 CPU、扩充 I/O(槽口数与总线数)以及添加更多的外部设备(通常是磁盘存储)。

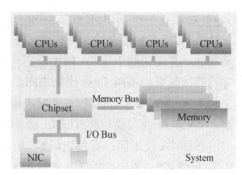

图 5-8　SMP 结构

操作系统管理着一个队列,每个处理器依次处理队列中的进程。如果两个处理器同时请求访问一个资源(例如同一段内存地址),由硬件、软件的锁机制去解决资源争用问题。

SMP 服务器的主要特征是共享,也正是由于这种特征导致 SMP 服务器的扩展能力非常有限。对于 SMP 服务器而言,每一个共享的环节都可能造成 SMP 服务器扩展时的瓶颈,而最受限制的则是内存。由于每个 CPU 必须通过相同的内存总线访问相同的内存资源,因此随着 CPU 数量的增加,内存访问冲突将迅速增加,最终会造成 CPU 资源的浪费,使 CPU 性能的有效性大大降低。

SMP 典型代表如下。

- SGI POWER Challenge XL 系列并行机(36 个 MIPS R1000 微处理器)。
- COMPAQ Alphaserver 84005/440(12 个 Alpha 21264 个微处理器)。
- HP9000/T600(12 个 HP PA9000 微处理器)。
- IBM RS6000/R40(8 个 RS6000 微处理器)。

5.2.2　NUMA

由于 SMP 在扩展能力上的限制,人们开始探究如何进行有效的扩展从而构建大型系统的技术,NUMA 非统一内存访问(Non Uniform Memory Access,NUMA)就是这种努力下的结果之一。利用 NUMA 技术,可以把几十个 CPU 甚至上百个 CPU 组合在一个服务器内。其 CPU 模块结构如图 5-9 所示。

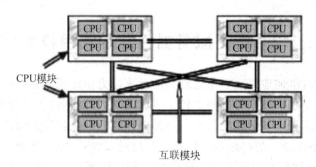

图 5-9　NUMA 服务器 CPU 模块结构

　　NUMA 服务器的基本特征是具有多个 CPU 模块,每个 CPU 模块由多个 CPU(如 4 个)组成,并且具有独立的本地内存、I/O 槽口等。由于其节点之间可以通过互联模块(如称为 Crossbar Switch)进行连接和信息交互,因此每个 CPU 可以访问整个系统的内存,这是 NUMA 系统与 MPP 系统的重要差别。

　　显然,访问本地内存的速度将远远高于访问远地内存(系统内其他节点的内存)的速度,这也是非一致存储访问 NUMA 的由来。由于这个特点,为了更好地发挥系统性能,开发应用程序时需要尽量减少不同 CPU 模块之间的信息交互。

　　利用 NUMA 技术,可以较好地解决原来 SMP 系统的扩展问题,在一个物理服务器内可以支持上百个 CPU。比较典型的 NUMA 服务器包括 HP 的 Superdome、SUN15K、IBMp690 等。

　　但 NUMA 技术同样有一定缺陷,由于访问远地内存的延时远远超过本地内存,因此当 CPU 数量增加时,系统性能无法线性增加。如 HP 公司发布 Superdome 服务器时,曾公布了它与 HP 其他 UNIX 服务器的相对性能值,64 路 CPU 的 Superdome(NUMA 结构)的相对性能值是 20,而 8 路 N4000(共享的 SMP 结构)的相对性能值是 6.3。从这个结果可以看到,8 倍数量的 CPU 换来的只是 3 倍性能的提升。

5.2.3　MPP

　　和 NUMA 不同,MPP(Massively Parallel Processing,大规模并行处理系统)提供了另外一种进行系统扩展的方式,它由多个 SMP 服务器通过一定的节点互联网络进行连接,协同工作,完成相同的任务,从用户的角度来看是一个服务器系统。其基本特征是由多个 SMP 服务器(每个 SMP 服务器称节点)通过节点互联网络连接而成,每个节点只访问自己的本地资源(内存、存储等),是一种完全无共享(Share Nothing)结构,因而扩展能力最好,理论上其扩展无限制,目前可实现 512 个节点互联,数千个 CPU。

　　目前业界对节点互联网络暂无标准,如 NCR 的 Bynet、IBM 的 SPSwitch,它们都采用了不同的内部实现机制。但节点互联网仅供 MPP 服务器内部使用,对用户而言是透明的。

　　在 MPP 系统中,每个 SMP 节点也可以运行自己的操作系统、数据库等。和 NUMA 不同的是不存在异地内存访问的问题。换言之,每个节点内的 CPU 不能访问另一个节点的内存。节点之间的信息交互通过节点互联网络实现,这个过程一般称为数据重分配(Data

Redistribution)。

　　但是 MPP 服务器需要一种复杂的机制来调度和平衡各个节点的负载和并行处理过程。目前一些基于 MPP 技术的服务器往往通过系统级软件(如数据库)来屏蔽这种复杂性。举例来说,NCR 的 Teradata 是基于 MPP 技术的一个关系数据库软件,基于此数据库来开发应用时,不管后台服务器由多少个节点组成,开发人员所面对的都是同一个数据库系统,而不需要考虑如何调度其中某几个节点的负载。

　　MPP 由许多松耦合的处理单元组成,要注意的是这里指的是处理单元而不是处理器,如图 5-10 所示。每个单元内的 CPU 都有自己私有的资源,如总线、内存、硬盘等。在每个单元内都有操作系统和管理数据库的实例复本。这种结构最大的特点在于不共享资源。排列 Top 500 前面的多数系统属于这种类型。

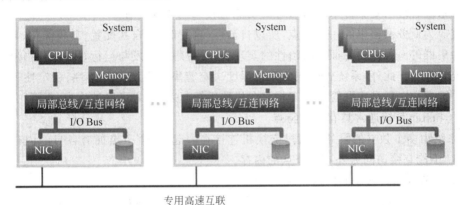

图 5-10　MPP 结构

5.2.4　Cluster

　　Cluster(集群)技术是一组相互独立的计算机,利用高速通信网络组成一个单一的计算机系统,并以单一系统的模式加以管理,如图 5-11 所示。集群中所有的计算机都拥有一个共同的名称,集群系统内任意一台服务器都可被所有的网络用户所使用。其出发点是提供高可靠性、可扩充性和抗灾难性。

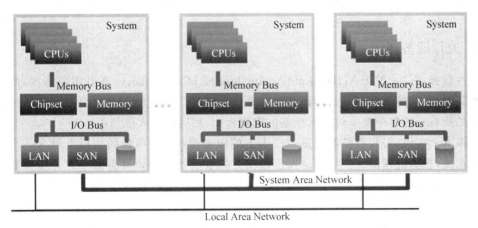

图 5-11　集群的结构

一个集群包含多台拥有共享数据存储空间的服务器,各服务器通过内部局域网相互通信。当一台服务器发生故障时,它所运行的应用程序将由其他服务器自动接管。采用集群系统通常是为了提高系统的稳定性和网络中心的数据处理能力及服务能力。

(1) 根据典型的集群体系结构,集群中涉及的关键技术可以归属于四个层次。

① 网络层:网络互联结构、通信协议、信号技术等。

② 节点机及操作系统层:高性能客户机、分层或基于微内核的操作系统等。

③ 集群系统管理层:资源管理、资源调度、负载平衡、并行 IPO、安全等。

④ 应用层:并行程序开发环境、串行应用、并行应用等。

集群技术是以上四个层次的有机结合,所有的相关技术虽然解决的问题不同,但都有其不可或缺的重要性。

集群系统管理层是集群系统所特有的功能与技术的体现。在未来按需计算的时代,每个集群都应成为业务网格中的一个节点,所以自治性(自我保护、自我配置、自我优化、自我治疗)也将成为集群的一个重要特征。自治性的实现、各种应用的开发与运行,大部分直接依赖于集群的系统管理层。此外,系统管理层的完善程度决定着集群系统的易用性、稳定性、可扩展性等诸多关键参数。正是集群管理系统将多台机器组织起来,使之可以被称为"集群"。

(2) Cluster 系统通常具有以下特点。

① 系统由多个独立的服务器通过交换机连接在一起,每个节点拥有各自的内存,某个节点的 CPU 不能直接访问另外一个节点的内存。

② 每个节点拥有独立的操作系统。

③ 需要一系列的集群软件来完成整个系统的管理与运行,包括 Cluster 系统管理软件,如 IBM 的 CSM、xCat 等;消息传递库,如 MPI、PVM 等;作业管理与调度系统,如 LSF、PBS、LoadLeveler 等;并行文件系统,如 PVFS、GPFS 等。

④ 只能在单个节点内部支持共享内存方式的并行模式,如 OpenMP、pthreads 等。

(3) Cluster 系统分类。按照侧重的方向和解决的问题分为:高性能集群(HPC)、负载均衡集群(LBC)、高可用性集群(HAC)。

按照集群工作的层面可分为:数据库服务器集群、应用服务器集群、交换机集群等。

按照集群的架构可分为:共享磁盘型、非共享磁盘型。

按照集群粒度不同可分为:基于 I/O、基于操作系统、基于数据库实例、基于每个数据库等。

5.2.5 刀片服务器

刀片服务器是一种 HAHD(High Avaimabimity High Density,高可用高密度)的低成本服务器集群,是为特殊应用行业和高密度计算机环境专门设计的。刀片服务器是将传统架式服务器的所有功能集中在一块高度压缩的电路板中,然后再插入机箱中。

从根本上来说,刀片服务器就是一个卡上的服务器:一个单独的主板上包含一个完整的计算机系统,包括处理器、内存、网络连接和相关的电子器件。如果将多个刀片服务器插入一个机架或机柜的平面中,那么该机架或机柜的基础设施就能够共用,同时具有冗余特性。

每一块"刀片"实际上就是一块系统主板,每块主板通过本地硬盘运行自己的操作系统,类似一个个独立的服务器。使用管理软件,可以将这些主板集合成一个服务器集群。在集群模式下,所有的主板可以连接起来提供高速的网络环境,可以共享资源,为不同的用户群服务。

刀片服务器公认的优点有两个,一是克服了芯片服务器集群的缺点;另一个是实现了机柜优化。

根据所需要承担的服务器功能,刀片服务器被分成服务器刀片、网络刀片、存储刀片、管理刀片、光纤通道 SAN 刀片、扩展 I/O 刀片等等不同功能的相应刀片服务器。以下举几个类型刀片来说明。

(1) 网络刀片的功能相当于局域网交换机。普遍提供 10/100Mbps 端口,以双绞线的方式连接服务器刀片,对外提供高速上连通道(千兆端口)。采用 NAS 存储方式的刀片服务器经常会配备 2 个网络刀片,其中一个专门用于连接 NAS 设备。每个刀片支持 10/100/1000Mbps 以太网连接,并且可以在背板上安装 10/100/1000Mbps 的 2～4 层交换机,这样就可以把系统中每个槽位上安装的刀片与交换机连接起来,提供一个基于 IP 的交换网络。

(2) 存储刀片可以被视为一个硬盘模块,通过背板总线或者硬盘接口线向服务器刀片提供存储功能。存储刀片上一般配备 2 块性能较高的 90mm(3.5 英寸)硬盘,接口类型有 IDE、SCSI 和光纤通道接口。

(3) 管理刀片。第一代刀片服务器的 KVM(Keyboard、VGA、Mouse)刀片是功能最简单的管理刀片,提供对所有服务器刀片的管理控制。KVM 刀片提供键盘、鼠标、显示器接口,KVM 刀片还包括软驱和光驱,便于使用者直接操作服务器刀片。KVM 刀片上提供切换开关,用于在机柜上的不同刀片之间或者不同机柜之间进行切换。第二代刀片服务器具备更加强大的管理功能,但是各家产品各不相同。

管理刀片往往通过在服务器刀片上集成的监控管理芯片进行 1 台或多台刀片服务器的集中监控和管理。管理刀片向服务器机柜内的其他刀片提供必要的配置信息,并在某些刀片发生故障时接收报警信息,并向监控程序发出报警。

刀片服务器的发展趋势必然是从单纯的服务器整合到可以集成企业的存储、网络以及交换设备的核心构件。同时,由于多台分散服务器的管理将集中到一台刀片服务器的管理,因此也会大大降低 IT 管理的人员成本。通过进行基础设施简化,计算系统的多个层次(服务器、存储、网络等)可以被压缩为更高效、更简单的基础设施,这一过程当然需要大型机、刀片服务器和网格技术的突破。

刀片产品目前采用的是冗余的矢量式冷却系统,而在未来将有采用更为先进的室状蒸汽散热水槽、弯曲叶轮散热风扇(配有百叶窗回流挡片)、温度传感器和管理模块的散热系统等技术。

目前,作为服务器领域的新星,这种高密度的刀片服务器所带来的市场前景已经被国外 IBM、HP、SUN 和 DELL 等厂商所看重,他们纷纷宣布推出自己的刀片服务器。国内华为、曙光、浪潮等公司也推出他们相应的产品,由于刀片服务器的整体表现性能更强,因此刀片服务器将受到更多企业用户的青睐。

5.3　实　　例

5.3.1　实例一: 安装操作系统

这里我们仅演示在虚拟机上安装操作系统。把光盘放入光驱里,服务器通过光驱启动,正式进行 Windows Server 2012 安装。

（1）提示默认选择语言“中文(简体，中国)”。单击“下一步”按钮，如图 5-12 所示。

图 5-12　选择语言

（2）选择“现在安装”，如图 5-13 所示。选择安装操作系统的版本，如图 5-14 所示，单击“下一步”按钮。

图 5-13　现在安装

（3）勾选“我接受许可条款”，如图 5-15 所示。单击“下一步”按钮。选择“自定义：仅安装 Windows(高级)”，如图 5-16 所示。

（4）分区后并选择系统分区，进行 Windows Server 2012 安装，如图 5-17 和图 5-18 所示。

（5）开始安装系统文件，完毕后，重启安装设备驱动，如图 5-19 和图 5-20 所示。

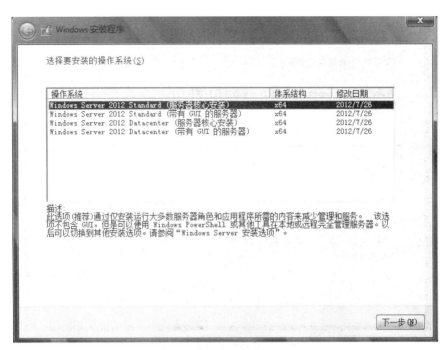

图 5-14　选择版本

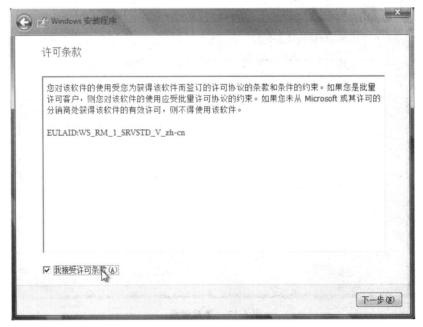

图 5-15　选择条款

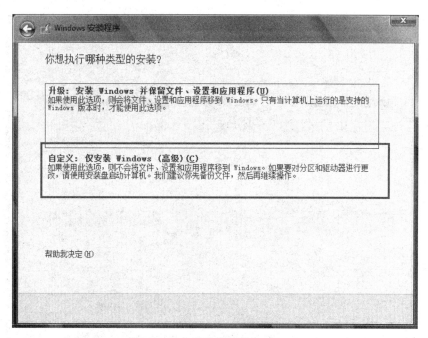

图 5-16　自定义仅安装 Windows

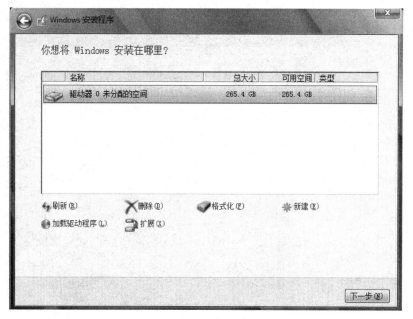

图 5-17　选择硬盘

图 5-18 进行分区

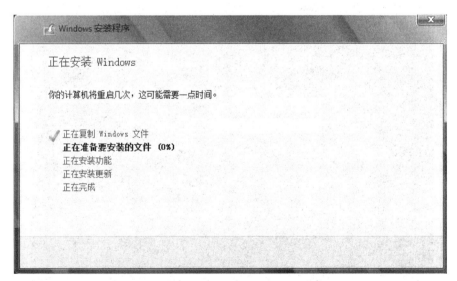

图 5-19 安装系统文件

图 5-20　安装驱动程序

　　(6) 安装成功,首次要设置 Administrator 管理员密码。输入密码后单击"完成"按钮,弹出登录界面,如图 5-21 和图 5-22 所示。

图 5-21　设置密码

　　(7) 输入本地管理员密码登录,如图 5-23 所示。
　　(8) 登录成功后,进入 Windows Server 2012 操作系统,如图 5-24 所示。

图 5-22　安装完成

图 5-23　输入本地管理员密码

图 5-24　登录成功界面

5.3.2　实例二：IIS 的安装与配置

1. WWW 的工作原理

WWW 是环球信息网 World Wide Web 的缩写,也可以简称为 Web,中文名字为万维网,是 Internet 的一种重要应用。它提供基于文本、图形、视频、音频等多媒体的信息信息服务。其核心技术为 HTTP、HTML、URL。

HTTP 是建立在 TCP 基础之上的一种面向对象的协议,通常使用 TCP 的 80 端口,它精确定义了请求报文和响应报文的格式,保证通信不产生二义性;HTML 是超文本标记语言,它是在 SGML 基础上发展起来的一种标记语言,是 SGML 的一个子集。它以标准化的方式组织一个文档,以便该文档可以被各种 Web 浏览器正确地解释,并显示在浏览者的屏幕上;URL 表示资源定位的方法,用户可以利用 URL 指定要访问什么协议类型的服务器、互联网上的哪台服务器,以及服务器中的哪个文件。

WWW 采用浏览器/服务器工作模式,如图 5-25 所示,浏览器的作用是发出 HTTP 请求,并按 HTML 等形式显示网页文件内容。Web 服务器的作用是响应浏览器请求,传送网站中的网页文件给浏览器。

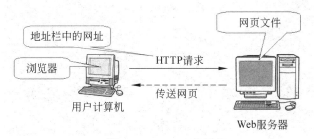

图 5-25　Web 工作原理

常用做作架设服务器的软件有 IIS、Apache、Tomcat 等,尤以 IIS、Apache 最为常用。IIS 10.0 为 Web 管理员以及 Web 爱好者提供更加丰富,更加易用的管理工具,同时在管理和安全方面都得到了全新的设计和加强。从用户群的角度上讲,利用 IIS 10.0,个人用户可以更快、更简便的建立自己的站点;而对企业用户则可以更加全面,更加安全的维护和管理自己的Web 环境。

2. IIS 服务器的安装

(1) 选择"开始"→"管理工具"→"服务器管理器"命令。服务器管理器打开后,单击左侧面板中的"服务器角色",如图 5-26 所示,然后单击右侧面板中的"服务器角色"选项,勾选"Web 服务器(IIS)"。

首次安装 IIS 的时候,当单击"下一步"按钮的时候会提示"是否添加 Web 服务器所需的功能"对话框。单击"添加必需的功能"按钮安装。

(2) 单击"下一步"按钮。进入 IIS 简介,如图 5-27 所示。

(3) 单击"下一步"按钮。选择要安装的功能,如图 5-28 所示。

(4) 单击"下一步"按钮。确认选择,如图 5-29 所示。

(5) 单击"安装"按钮,安装成功界面如图 5-30 所示。

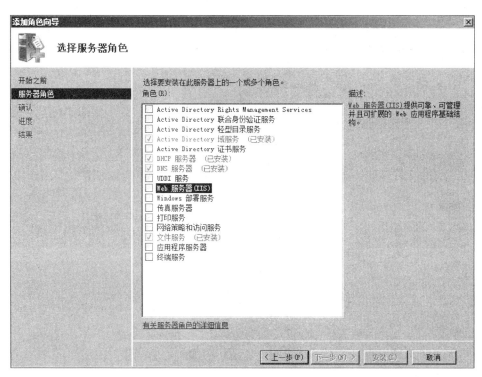

图 5-26 IIS 服务的选择

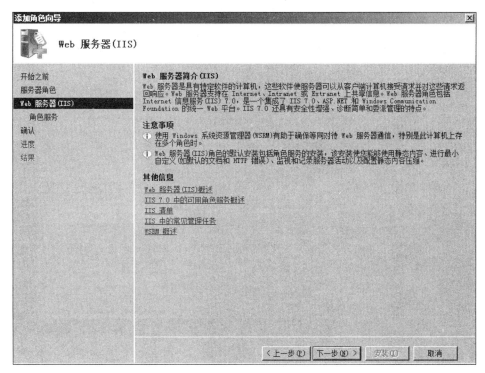

图 5-27 IIS 简介

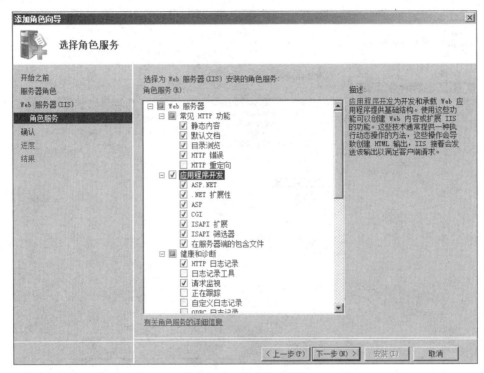

图 5-28　选装的功能

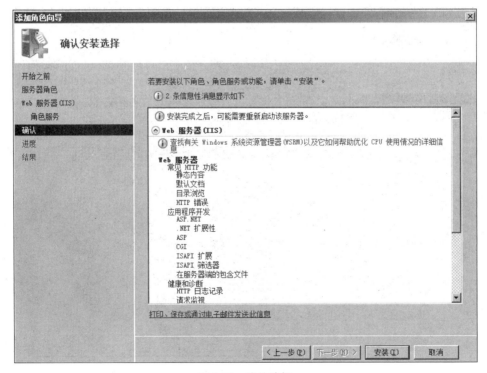

图 5-29　确认选择

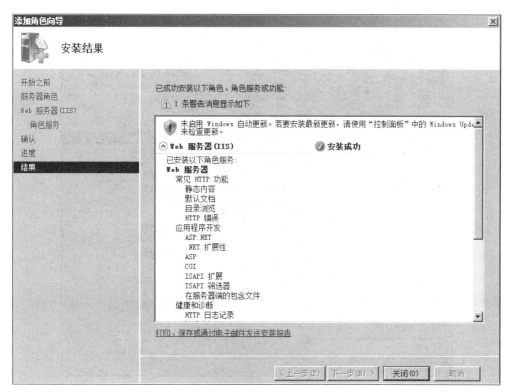

图 5-30 安装成功界面

3. 添加网站

在 IIS 中,向 Internet 发布信息的位置称为主目录或根节点。主要设置 Web 站点中网页的主页和一些相关的文件、动画、声音、图像等。用户通过单击主页或相关链接来进一步浏览其他网页内容。每一个 Web 站点都必须有一个主目录。主目录的作用是告诉访问者所有的访问文件在什么位置,以便进行快速地链接。

例如:如果某站点的 Internet 域名为 www.myserver.net,而主目录为 D:\共享\web,客户浏览器使用 http://www.myserver.net 则可访问 D:\共享\web 目录中的文件。

(1)选择“开始”→“管理工具”→“Internet 信息服务(IIS)管理器”命令,如图 5-31 所示。

(2)单击“Internet 信息服务(IIS)管理器”,弹出如图 5-32 所示界面。在这个控制台中,可以进行有关 IIS 的设置。

(3)在 Internet 信息服务管理器中,选择“网站”节点项,在节点图标上右键单击,在弹出的快捷菜单中选择“添加网站”操作,如图 5-33 所示。

(4)单击“添加网站”,弹出如图 5-34 所示的对话框,在物理路径处选择网站文件所在的目录,同时选择适用的传输协议、使用的 IP 地址和端口,填写网站所支持的主机名。

至此一个网站就建立好了。将网页复制到它的物理路径,通过浏览器就能访问该网页了。

图 5-31　IIS 管理器

图 5-32　设置 IIS

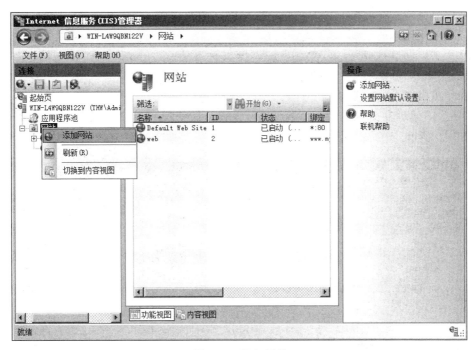

图 5-33　添加网站

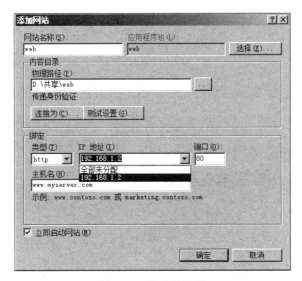

图 5-34　网站的设置

4. 虚拟目录的创建

当一台 IIS 服务器中存放的资源文件不在同一个目录时,为了能够更好地让用户对资源进行统一访问,就要建立虚拟目录来进行对不同资源位置的管理。访问虚拟目录中的文件就像访问位于主目录中的文件一样,能够实现同主目录相同的功能,但它的物理位置并不在主目录中。

若用户要建立一个虚拟目录,则必须为虚拟目录规划一个名字,作为用来提供给 Web 浏览器访问该目录的名称标识。站点管理员可以通过此标识建立 URL 地址与其对应实际目录的关系。

建立一个虚拟目录,别名为 my_blog,实际位置 E:\my_blog_site,对应的 URL 地址为 http://www.myserver.net/my_blog。

其操作步骤如下。

(1) 在 IIS 管理器窗口中的 web 上右击,在弹出的快捷菜单中,选择"添加虚拟目录"选项,如图 5-35 所示。

图 5-35　添加虚拟目录

(2) 弹出如图 5-36 所示的对话框,填上虚拟目录的别名、物理路径即可。

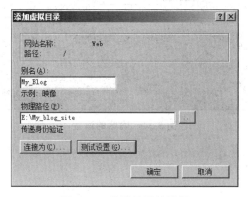

图 5-36　虚拟目录的设置

使用虚拟目录可以在一个网站上建立多个子网站。访问它时要在网址后面加上虚拟目录。

本章小结

本章主要介绍服务器的硬件特征及服务器常用的操作系统各版本的特点,并演示了相关软件的安装与配置。通过学习,要求学生掌握服务器的硬件特征及常用的操作系统,尤其是刀片服务器的组成与优势。了解服务器的分类和硬盘的接口。掌握提高服务器性能的基本途径。掌握用 Windows Server 安装、配置网络服务的方法和技巧。了解在处理器级别增加服务器性能的方法。希望通过学习,学生学会用软件建立应用服务器的一般方法,并能举一反三。

思考与练习

(1) 简述服务器的硬件特征和分类。

(2) 简述服务器常用的操作系统特点。

(3) 简述提高服务器性能的方法。

(4) 用虚拟目录方法,在一个 ip 地址上建立两个网站。

(5) 简述刀片服务器的构成和特点。

(6) 简述集群的特点和分类。

实践课堂

在带 SCSI 硬盘的服务器上,完成 Windows Server 2012 的安装。

第6章

存 储 系 统

➡️ **知识技能要求**

1. 掌握带 RAID 功能磁盘阵列的工作原理。
2. 掌握 SAN、NAS 体系结构,理解 DAS、SAN、NAS 存储系统的区别。
3. 实验机上完成 RAID 1 设置。

6.1 磁盘阵列技术

磁盘阵列(Disk Array)是由一个硬盘控制器来控制多个硬盘的相互连接,使多个硬盘的读、写同步,减少错误,增加效率和可靠度的一组硬盘。在磁盘阵列中,经常使用 SCSI 和 RAID 技术。这两项技术在服务器上,一般以硬件的形式实现。

6.1.1 SCSI 控制卡

1. 认识 SCSI 控制卡的结构

SCSI 控制卡由 SCSI 控制卡控制芯片、SCSI BIOS 芯片、内置 SCSI 数据电缆接口、外置 SCSI 数据电缆接口、SCSI 控制卡主机接口和 SCSI 终端器等部分构成,如图 6-1 所示。

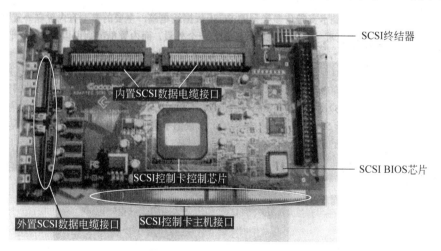

图 6-1　SCSI 控制卡的结构

SCSI 控制卡控制芯片用来控制 SCSI 控制卡的工作,是 SCSI 控制卡中最主要的芯片。

SCSI BIOS 芯片提供 SCSI 的基本设置功能,例如终端器设置、磁盘设置等,使 SCSI 控制卡发挥更强的功能。通过 BIOS 程序的更新可以升级 SCSI 控制卡,修复以前 BIOS 程序的 BUG,或者使 SCSI 支持新的功能,发挥新的特性。

内置 SCSI 数据电缆接口用来连接内置式 SCSI 外围设备,如磁盘、磁带机等,它主要有 50 针和 68 针两种。

外置 SCSI 数据电缆接口用来连接外置式 SCSI 外围设备,如磁盘、MO、CD-R 等,通常有 50 针、68 针和 80 针三种。虽然针数只有 50 针、68 针和 80 针三种,但接口的结构却千差万别,一定要对应选用。

SCSI 控制卡主机接口是 SCSI 控制卡与主机主板的接口,通常为 PCI 接口(有 32 位和 64 位两种)。

2. SCSI 控制卡设备号的配置

由于可以存在多个 SCSI 设备采用并行菊花链在同一条电缆上连接的情况,所以 SCSI 设备必须有自己的 ID 以互相区别,这个 ID 就是 SCSI 控制卡上的设备号。

SCSI ID 有如下两个作用。

(1) 在 SCSI 总线中,为每一个 SCSI 设备定义唯一的 ID。

(2) 在 SCSI 总线中,决定设备的优先权。

对于与 Ultral60 SCSI 接口(16 位,68 针)相连的 SCSI 设备,SCSI ID7 具有最高优先权,剩下的节点代码优先权按降序排列为 6～0 和 15～8,应该为 SCSI 控制卡保留其默认设置 SCSI ID7。

8 位 SCSI 控制卡最多可连接 7 个设备,加上自己就是 8 个,所以它的设备号共有 8 个,从 0～7。SCSI 控制卡本身的 ID 号为优先级最高的 7 号,其他号分配给所连接的 SCSI 设备,各设备的 ID 号不能重复。如果是 16 位 SCSI 控制卡,它支持 15 个设备,加上自己一共就有 16 个设备,所以它的 ID 号为 0～15。同样,SCSI 控制卡本身须配置优先级最高的 7 号,其他 ID 号分配给所连接的其他 SCSI 设备,各设备的 ID 号也不能重复。至于各 ID 号的优先级别上面已有介绍。16 位 SCSI 控制卡在出厂时默认的中断值是 10 或 11,在使用时如果没有硬件冲突则不用设置。

如果有多个 SCSI 设备,一般 SCSI 磁盘的 ID 号排在最前,这个主磁盘的 ID 号尽量为 0,而光驱或 CD-R/W 的 ID 排在磁盘后面,一般设在 4 以前,而其他 SCSI 设备可随后依次排列。如果计算机中有其他的 SCSI 磁盘或光驱,那么就要确保新安装的 SCSI 磁盘或光驱有一个唯一的 ID 号。SCSI 数据电缆的连接都比较方便,接线时数据线的红色边要对应着 1 号针(与 IDE 电缆的连接一样)。

另外,还要为 SCSI 磁盘安装驱动程序(大多数 SCSI 磁盘都带有自己的驱动程序和套装应用软件),根据这些程序的提示,可以很容易地安装 SCSI 磁盘,这一点相对 PnP 的 IDE 磁盘来说要复杂一些。

3. SCSI 总线的体系结构

SCSI 总线采用的是一种并行总线结构,SCSI 设备也是并行连接的,如图 6-2 和图 6-3 所示。各 SCSI 磁盘设备都具有两个 SCSI 接口,分别用于连接上、下级 SCSI 设备。在最后一个

SCSI 设备上要安装一个终结器。

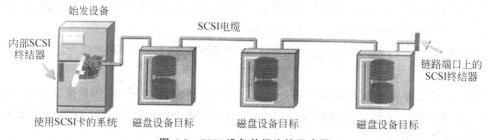

图 6-2　SCSI 设备并行连接示意图

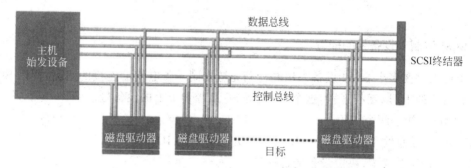

图 6-3　SCSI 数据电缆连接示意图

在磁盘阵列的使用上,常用到 LUN(Logical Unit Number,逻辑单元号)和存储卷。LUN 实际上是在 SCSI-3 中定义的,而并非单用于存储范畴,也可以指使用 SCSI 协议的一切外围设备,如磁带机、SCSI 打印机等。从 SCSI-3 的 SAM 模型中我们知道,SCSI-3(或者之后的版本)的协议层规定,对于 16 位宽的 SCSI 总线,其寻址范围只有 16 个,即只能挂载 16 个外围设备,每个设备称为一个 target。

为了提高总线的寻址能力,于是又引入了一层,它规定在每个 target 上,还可以虚拟(也可以实际连接)出多个设备,例如某个 target 上可能接了一个磁带机、一个打印机,它们共用一个 target 地址,但为了区分它们,于是就用 LUN 加以区别,磁带机假设为 LUN0,打印机假设为 LUN2,这样就解决了多设备的寻址问题。

什么是存储卷呢? 这要从存储卷管理器说起。存储卷管理器是操作系统中的一个对象,它将 OS 识别到的物理磁盘(可以是真正的物理磁盘,也可以是经过 RAID 卡虚拟化的逻辑磁盘)进行组合,并再分配的软件。

当我们将一个存储 LUN 接入计算机后,计算机发现这个设备的存在,就需要在卷管理器上注册,卷管理器为存储卷提供注册的虚拟接口,获取存储 LUN 的基础信息,如空间大小,三元地址,块大小,起止地址,健康情况等,再为其创建一个对应的数据结构的抽象,这样计算机通过卷管理器,就能够动态的捕捉被注册的存储 LUN 的实时信息,实现动态管理。

一个存储 LUN 被卷管理器进行注册抽象之后,就被卷管理器认为是一个可被管理的直接下属,它可以再次被分割成更小区域,当然也可以不分割,再对分割后或者没分割后的存储空间进行数据抽象,建立相关的数据结构,供文件系统层调用。

因此,存储 LUN 和卷在物理上可能是同一个东西,只是从不同的角度,不同的层次去看它,去理解它。

4. SCSI 控制卡的安装

下面以一个实例简单介绍 SCSI 控制卡的安装步骤。实例所用的 SCSI 控制卡为 Adaptec 19160，如图 6-4 所示。基本安装步骤如下。

1) 设置 SCSI 节点代码(SCSI IDs)

每一个与 SCSI 接口相连的设备(包括 SCSI 控制卡本身)，必须有一个唯一的 SCSI ID。Adaptec 19160 SCSI 控制卡支持 SCAM(SCSI Configured Auto Magically)协议，如果想启动该功能，需要在 SCSI BIOS 中将 Plug and Play SCAM 设为 Enable。

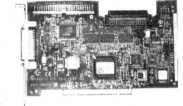

图 6-4　Adaptec 19160 SCSI 控制卡

此协议在系统启动时能动态地标识 SCSI ID 和解决 SCSI ID 冲突问题。但 SCSI BIOS 默认将 SCAM 功能取消(Disable)了(因为出厂时标准配置只有一个 SCSI 设备)，如果有更多的支持 SCAM 协议的 SCSI 设备需要安装，并且不想再为每一个 SCSI 设备设置 ID，那么只需在 SCSI BIOS 中打开 SCAM 即可。有些 SCSI 控制卡也具有类似功能，特别是 Adaptec 公司的 SCSI 控制卡。

2) SCSI 的终结

为了确保可靠通信，SCSI 总线必须终结。终结是由一套电阻(也叫终端器)来控制的。终端器必须置于 SCSI 总线两外端，并处于 Enable(有效)状态，而所有置于两端点之间的 SCSI 设备都必须去掉(配置成 Disable 状态)终端器。

Adaptec19160 SCSI 控制卡自身的终结是通过 SCSI BIOS SETUP 用软件命令来控制的。其默认设置是 Automatic(自动)。在设置成自动的情况下，如果 Adaptecl9160 SCSI 控制卡检测到 SCSI 电缆线与它自身 SCSI 接口中的相连，它自动将 16 位宽的 SCSI 总线的高位和低位字节设置为终结状态。

内置 LVD SCSI 设备的终结，采用的都是在 LVD SCSI 电缆上终结的方式，所以需将所有内置 SCSI 设备均设为不终结。对于大部分外置 SCSI 设备，设备的背板上通常设有改变 SCSI ID 的开关，通过此开关可以控制设备是否终结。部分外置 SCSI 设备通过对一个终结接插头(一块装有阻抗的插块)的安装或移去来达到控制终结的目的，就像经常进行的主板或磁盘跳线一样。

3) SCSI 设备的安装

在每一片 Adaptec19160 SCSI 控制卡上最多可另外连接 15 台 SCSI 设备。与 SCSI 设备相连的线缆的选择取决于所要安装的设备类型。如使用内置 SCSI 设备，则选择 68 针高密度自终结 LVD SCSI 电缆。如使用外置 SCSI 设备，每一设备都将使用一条 68 针 VHDCI 外置 LVD SCSI 电缆，通常外置 SCSI 设备均配备此电缆。

如果要安装内置式 SCSI 设备，请确认有一根内置式 SCSI 电缆和足够的连接器来与设备相连，步骤如下。①准备好要安装的 SCSI 设备，配置设备的 SCSI ID，内置设备(如 SCSI 磁盘)的 SCSI ID 通常使用跳线来配置。②将 SCSI 设备固定到服务器空余的驱动器仓中，将 SCSI 电缆无终端器的一端插入 SCSI 接口，把电缆上剩下的插头分别插到 SCSI 设备背后的接口中。③将直流电源线插头(由工作站电源提供直流电)插到 SCSI 设备的电源接口中。

要把外置 SCSI 设备与 SCSI 接口相连，需准备 68 针 VHDCI 外置 LVD SCSI 电缆，步骤如下。①准备好要安装的 SCSI 设备，配置设备的 SCSI ID(在外置 SCSI 设备的背板上通常设有改变 SCSI ID 的开关)。②将 SCSI 电缆一端的接口插入机箱后面的 SCSI 外接口,把 SCSI 电缆另一端插入 SCSI 设备上两个 SCSI 接口中的任意一个。③连接其他外置式 SCSI 设备,链式地一台接一台地与前一台相连,直到所有的外置式 SCSI 设备都连上。④将 LVD 终端器与最后一台与电缆相连的外置式设备相连。

4) SCSI 设备驱动安装

在 SCSI 设备中安装操作系统与 IDE 磁盘的情况略有不同,本文以 Windows Server 2012 为例介绍安装操作系统的过程。

(1) 启动服务器,将 Windows 系统安装盘放入 CD-ROM 驱动器中。

(2) 按 Del 键进入主机 BIOS 设置菜单,再进入 Boot Menu(启动菜单),将启动顺序设为 CD-ROM 优先引导,保存并重新启动。

(3) 当屏幕提示 PRESS ANY KEY TO BOOT FROM CD-ROM 时按任意键,系统开始从光驱引导。

(4) 当屏幕出现 PRESS F6 TO SETUP... 时按 F6 键,此时屏幕出现 S = Specify Additional Device。

(5) 按 S 键,将 SCSI 控制卡的驱动软盘放入软驱中,按回车键,选中 Adaptec19160 SCSI 驱动程序,再按回车键,然后根据屏幕提示和实际的需求进行操作即可完成安装。

通过以上 5 个步骤,SCSI 控制卡的安装就完成了,就可以正式使用 SCSI 控制卡上所连接的各个 SCSI 设备了。

6.1.2 RAID

RAID(Redundant Array of Independent Disk,独立冗余磁盘阵列,简称磁盘阵列)是将多块磁盘按照一定的形式和方案组织起来的如同使用一个磁盘一样。但磁盘阵列却能获取比单个存储设备更高的速度、更好的稳定性、更大的存储能力,以及一定的数据安全保护能力。它是一项最基础,同时也是应用最广泛的服务器技术。

1) RAID 技术的基本功能

(1) 通过对磁盘上的数据进行条带化,实现对数据成块存取,减少磁盘的机械寻道时间,提高了数据存取速度。

(2) 通过对一阵列中的几块磁盘同时读取,减少了磁盘的机械寻道时间,提高了数据存取速度。

(3) 通过镜像或者存储奇偶校验信息的方式,实现了对数据的冗余保护。

所谓的条带化,并不是真正的像格式化一样将磁盘划分成条和带,它是将一块连续的数据分成很多小部分并把他们分别存储到不同磁盘上去。进而使多个进程能同时访问数据的多个不同部分而不会造成磁盘冲突,从而使在需要对这种数据进行顺序访问的时候可以获得最大程度上的 I/O 并行能力。

2) RAID 卡工作过程

凡能够实现 RAID 功能的板卡,统称 RAID 卡。同样在主板南桥芯片上也可实现 RAID 功能,但由于南桥中的 RAID 芯片,不能靠 CPU 来完成它们的功能,所以这些芯片完全要靠电路逻辑来自己运算,尽管速度很快,但功能相对 RAID 卡要弱。

对于硬件 RAID 来说,操作系统根本无法感知底层的物理磁盘,只能通过厂家提供的 RAID 卡管理软件来查看卡上所连接的物理磁盘,通常是在开机后进入这个硬件来配置。

带 CPU 的 RAID 其实就是一个小的计算机系统,有自己的 CPU、内存、ROM、总线和 I/O 接口,只不过它是为大计算机服务的,如图 6-5 所示。

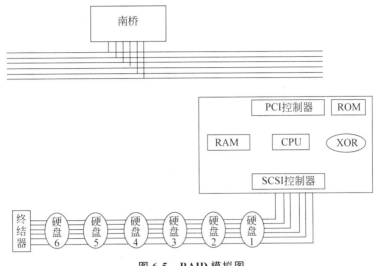

图 6-5　RAID 模拟图

(1) SCSI 控制器:后端连接的是 SCSI 物理磁盘。

(2) PCI 控制器:其前端连接到 PCI 总线上。

(3) ROM:还需要有一个 ROM,其中存放着初始化 RAID 卡必需的代码以及实现 RAID 功能所需的代码。

(4) RAM:首先是作为数据缓存,提高性能;其次作为 RAID 卡上的 CPU 执行 RAID 运算所需要内存空间。

(5) XOR:专门用来做 RAID 3、5、6 等这类校验型 RAID 的校验数据计算。如果让 CPU 来做校验计算,将耗费很多周期,而使用专用的数字电路,一进一出就立即得到结果,大大增加了数据校验计算的速度。

RAID 卡与 SCSI 卡的区别就在于 RAID 功能,如果 RAID 卡上有多个 SCSI 通道,那么它就是多通道 RAID 卡。目前最高有 6 通道到 SCSI RAID 卡,也就是说其后端可以接入 6 条 SCSI 总线,所以最多可连接 96 个 SCSI 设备(16 位总线)。

增加了 RAID 功能之后,RAID 让 SCSI 控制器干什么,它就干什么。SCSI 控制器了解它下面掌管的磁盘情况,它将磁盘情况报告给 RAID 控制器,RAID 知道 SCSI 控制器掌管的磁盘情况后,就按照 ROM 中所设置的 RAID 类型、条带大小等,对 RAID 控制器做相应的调整,操控 SCSI 控制器向主机报告虚拟的逻辑盘,而不是所有物理磁盘了。

条带化之后,RAID 程序代码就操控 SCSI 控制器向 OS 层驱动程序代码提交一个虚拟化之后的虚拟盘,一般称为 LUN。

3) RAID 工作模式

目前,经常应用的 RAID 阵列主要分为 RAID 0、RAID 1、RAID 5 和 RAID 0+1 方式。随着 RAID 技术的逐渐普及,RAID 技术的各方面得到了很大的发展。现在,在最初的 RAID 0~RAID 5 的基础上,又增加了 RAID 0+1、RAID 0+3 和 RAID 0+5 等几种不同的阵列组合方式,可以根据不同的需要实现不同的功能,如扩大磁盘容量,提供数据冗余,或者大幅度提高磁盘系统的I/O 吞吐能力。

根据磁盘和 RAID 卡之间不同的组合方式可配置不同的 RAID 模式,实现不同的磁盘性能改变。下面介绍当前常用的一些磁盘阵列模式及相关的磁盘阵列技术。

(1) JBOD 模式。JBOD(Just Bundle of Disks,简单磁盘捆绑),通常又称为 Span。其实JBOD 并不是真正意义上的 RAID 模式,只是在近几年才被一些厂家提出,并被广泛采用。也有人把它归为串联式的 RAID 0,其目的是为了增加硬盘的容量。

Span 是在逻辑上把几个物理磁盘一个接一个地串联到一起,从而提供一个大的逻辑磁盘。Span 上的数据简单地从第一个磁盘开始存储,当第一个磁盘的存储空间用完后,再依次从后面的磁盘开始存储数据。其存储原理如图 6-6 所示。

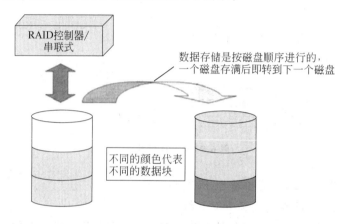

图 6-6　JBOD 模式的存储原理

Span 的存取性能完全等同于对单一磁盘的存取操作,并不提供数据安全保障,只是简单地提供一种利用磁盘空间的方法。Span 的存储容量等于组成 Span 的所有磁盘的容量总和。

(2) RAID 0。RAID 0 又称为 Stripe(条带化)或 Striping(带区集),是所有 RAID 规格中速度最快但可靠性最差的磁盘阵列模式。RAID 0 不仅可以将多块硬盘连接起来形成一个容量更大的存储设备,而且还可以获得呈倍数级增长的性能提升。如连接的是两块硬盘,则性能为单硬盘的两倍,如果连接的是三块,则性能是单硬盘的 3 倍,但通常最多只能连接 4 块硬盘,所以最多可提高硬盘读写性能到单硬盘的 4 倍。

与串联式 JBOD 模式的顺序读写不同,并行模式的 RAID 0 在读写时可同时对多个硬盘进行并行操作。写入时,数据会以设定的交叉存储区域(即带区集,Striping)的大小为单位均匀分割成等量的数据块,然后被分别存放到几个硬盘中;而在读取时,目标数据则被同时从多块硬盘中取出并经控制器组合成完整的文件。

在这种磁盘阵列中,数据条带以系统规定的段为单位依次写入多个磁盘,例如,数据段 A写入磁盘 0,段 B 写入磁盘 1,段 C 写入磁盘 2 等,依次类推。当一个数据条带的最后一个数据段在最后一个磁盘中写完后,再返回到磁盘 1 的下一可用磁盘空间继续写下一个数据条带,依次类推,直到本次所存数据全部存储完毕。

由于采用了磁盘分段的方法,分割数据可以将 I/O 负载平均分配到所有的驱动器中,即把数据立即写入(读出)多个磁盘,因此它的速度比较快,使得性能显著提高。实际上,数据的传输是按顺序进行的,但多个读(或写)操作则可以相互重叠进行。这就是说,正当段 A 在写入驱动器 0 时,段 B 写入驱动器 1 的操作也开始了;而当段 B 还在驱动器 1 进行写操作时,段 C 数据已送到驱动器 2 中了。

依此类推,这样在同一时刻可以有几个盘(其至是所有的盘)同时写数据。因为数据送入驱动器的速度要远大于写入物理盘的速度,理论上性能可以提高 N−1 倍(N 为阵列磁盘数),目前这一阵列模式最多可连接 4 个磁盘,所以最多可提高性能 3 倍。

但是,RAID 0 却没有数据保护能力,可靠性仅为单硬盘系统的 1/N。如果一个磁盘出现故障,那么数据就会全盘丢失,因为它并没有采取数据冗余措施。例如,假使一个文件的段 A 在驱动器 0,段 B 在驱动器 1,段 C 在驱动器 2,则只要驱动器 0、1、2 中有一个产生故障,就会引起问题。如果驱动器 1 出现故障,则我们只能从驱动器中物理地取得段 A 和段 C 的数据,中间的段 B 的数据就不能恢复了。因此,RAID 0 不适用于关键任务环境,但非常适用于视频、图像的制作和编辑。

(3)RAID 1。如果说 RAID 0 为了取得高性能而牺牲了安全性,那么 RAID 1 便恰好相反。RAID 1 的设计目的是打造一个安全性极高的存储系统。简言之,它使用一个硬盘作为主硬盘的实时镜像,以确保在主硬盘出现故障时数据能及时从镜像硬盘中得到恢复,提高了数据存储的安全性。但也因此而损失了至少一半容量——镜像硬盘只能够作为主硬盘的备份,真正有效的容量只能来自一个主硬盘。

RAID 1 也被称为镜像,因为它是将一个磁盘上的数据完全复制到另一个磁盘上,百分百地实现数据冗余。可以说它是走向 RAID 0 的另一个极端。我们知道,RAID 0 只考虑了增加磁盘容量和提高磁盘读写性能,却没有采取任何数据冗余措施,使得 RAID 0 没有任何数据安全保障,一旦阵列中的某一个磁盘出现了故障,则整个阵列中的数据都可能遭到破坏,不能恢复。而此处的 RAID 1 则采取了 100% 的数据冗余,把阵列中的一个磁盘上的数据全部动态复制下来。这样即使其中一个磁盘发生故障,仍能完整地进行数据恢复。但它却不能提高磁盘容量,也不能提高磁盘读写性能,因为数据在同一时刻仍只是写入一个磁盘中。RAID 1 的存储原理如图 6-7 所示。

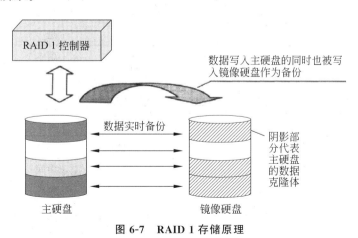

图 6-7 RAID 1 存储原理

由此可见,RAID 1 的优点就是可以提供 100% 的数据冗余,数据安全比较有保障。但 RAID 1 的缺点是不能提高磁盘的读写性能,而且磁盘利用率低,只有 50%。相对来说成本也就要比单个无冗余磁盘贵一倍,因为必须购买另一个磁盘用做第一个磁盘的镜像。RAID 1

可以由软件或硬件方式实现,也需要两块磁盘。

(4) RAID 5。RAID 5 被称为带分布式奇偶位的条带,是目前应用最广的一种磁盘阵列模式。每个条带上也都有地方被用来存放奇偶位。RAID 5 把奇偶位信息随机地分布在所有的磁盘上,而并非单独用一个磁盘来存储,这样可大大减轻奇偶校验盘的负担。

RAID 5 的读出效率很高,写入效率一般,块式的集体访问效率不错。因为奇偶校验码分布在不同的磁盘上,所以提高了可靠性。但是它对数据传输的并行性问题解决得不好,而且控制器的设计也相当困难。对于 RAID 5 来说,大部分数据传输只需对一块磁盘操作,而且可实现并行操作。在 RAID 5 中有写损失,即每一次写操作,将产生四个实际的读/写操作,其中两次读旧的数据及奇偶信息,两次写新的数据及奇偶信息。

RAID 5 级别尽管有一些容量上的损失,但却能提供较为完美的整体性能,既可有相当程度上的磁盘读写性能和容量的提高,同时又提供了一定程度上的数据安全冗余,因而是被广泛采用的一种磁盘阵列方案。它适合于输入/输出密集、高读/写比率的应用程序,如事务处理等。配置 RAID 5 必须至少有 3 块磁盘。

(5) RAID 10(RAID 0+1)。前面介绍的 RAID 0 虽然有高性能,但安全性差,而 RAID 1 刚好相反,能否把两者结合起来呢? 这便产生了两者的综合体 RAID 0+1 模式。

RAID 0+1 模式既具有 RAID 0 的高性能,又具有 RAID 1 的安全性,而实现 RAID 0+1 模式的方法是将两组 RAID 0 的磁盘阵列互为镜像,形成一个 RAID 1 阵列,这样每次写入数据时,RAID 控制器会将数据同时写入两组 RAID 0 阵列中。尽管 RAID 0+1 兼具 RAID 0 的高速度和 RAID 1 的高安全性的优点,但它至少需要 4 个硬盘,成本较高,而且容量利用率也只有 50%,普通用户无法承受。目前多见于既要求高性能又要求安全性的视频服务器系统。

RAID 模式的比较见表 6-1。

表 6-1   RAID 模式的比较

RAID 模式	RAID 0	RAID 1	RAID 5	RAID 10
名称	条带阵列	镜像阵列	分散校验条带阵列	跨越镜像阵列
允许故障	否	是	是	是
冗余类型	无	副本	校验	副本
热备用操作	不可	可以	可以	可以
磁盘数量	2 块以上	2 块以上(偶数)	3 块以上	4 块以上
可用容量	最大	最小	中间	最小
减少容量	无	50%	一个磁盘	50%
读性能	高(盘的数量决定)	中间	高	中间
安全性	最差	最好	好	较好
典型应用	无故障的迅速读写	允许故障的小文件、随机数据写入	允许故障的小文件、随机数据传输	允许故障高速度小文件、随机数据写入

4) RAID 实现的形式

RAID 的实现可以有硬件和软件两种不同的方式:硬件方式就是通过 RAID 控制器实现;软件方式则是通过软件把服务器中的多个磁盘组合起来,实现条带化快速数据存储和安全冗余。硬件 RAID 通常是利用服务器主板上所集成的 RAID 控制器,或者单独购买 RAID 控制卡,连接多个独立磁盘实现的。

现在几乎所有的服务器主板都集成了 RAID 控制器,可以实现诸如 RAID 0/1 之类的基本 RAID 模式。如果需要连接更多的磁盘,实现更高速的数据存储和冗余,则需另外配置 RAID 控制卡。总的来说,硬件 RAID 性能较好,应用也较广,特别适合于需要高速数据存储和安全冗余的环境,但价格较贵。

RAID 控制卡是一种磁盘阵列卡,它的核心是 RAID 控制芯片。随着 RAID 技术的发展,现在的 RAID 控制卡不再局限于提供 SCSI 一种磁盘接口,在 PC 中常用的 IDE 接口和 SATA 接口现在也可全面支持 RAID 技术,而且在中低档磁盘阵列中应用非常广泛,特别是新兴的 SATA 接口的 RAID 控制卡。

SATA 接口不仅有内置的,有一种 RAID 控制卡还提供外置的 SATA 接口,如图 6-8 所示的是 HighPoint 公司的 RocketRAID 1542 RAID 控制卡,它是一款支持 4 个 Serial ATA (串行 ATA)通道的 RAID 产品,其中两个 SATA 通道为外接式 SATA 接口。

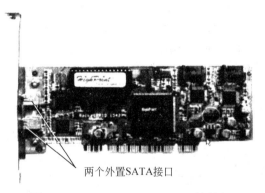

两个外置SATA接口

图 6-8　RocketRAID 1542 RAID 控制卡

在阵列卡中起着核心作用的是阵列卡芯片,又称阵列控制器芯片,就像网卡、显卡等都有其核心芯片一样。目前 RAID 控制卡芯片的主要提供商有 HighPoint、Promise 和 AMI 等公司。

相对于 SCSI 接口来说,SATA 接口磁盘在价格方面的优势更明显。但由于现有 SATA 磁盘的转速相对较低,距离 SCSI 磁盘能够普遍达到的 15000 转的转速还有很大距离,因此在性能上,SATA 产品目前尚不能与 SCSI 抗衡,不能满足关键数据的存储应用需求。目前第一代 SATA 磁盘的读写性能达到 150Mbps,比最快的 ATA 标准的 133Mbps 快,即将推出的第二代 SATA,存储速率可达 300Mbps,与目前最快的 SCSI 标准 Ultra 320 差不多。

据悉,第三代 SATA 存储速率将高达 600 Mbps,远高于下一代 SCSI 标准的 480Mbps 速率,具有广阔的发展前景。另外,SATA 的单盘容量比 SCSI 接口高出许多,目前就能达到 250GB 以上,因此一套磁盘阵列系统能够提供几个 TB 的容量空间。将这样的设备融入企业多级存储系统当中,会给用户带来很大的成本优势,同时既能保证容量需求,还提高了数据访问效率。

另外,在新的 SATA 产品中加入了 NCQ(Native Command Queue,全速命令排队)技术。NCQ 技术让磁盘能够以智能的方式重新安排并建立最优化的读写命令执行顺序,可以将磁盘的机械定位延迟减至最低限度,以改善工作负荷队列的执行效能。随着 SATA 技术的发展,会有更多的新技术加入其中,使其性能逐渐接近甚至超过 SCSI 磁盘。这样的高性能,加之价格低,发展前景好,是市场客户最好的选择,SATA 很快将取代低端的 SCSI 磁盘。

　　RAID 控制卡除了有磁盘接口之分外,还有主机接口之分。通常为 32 位的 PCI 接口。现在高性能的 RAID 控制卡也有 64 位的 PCI 接口类型和 64 位的 PCI-X 接口类型,价格要比 32 位 PCI 接口贵许多。

6.2　SAN

　　SAN(Storage Aera Network,存储区域网络),是一种通过网络方式连接存储设备和应用服务器的存储构架,这个网络专用于主机和存储设备之间的访问。当有数据的存取需求时,数据可以通过存储区域网络在服务器和后台存储设备之间高速传输。在 SAN 中,每个存储设备并不隶属于任何一台单独的服务器。

　　SAN 使存储空间得到更加充分的利用,安装和管理更加有效。SAN 是一种将存储设备、连接设备和接口集成在一个高速网络中的技术。SAN 本身就是一个存储网络,承担了数据存储任务,SAN 网络与 LAN 业务网络相隔离,存储数据流不会占用业务网络带宽。

　　在 SAN 网络中,所有的数据传输在高速、高带宽的网络中进行,SAN 存储实现的是直接对物理硬件的块级存储访问,提高了存储的性能和升级能力。

　　SAN 由服务器、后端存储系统、SAN 连接设备组成。后端存储系统由 SAN 控制器和磁盘系统构成,控制器是后端存储系统的关键,它提供存储接入、数据操作及备份、数据共享、数据快照等数据安全管理,及系统管理等一系列功能。后端存储系统为 SAN 解决方案提供了存储空间。使用磁盘阵列和 RAID 策略为数据提供存储空间和安全保护措施。连接设备包括交换机、HBA 卡和各种介质的连接线,如图 6-9 所示。

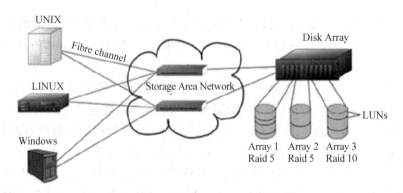

图 6-9　SAN 系统结构

　　在 SAN 的实现上,主要有 FC SAN 和 IP SAN 两种常用技术。

6.2.1　FC SAN

1. FC 概述

　　FC 始于 1988 年,最早用来提高硬盘的传输带宽,侧重于数据的快速、高效、可靠传输。

FC 光纤通道拥有自己的协议层。20 世纪 90 年代末,FC SAN 开始得到大规模应用。FC 协议层次结构如图 6-10 所示。

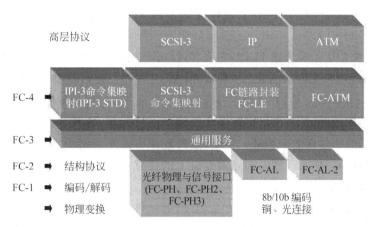

图 6-10 FC 协议层次结构

- FC-0:连接物理介质的界面、电缆等,定义编码和解码的标准。
- FC-1:传输协议层或数据链接层,编码或解码信号。
- FC-2:网络层,光纤通道的核心,定义了帧、流控制、和服务质量等。
- FC-3:定义了常用服务,如数据加密和压缩。
- FC-4:协议映射层,定义了光纤通道和上层应用之间的接口,上层应用比如串行 SCSI 协议,HBA 卡的驱动提供了 FC-4 的接口函数。FC-4 支持多协议,如 FCP-SCSI、FC-IP、FC-VI。

光纤通道的主要部分实际上是 FC-2。其中从 FC-0 到 FC-2 被称为 FC-PH,也就是物理层。光纤通道主要通过 FC-2 来进行传输,因此,光纤通道也常被成为二层协议或者类以太网协议。下面对协议的主要部分进行简单说明。

2. FC 拓扑结构

FC 拓扑结构主要包括以下几种连接方式。

1)点对点(Point to Point)

点对点的 SAN 是在两个设备间的简单的专用连接,一般用于一台服务器和一台存储设备之间。这种连接适用于极小的服务器/存储设备的配置。一般情况下,点对点连接不使用可以在设备间传输一组 FC 协议的集线器(Hub),而是直接通过介质(铜缆或是光纤)从一个设备连接到另一个设备,如图 6-11 所示。

点对点连接是 SAN 的一种特殊形式,也是一种最简单的结构。两个节点之间传输速度可达千兆,不需要额外的软件支持。由于传输介质是独享

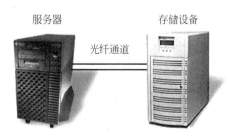

图 6-11 点对点的 SAN

的,甚至不需要专用的协议来协调设备间的操作。可以保证最大的传输率和可靠性。

2）仲裁环（FC-AL）

SAN 的基本形式是光纤通道仲裁环 FC_AL（Fibre Channel Arbitrated Loop），它是一个具有千兆位传输速率的可共享介质，它可以连接多达 127 个节点，每个节点也可以连接到交换网（Switched Fabric）上。

仲裁环（AL）类似于令牌环或 FDDI，在该环（Loop）中通信的两个节点只在数据交换的时候共享介质，然后将控制权交给其他节点。仲裁环（AL）上的节点通过使用一组光纤通道（FC）命令子集来控制跟环（Loop）的对话，并且使用特殊的序列来给节点分配仲裁环口地址（AL_PA）。

在节点之间，仲裁环（AL）很原始地将收发接口连接起来，这些节点组成了一个可扩展的环形拓扑结构，类似于早期的令牌环。但是，这种连接方式不可避免地要面对在点对点 LAN 拓扑结构中所面对的同样的问题。在点对点链上的任意一点的损坏将使整个网络瘫痪，并且在环形结构中很难排除这种故障。

由于对一个节点来说，从另一个节点来的线，通过该节点到第三个节点，所以环形布线对于分布在不同位置的节点来说是比较麻烦的。如同在 LAN 中的集线器（Hub）一样，通过仲裁环集线器（Hub），将仲裁环的网口集中起来，实现了仲裁环（Loop）的星形连接。

典型的仲裁环集线器提供 7～12 个网口，并可通过级联建立大型仲裁环 Loop。就像在以太网和令牌网中所使用的集线器一样，仲裁环集线器（Hub）提供更大的灵活性、可管理性和可靠性。仲裁环集线器（Hub）在每个口上使用了旁路电路，以便隔离损坏的节点，避免了损坏的节点干扰整个仲裁环（Loop）的数据通信。

一些集线器（Hub）在每一个口上提供了状态和诊断指示灯（LED），并且提供了复杂的环（Loop）的完整性及 SNMP 管理。仲裁环（AL Loop）在其节点之间共享千兆光纤通道速率。为确保速度和可靠性，一般在一个环（Loop）上应保持 10 个节点以下。图 6-12 所示是一个用集线器连接起来的星形仲裁环。

图 6-12　星形仲裁环

3）交换网（Switch Fabric）

一个复杂的 SAN 可以是由多个光纤通道交换器 Switch、Hub 和 Bridge 互连起来的网络（Fabric）。交换网是一个具有交换功能的，网口和网口之间并行进行千兆传输的控制器。它类似于 LAN 中使用的 Switch。

一个典型的光纤通道交换器（FC Switch）提供 8～16 个网口，并且每个网口是完全的千兆位速度。同以前用的以太网交换器（Ethernet Switch）建立的模式相仿，一个光纤通道交换器（FC Switch）的网口可以支持一个单个节点或多个节点的共享环。由于一个交换器（Switch）为了正确地路由每一个端口信息帧，因此需要更强的处理能力、内存和微代码。多个交换器连接起来形成了一个大交换网（Switching Fabric），如图 6-13 所示。

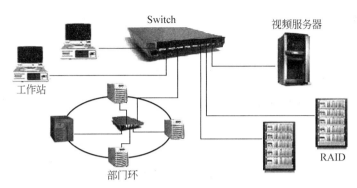

图 6-13 交换网

在 127 个仲裁环节点地址中,一个地址被保留用于连接仲裁环到光纤通道交换器(FC Switch)上。所以一个仲裁环(Loop)可以加入一个更大的网中或是由多个交换器(Switch)和仲裁环(Loop)建立的网(Fabric)上。仲裁环集线器和交换器的结合在分配带宽和设计存储网络分区上提供很大灵活性。

所谓存储网络分区,如同建立虚拟专用网络,在网口的基础上将一些网口和另一些网口分开,这样可以用一个交换器(Switch)使得一个服务器共享一些资源,而另一个服务器共享另一些资源,同时也可以使两个服务器共享一些资源,而相互之间不受干扰。这一特点在大型存储网络使用中有很高的实用价值。

光纤通道交换集线器(Switching Hub)是一种能够提供仲裁环(AL)和网络交换优点的变种技术。一个交换集线器通过管理一个或多个仲裁环分区(AL segment)的地址空间来建立更大型的逻辑环(Loop)。这样允许在物理上分立的环(Loop)上节点可以透明地跟另一个节点通信,从而保持了每一个环(Loop)上的高可用带宽,如图 6-14 所示。

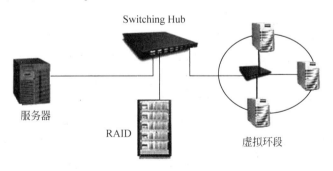

图 6-14 交换集线器

交换集线器优化和扩充了仲裁环的性能,以及价格优势。它还给出一些网络交换(Switching)的优点。交换集线器(Hub)在多个物理仲裁环(AL)上提供了并行的千兆存取。

3. Fabric 端口类型及动态地址

1) 设备(节点)端口

N_Port ＝Fabric 直接连接设备

NL_Port ＝Loop 连接设备

2）交换机端口

> E_Port ＝扩展端口(交换机到交换机)
>
> F_Port ＝Fabric 端口
>
> FL_Port ＝Fabric Loop 端口
>
> G_Port ＝通用(Generic)端口—可以转化为 E 或 F

端口的生成过程：U_PORT→G_PORT→F_PORT→E_PORT。

各种端口在节点和交换机的配置如图 6-15 所示。

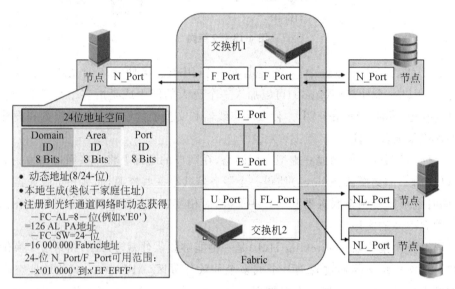

图 6-15　端口配置

3）动态地址

WWN 的地址是光纤通道网络用于唯一标识网络中每个元素(如节点和端口)的 64 位标识符。因为它太长，用这个地址来寻址的话会影响到路由的性能。这样导致光纤通道网络采用了另外一种寻址方案。这种方案采用基于交换光纤网络中的光纤端口来寻址，称为 FCID。

基于交换光纤网络中的每个端口有一个唯一的 24 位的地址 FCID，它类似 TCP/IP 中的 IP 地址。用这种 24 位地址方案得到一个较小的帧头，能加速路由的处理。但是这个 24 位的地址必须通过某种方式连接到与 World Wide Name 相关联的 64 位的地址。

在光纤通道(SAN)环境中，FC 交换机负责分配和维持端口地址。当有一个 WWN 登录到交换机的某一个端口时，交换机将会为其分配一个 FCID 地址，同时交换机也将创建 FCID 和登录的 WWN 地址之间的关联关系表并维护他们的关系。交换机的这一功能是使用名字服务器(Name Server)来实现的。

名字服务器是光纤操作系统的一个组件，在交换机内部运行。它本质上是一个对象数据库，光纤设备在连接进来时，向该数据库注册它们的值，这是一个动态的过程。动态的寻址方式同时也消除了手工维护地址出错的潜在可能，而且在移动和改变 SAN 方面也提供了更多的灵活性。

一个 24 位的 FCID 地址由三个部分所组成：Domain、Area、Port 组成。Domain 从 23 到 16 位，Area 从 15 到 08 位，Port 或仲裁环物理地址 AL_PA 从 07 到 00 位。

Domain：端口地址中最重要的字节，标识交换机本身。最多只能达到 256 个地址，除了一些被保留使用的地址外，实际上只有 239 个地址可用。这意味着在 SAN 环境中最多只可能有 239 个交换机。同时 Domain 可以用来标识 SAN 网络和 FC 交换机的唯一性。

Area：提供 256 个地址。地址的这一个部分被用于识别个别的 FL_Ports 环，或可能被用于当作一组 F_Port 的识别符，例如多端口的一个光纤卡的识别符。这意味着每组端口有一个不同的 area 编号，即使对于只有一个端口的组也是如此。

Port：地址的最后部分提供 256 个地址，用于识别相连的 N_Port 和 NL_Port。

按上面介绍，可以计算出一个 SAN 网络最大的地址数目：Domain×Area×Ports ＝ 239×256×256＝15663104 个地址。

由于 Fiebre(纤维、网络)和 Fiber(光线)只有一字之差，导致存在很多误解。例如，FC 只代表 Fibre Channel，而不是 Fiber Channel，后者被翻译为光纤通道。另外，接口为 FC 的磁盘也被误称为光纤磁盘。FC 协议普遍都用光纤作为传输线缆而不用铜线，所以人们下意识的称 FC 为光纤通道协议而不是网状通道协议。

FC 其实是一套网络协议的称呼，FC 协议和光纤没有必然的联系，Fibre Channel 可以称其为 FC 协议，或者 FC 网络、FC 互联。同样"FC 交换机就是插光纤的以太网交换机"和"以太网就是双绞线，以太网就是水晶头"都是错误的说法。

6.2.2 FC SAN 集成案例

对于企业来说，信息化之后的数据存储是一个需要高度重视的问题。随着企业数据的急剧增加，企业对存储产品的要求也越来越严格，灾难防护等都成为企业选择存储产品时的重要参考对象。

1. 项目背景

本次活动是为大连某院校建立信息化存储的解决方案。目前主流的存储结构有两种：FC-SAN 和 IP-SAN。FC 开发于 1988 年，最早用来提高硬盘协议的传输带宽，侧重于数据的快速、高效、可靠传输。到 20 世纪 90 年代末，FCSAN 开始得到广泛应用。

2. 整体解决方案设计

FC-SAN 的存储结构具有传输效率高、安全性高、传输延迟小、占用主机资源小、技术成熟等特点，是目前应用范围最广的专业存储架构。

本次方案将 FTP 服务器、PDF 服务器、数据库服务器、Web 服务器这四个服务器整合到两个交换机上，之后再将两个交换机整合到一个磁盘存储系统上，形成一个 FC-SAN 的结构。使用的设备有 1 套 IBM 刀片机箱、4 台 HS22 刀片服务器、2 台 IBM B24 光纤交换机和 1 套 IBM DS5100 存储系统。采用这种结构的优势在于性能可靠、功能健全、维护方便、扩展简易，满足院校对各类应用的需要。

该解决方案拓扑图如图 6-16 所示。

6.2.3 ISCSI

1. ISCSI 的概念

ISCSI 即 Internet SCSI，是 IETF 制订的一项标准，用于将 SCSI 数据块映射为以太网数

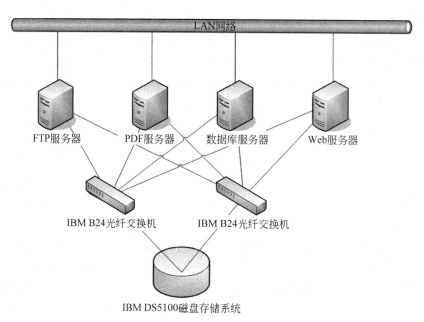

图 6-16   某院校信息化存储解决方案拓扑图

据包。ISCSI 技术最初由 CISCO 和 IBM 两家公司开发,并且得到广大 IP 存储技术爱好者的大力支持,这几年得以迅速发展壮大。

ISCSI 的优势主要表现为:①ISCSI 使用 TCP/IP 协议,而 TCP/IP 是在网络方面最通用、最成熟的协议,且 IP 网络的基础建设非常完善,同时,SCSI 技术是被磁盘和磁带等设备广泛采用的存储标准,这两点使 ISCSI 的建设费和维护成本非常低廉;②ISCSI 支持一般的以太网交换机而不是特殊的光纤通道交换机,从而减少了异构网络带来的麻烦;③ISCSI 是通过 IP 封包传输存储命令,因此可以在整个 Internet 上传输数据,没有距离的限制。

根据 OSI 模型,ISCSI 的协议栈自顶向下一共可以分为五层,如图 6-17 所示。

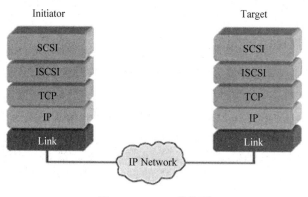

图 6-17   ISCSI 协议图

(1) SCSI 层:根据应用发出的请求建立 SCSICDB(命令描述块),并传给 ISCSI 层;同时接受来自 ISCSI 层的 CDB,并向应用返回数据。

(2) ISCSI 层:对 SCSICDB 进行封装,以便能够在基于 TCP/IP 协议的网络上进行传输,完成 SCSI 到 TCP/IP 的协议映射。这一层是 ISCSI 协议的核心层。

（3）TCP 层：提供端到端的透明可靠传输。

（4）IP 层：对 IP 报文进行路由和转发。

（5）Link 层：提供点到点的无差错传输。

2. ISCSI 的组成

一个简单的 ISCSI 系统大致由以下部分组成。

（1）ISCSI Initiator 或 ISCSI HBA。

（2）ISCSI Target。

（3）以太网交换机。

（4）一台或者多台服务器。

ISCSI 服务器与 ISCSI 存储设备之间的连接方式有两种：①基于软件的方式，即 ISCSI Initiator 软件。ISCSI Initiator 是一个安装在计算机上的软件或硬件设备，它负责与 ISCSI 存储设备进行通信。②ISCSI HBA 卡方式，即 ISCSI Initiator 硬件。这种方式需要先购买 ISCSI HBA 卡，然后将其安装在 ISCSI 服务器上，从而实现 ISCSI 服务器与交换机之间、ISCSI 服务器与存储设备之间的高效数据传输。ISCSI Initiator 软件一般都是免费的，Centos 和 RHEL 对 ISCSI Initiator 的支持都非常好，现在的 Linux 发行版本都默认自带 ISCSI Initiator。

ISCSI Target，一个可以用于存储数据的 ISCSI 磁盘阵列或者是具有 ISCSI 功能的设备都可以被称为 ISCSI Target，因为大多数操作系统都可以利用一些软件将系统转变为一个 ISCSI Target。利用 ISCSI Target 软件，可以将服务器的存储空间分配给客户机使用，客户机可以像使用本地硬盘一样使用 ISCSI 磁盘，包括对其进行分区、格式化及读写等。而且每个客户端都可以向 ISCSI 磁盘写数据，互不干扰，并且不会破坏存储到服务器中的数据。同时，ISCSI Target 软件对用户权限控制非常灵活，支持配置文件。

3. ISCSI 发现机制

ISCSI 发起端为了和 ISCSI 目标端建立 ISCSI 会话，ISCSI 需要知道 ISCSI 目标端的 IP 地址，TCP 端口号和名字。ISCSI 发现机制的目的是为了让 ISCSI 发起端获取一条到 ISCSI 目标端的通路。ISCSI 有以下三种发现机制。

1）静态配置

在 ISCSI 发起端已经知道 ISCSI 目标端的 IP 地址 TCP 端口号和名字信息时，ISCSI 发起端不需要执行发现。ISCSI 发起端直接通过 IP 地址和 TCP 端口来建立 TCP 连接，使用 ISCSI 目标端的名字来建立 ISCSI 会话。这种发现机制适合比较小的 ISCSI 体系结构。

2）SendTarget 发现

在 ISCSI 发起端知道 ISCSI 目标端的 IP 地址和 TCP 端口的情况下，ISCSI 使用 IP 地址和 TCP 端口号建立 TCP 连接后建立发现对话。ISCSI 发起端发送 SendTarget 命令查询网络中存在的 ISCSI 信息。这种方法主要用于网关设备，ISCSI 发起端被静态配置连接到指定的 ISCSI 设备。ISCSI 发起端和 ISCSI 网关设备建立对话并发送 SendTarget 请求给 ISCSI 网关设备。ISCSI 网关设备返回一系列和它相连的 ISCSI 目标端的信息。ISCSI 发起端选择一个目标端来建立对话。

3）零配置发现

这种机制用于 ISCSI 发送设备完全不知道 ISCSI 目标端信息的情况。ISCSI 发起端利用现有的 IP 网络协议 SLP(Service Location Protocol for Discovery,服务定位协议)。ISCSI 目标端使用 SLP 来注册,ISCSI 发起端可以通过查询 SLP 代理来获得注册的 ISCSI 目标端的信息。当 ISCSI 目标端加入到网络中的时候,拓扑结构也随之改变。虽然这种方法增加了实现的复杂性,但它不需要重新配置发起端即可找到新的目标端。

6.2.4　IP SAN 与 FC SAN 比较

在 SAN 的实现上,主要有 IP SAN 和 FC SAN 两种常用的技术。它们之间主要有以下几点不同。

1. 控制器结构不同

IP SAN 存储设备的磁盘控制器采用每个磁盘柜中分为多个磁盘组,每个磁盘组由一个微处理芯片控制所有的磁盘 RAID 操作(采用软件计算,效率较低)和 RAID 组的管理操作;而 FC-SAN 控制器采用 RAID 芯片＋中央处理器的结构。

IP SAN 每一次磁盘 I/O 操作都将经过 IP-SAN 存储内置的一个类似交换机的设备从前端众多的主机端口中读取或者写入数据,而这些操作都是基于 IP 交换协议,其协议本身要求每一个微处理芯片工作时需要大容量的缓存来支持数据包队列的排队操作,所以一般 IP-SAN 存储都具有几十 GB 的缓存。但是这并不能真正说明在实际应用中就能够获得好的性能,因为在具有海量存储的时候,不可能所有的数据均载入系统缓存中,这时就需要大量的磁盘 I/O 操作来查找数据,而 IP-SAN 存储所采用的 SATA 磁盘性能较弱,而且涉及在 IP 网络上流动的 ISCSI 数据向 ATA 格式数据转化的效率损失问题。也就是说 IP-SAN 存储存在缓存 Cache 到磁盘的数据 I/O 和数据处理的问题。

而采用 FC 磁盘的 FC-SAN 存储设备就不存在这样的问题。通过 2 条甚至 4 条冗余的后端光纤磁盘通道,可以获得一个非常高的磁盘读写带宽,而且 FC 的磁盘读写协议不存在数据格式转换的问题,因为他们内部采用的都是 SCSI 协议传输,避免了效率的损失。而且 FC-SAN 存储设备由于光纤交换和数据传输的高效性,并不需要很大的缓存就能够获得一个好的数据命中率和读写性能,一般 2GB 或者 4GB 即可满足要求。

另外,由于具备专门的硬件 RAID 校验控制芯片,所以磁盘 RAID 性能将比软件 RAID 性能好很多,并且可靠性更好。

2. 连接的拓扑结构不同

FC SAN 的连接方式有如下三种。

（1）点对点:首先各个组成设备通过登录建立初始连接,然后即采用全带宽进行工作,其实际的链路利用率由每个终端的光纤通道控制器以及发送与接收数据可获得缓冲区大小来决定。但其只适用于小规模存储设备,不具备共享功能。

（2）仲裁环:允许两台以上的设备通过一个共享带宽进行通信与交流,在此拓扑结构中,任意一个进程的创建者在发送一段报文之前,都将首先与传输介质就如何存取信息达成协议,因此所有设备均能通过仲裁协议实现对通信介质的有序访问。

（3）全交换:通过链路层交换提供及时、多路的点对点的连接。通过专用、高性能的光纤通道交换机进行连接,同时可进行多对设备之间点对点的通信,从而使整个系统的总带宽随设备的增多而相应增大,在增多的同时丝毫不影响这个系统的性能。

IP-SAN 基于以太网的数据传输与存取,虽然在物理上可体现为总线或者星型连接,但其实质为带冲突检测多路载波侦听(CSMA/CD)方式进行广播式数据传输的总线拓扑,因此随着负载以及网络中通信客户端的增加,其实际效率会随着相应地降低。

3. 使用的网络设备和传输介质不同

FC-SAN 使用专用光纤通道设备。在链路中使用光纤介质,不仅完全可以避免因传输过程中各种电磁干扰,而且可以有效达到远距离的 I/O 通道连接。所使用的核心交换设备——交换机均具有高可靠性及高性能的 ASIC 芯片设计,使整个处理过程完全基于硬件级别的高效处理。同样在连接至主机的 HBA 设计中,绝大多数操作独立处理,完全不耗费主机处理资源。

IP-SAN 使用通用的 IP 网络及设备。在传输介质中使用铜缆、双绞线、光纤等介质进行信号的传输,但普通的廉价介质存在信号衰减严重等缺点,而使用光纤需要特有的光电转换设备等。在 IP 网络中,可借助 IP 路由器进行传输,但根据其距离远近会产生相应的传输延迟。核心使用各种性能的网络交换机,受传输协议本身的限制,其实际处理效率不高。在主机端通常使用廉价的各种速率的网卡,大量耗费主机的应用处理资源。

6.2.5　IP SAN 应用案例

1. 总体设计

在下述 IP SAN 的方案设计中,以 H3C 的 Neocean IX5000 系列产品作为核心存储系统,如图 6-18 所示。它配置 8 个存储控制模块、能够提供 1640Mbps 的吞吐量和 600000 的 IOPS。系统同时支持采用多块网卡的高可靠性设计,完全能够满足数据库服务器等关键业务对于存储区域网络的性能和可靠性的要求。

所有需要连接 IX5000 的服务器,如数据库服务器、Web 服务器等,只要安装千兆网卡,并安装软件的 Iscsi Initiator,就可以通过以太网获得存储设备,从而不需要购置价格昂贵的 HBA 卡。主流的操作系统 AIX、Solaris、Linux、Windows 都支持千兆网卡加软件的 ISCSI Initiator 的实现方式。当然也可以通过安装 ISCSI 的 HBA 卡的方式连接到系统,IX5000 通过划分不同的卷,以保证各个应用系统互不干扰。

对于以后可能增加的要连接到 IP-SAN 中需要共享存储资源的所有相关应用服务器,可实现即插即用,用网线连接到存储区域网络就能访问后台存储设备里的数据。基于标准化 IP 的存储交换平台使得各种数据管理功能能够像电器插入电源插座一样轻易地进行部署应用。

2. 技术特色

IX5000 在技术架构上具有以下四个特点。

1）高带宽存储交换平台

IX5000 从结构上基于 H3C 享有盛誉的 IRF 专利技术,在 H3C IP 交换平台上,根据存储产品的海量数据存取、高性能低延迟、数据管理、设备管理等特点,构建了 Neocean 存储交换

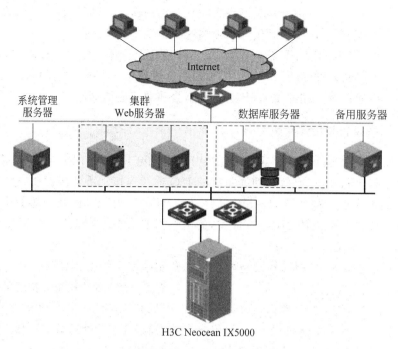

图 6-18　SAN 应用案例

平台。从而突破了传统控制器到磁盘的环路瓶颈,单台设备最大支持 240Gbps 的背板交换带宽。

2) 高性能存储控制模块集群

IX5000 的存储控制模块采用了最新的数据流集群技术(Cluster)和存储控制负载均衡技术,支持从单存储控制模块到 8 个存储控制模块的动态负载均衡扩展,并且始终保持性能的线性叠加。它采用 1U 机架式服务器,配置有 Intel Xeon 3GHz CPU 和 2GB 内存,软件基于 Linux 内核设计开发。每个存储控制模块提供三个千兆以太网接口(前端接口),分别向对外提供了数据业务和管理功能,两个千兆以太网接口(后端接口)和 DE(Decision Element)实现连接。后端接口具有负载均衡和故障保护功能。

3) 智能网络磁盘柜

IX5000 的智能网络磁盘柜改变了传统磁盘柜 SCSI/FC 环路 JBOD 的结构。每个磁盘柜分为四个磁盘控制组,每组的核心为一个具有四块负载均衡微处理芯片的控制模块。每个微处理芯片负责对一块硬盘的数据存取进行精确地控制和管理,充分利用磁盘的高速 Cache 进行 TCQ/NCQ 数据读取处理。

由于得到高性能存储交换平台的支撑,使得每个磁盘组(四块磁盘)以星型方式通过双 GE 接口连接到交换平台,最大限度地发挥出高性能磁盘的读写能力,提高了磁盘的可靠性。同时磁盘柜为每块硬盘分配了专用的处理器和 IP/MAC 地址,这使得系统对于磁盘的管理和数据控制更为高效,磁盘也可以在整个系统中自由漫游,甚至随意更换位置。这对于需要进行系统迁移和数据迁移的用户尤其有效。

4) 多端口汇聚主机接口

为提高存储系统的主机连接能力,降低用户在部署存储系统时的集成和管理成本, IX5000 对存储控制模块出口进行了汇聚和统一管理,共提供 32×GE 主机接口。在不增加其他交换机的情况下,可支持 32 台主机直接接入 IX5000,是服务器集中和数据集中的理想选择。

3. IX5000 管理和监控三大特点

传统存储系统的管理难题来自于专用协议、专用设备、厂商私有规格标准造成的混乱和人为造成的管理障碍。IX5000 完全基于设备和系统可视化、IP 标准化进行管理。同时 IX5000 的系统管理已完全与 H3C 著名的 QuidView 网络管理系统集成,通过统一的管理界面,QuidView 能够对分布在遍及广域的多台 IX5000 进行集中统一的管理和维护。

Storage Management Tool 是 H3C 存储系统软件包,其基本功能实现了智能化的卷管理、监控管理、镜像、快照等一系列功能,使得管理员管理存储空间、存储设备变得简单化和智能化,如图 6-19 所示。

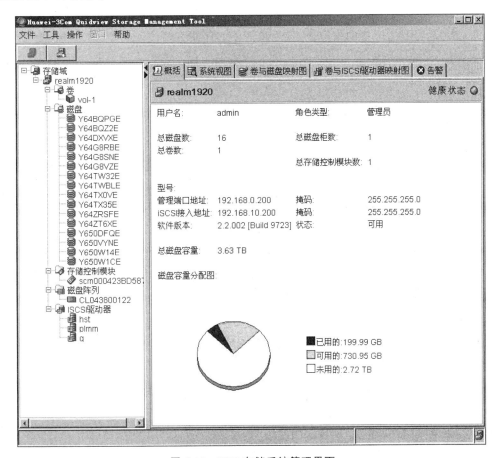

图 6-19 H3C 存储系统管理界面

灵活方便的卷管理功能:卷(Volume)是分配给 ISCS Iinitiators 的存储空间,Quidview Neocean-SM 屏蔽了底层物理磁盘、虚拟磁盘等概念,使管理员可以直接对卷进行创建、删除、管理等工作。

清晰明了的监控功能:Storage Management Tool 提供了对卷、磁盘、存储控制模块等多个类型的设备进行性能监控。

Storage Management Tool 是基于 Java 开发的用户管理图形界面,借助 Storage Management Tool 管理员可以直观地完成对设备的基本配置操作和清晰的性能监控、故障管理等功能。

Storage Management Tool 除了可以独立安装到 Server 上外,还可以和 H3C 数通网管平台 Quidview 集成安装,实现了对交换机设备、服务器、IP 存储设备的集中统一管理。

1) 卷管理

Storage Management Tool 提供了以下三个层面上的存储概念。

(1) 物理磁盘(Physical Disk):实际中磁盘阵列的每块硬盘。

(2) 虚拟磁盘(Virtual Disk):在物理磁盘基础上创建的基于相同存储策略的磁盘空间,它可以使用的是一块或几块物理磁盘,但一块物理磁盘不能跨多个虚拟磁盘。

(3) 卷(Volume):基于已经创建的虚拟磁盘,用户可以在其上创建具有相同存储策略的卷。

Storage Management Tool 对卷的管理是基于存储策略(Policy)的,存储策略实际上是用户定义虚拟磁盘类型时配置的集合,一旦用户需要的存储策略被创建,后续对卷的操作和管理都会被大大简化。Storage Management Tool 预定义了以下四种存储策略。

- 基本(Basic)。
- 镜像(Mirror)。
- 条纹(Stripe)。
- 镜像条纹(Stripe of Mirrors)。

Storage Management Tool 向用户屏蔽了物理磁盘、虚拟磁盘等复杂抽象的底层概念,用户可以利用 Storage Management Tool 直接在 GUI 界面上对卷进行创建、删除等操作,同时也可以对已创建的卷进行图形化的各种监控、信息查看等功能。

Storage Management Tool 提供了向导方式创建卷,创建卷的过程中,用户完成对卷名、存储策略、卷空间大小的指定。

在创建卷时,系统同时隐式的创建了对应的虚拟磁盘;用户也可以显式的创建虚拟磁盘,具体可以参考命令行。

对于创建的卷,Storage Management Tool 提供了图形化的清晰信息浏览,包括基本信息、对应的物理磁盘、关联 ISCSI Initiator、性能监控等。

2) 监控管理

对于管理员来说,能清晰的了解当前设备的运行状态和设备故障至关重要。基于此,Storage Management Tool 提供了多种设备运行状态监控和设备故障管理手段。

设备面板提供给用户一个直观和简单的操作平台,Storage Management Tool 定期获取存储控制模块和磁盘阵列信息保证了用户看到的面板信息始终是和实际一致的。

Storage Management Tool 针对卷、物理磁盘、存储控制模块均提供了实时性能监控功能。Storage Management Tool 每隔 5s 从设备处获取相关信息,存储控制模块对相应的请求信息应答返回给 Storage Management Tool,之后它再通过折线图形的形式直观的表现给用户,用户还可以将数据保存在 Excel 文件中来记录当时设备状况供后续分析。

Storage Management Tool 针对各种监控对象提供的监控项目含义,如表 6-2 所示。

表 6-2 监控对象提供的监控项目

监控对象	监控项目	含 义
卷对象	吞吐量	指定卷的吞吐量,单位是 MB/s
	IOPS	每秒的输入和输出操作量
	存储转发时间	对于这个卷,典型请求和应答延迟时长,单位是 ms
存储控制模块对象	CPU 负载	在各个时间戳时 CPU 利用率(%)
	吞吐量	读写吞吐量值,单位是 MB/s
	IOPS	每秒的输入和输出操作量
	闪存命中率	命中闪存的百分比(%)
物理磁盘对象	吞吐量	指定磁盘的吞吐量,单位是 MB/s
	IOPS	每秒的输入和输出操作量
	存储转发时间	这块磁盘,典型的请求和应答延迟时长,单位是毫秒

当 IPSAN 的对象不在正常工作状态时,就会产生对应的告警信息,如图 6-20 所示,告警信息通过私有协议格式发送给 Storage Management Tool,并通过图形界面直观地展现给用户。

图 6-20 警告信息传递图

3)与 Quidview 集成

Storage Management Tool 可以和 H3C 的数通设备管理平台 Quidview 集成,共同提供给用户对服务器、交换机、存储设备的集中统一管理。通过 Quidview,用户可以获得增强的性能管理、增强的故障管理和拓扑管理等功能。

增强的性能管理:依托于数据库,Quidview 可以对存储设备的一些性能指标进行长期的后台性能监控,从长期的性能数据报表中,用户可以得出设备不同时期流量趋势等信息,以为后续的部署、应用提供依据。

对于每个具体的性能指标,用户还可以设置其阈值,当性能采集值超过阈值后,网管会主动上报告警信息。

(1)增强的故障管理:Quidview 接收设备发送来的 Trap 告警信息,并可以对重复的告警进行屏蔽;对接收到的告警信息,Quidview 提供了多个方向的转发功能,包括转发到 Email,转发到短信等。

(2)拓扑管理:Quidview 可以自动发现网络中的服务器、交换机和存储设备等,并绘制出它们的连接关系;用户也可以根据自己的需要,在自动拓扑的基础上手工绘制拓扑。

6.3　DAS 与 NAS

6.3.1　直接附加存储

直接附加存储(Direct Attached Storage,DAS)是指将存储设备通过 SCSI 线缆或光纤通道直接连接到服务器上,并为这台服务器所独享。一个 SCSI 环路或称为 SCSI 通道可以挂载最多 16 台设备;FC 可以在仲裁环的方式下支持 126 个设备。

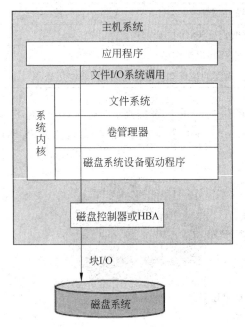

图 6-21　DAS 软件体系结构

应用程序通过 I/O 系统调用访问系统内核,系统内核利用核心中包含的文件系统(EXT3、NTFS、FAT 等)模块处理这个系统调用,并在一个抽象的逻辑磁盘空间中为访问程序提供目录数据结构和将文件映射到磁盘块的管理工作。卷管理器负责管理磁盘系统中位于一个或多个物理磁盘中的块资源,并提供逻辑磁盘块到物理磁盘结构(如卷、磁柱和扇区地址)的映射。而磁盘系统设备驱动程序使系统内核可以控制磁盘驱动器或主机总线适配器,使它们可以在主机与磁盘系统间传输指令和数据,DAS 软件体系结构如图 6-21 所示。

DAS 方式实现了机内存储到存储子系统的跨越,但是缺点依然有很多。

(1) 扩展性差,服务器与存储设备直接连接的方式导致出现新的应用需求时,只能为新增的服务器单独配置存储设备,造成重复投资。

(2) 资源利用率低,DAS 方式的存储长期来看存储空间无法充分利用,存在浪费。不同的应用服务器面对的存储数据量是不一致的,同时业务发展的状况也决定着存储数据量的变化。因此,出现了部分应用对应的存储空间不够用,另一些却有大量的存储空间闲置。

(3) 可管理性差,DAS 方式数据依然是分散的,不同的应用各有一套存储设备。管理分散,无法集中。

(4) 异构化严重,DAS 方式使得企业在不同阶段采购了不同型号不同厂商的存储设备,设备之间异构化现象严重,导致维护成本居高不下。

6.3.2　网络附加存储

网络附加存储(Network Attached Storage,NAS)是一种文件共享服务。NAS 设备和客户端之间通过 IP 网络连接,基于 NFS/CIFS 协议在不同平台之间共享文件,数据的传输以文件为组织单位。

虽然 NAS 设备常被认为是一种存储架构,但 NAS 设备最核心的功能是文件管理服务。从功能上来看,传统 NAS 设备是一个带有 DAS 存储的文件服务器。从数据的 I/O 路径来看,它的数据 I/O 发生在 NAS 设备内部,这种架构与 DAS 毫无分别。

事实上,很多 NAS 设备内部的文件服务模块与磁盘之间是通过 SCSI 总线连接的。通过 NFS/CIFS 共享文件属于高层协议通信,不在数据 I/O 路径上,所以数据的传输不可能以块来组织。正是由于这种功能上的重叠,在 SAN 出现以后,NAS 头设备(或 NAS 网关)逐渐发展起来,NAS over SAN 的方案越来越多,NAS 回归了其文件服务的本质。

由此可知,NAS 与一般的应用主机在网络层次上的位置是相同的,为了在磁盘中存储数据,就必须要建立文件系统。有的 NAS 设备采用专有文件系统,而有的 NAS 设备则直接借用其操作系统支持的文件系统。由于不同的 OS 平台之间文件系统不兼容,所以 NAS 设备和客户端之间就采用通用的 NFS/CIFS 来共享文件。

NAS 存储设备由存储器件(如硬盘驱动器阵列、CD 或 DVD 驱动器、磁带驱动器或可移动的存储介质)和专用服务器组成。专用服务器上装有专门的操作系统,通常是简化的 Unix/Linux 操作系统,或者是一个特殊的 Windows 内核。它为文件系统管理和访问做了专门的优化。专用服务器利用 NFS 或 CIFS 充当远程文件服务器,对外提供文件级的访问,如图 6-22 所示。

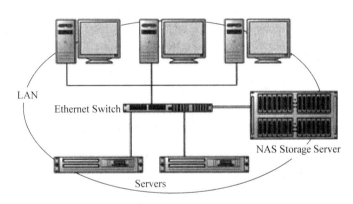

图 6-22 NAS 系统结构图

在 NAS 存储系统中包含两类设备:客户端主机和 NAS 服务器。应用程序在客户端主机中产生文件 I/O 访问请求的系统调用。文件 I/O 系统调用与系统内核交互时被 I/O 定向器截获以决定被访问的数据是在远程文件分区中还是在本地文件系统中。

假设被访问的数据存在于本地文件系统中,那么文件 I/O 系统调用将会被本地文件系统处理。假设被访问的数据存在于远程文件系统中,那么 I/O 重定向器则通过命令将系统调用映射到网络文件协议(NFS 或 CIFS)的消息报文中。之后这些文件访问消息被传递给 TCP/IP 协议栈,以确保将消息可靠地传输到整个网络。在客户端主机随后的处理过程中,系统内核依赖 NIC 驱动程序将封装后的 TCP/IP/报文送向网络接口卡,然后由网络接口卡将消息传输到网络中。

在 NAS 服务器端,系统内核利用 NIC 驱动程序对网络接口卡收到的包含有远程文件访问消息的以太网帧进行处理,并将解封装后的报文送至 TCP/IP 协议栈。TCP/IP 协议栈从报文中恢复由客户端主机发送来的原 NFS 或 CIFS 文件访问消息。这些消息中包含有处理文件的 I/O 指令。

被恢复出的文件 I/O 指令由 NAS 文件访问处理程序执行,并利用与 DAS 相似的机制在文件系统、卷管理器和磁盘系统设备驱动程序间动作,最终访问到磁盘系统内的某一块数据,如图 6-23 所示。

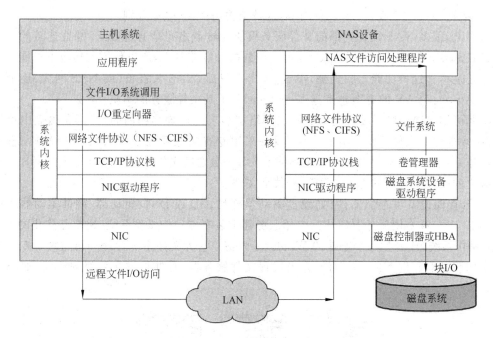

图 6-23　NAS 软件体系结构

　　SAN 结构中,文件管理系统(FS)在每一个应用服务器上;SAN 是将目光集中在磁盘、磁带以及连接它们的可靠的基础结构。在 SAN 的存储系统中,它们提供了将块级别 I/O 指令传输到位于 SAN 网络另一端的存储设备的能力,如图 6-24 所示。

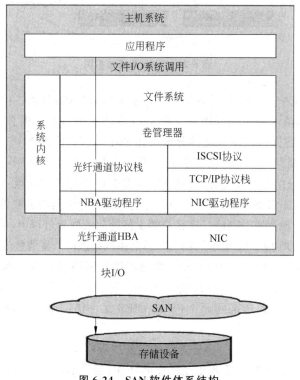

图 6-24　SAN 软件体系结构

本章小结

本章主要介绍了计算机网络环境下的存储技术,重点从数据传输和数据读取两个方面进行了介绍。要求熟练掌握数据的读写技术 SCSI、RAID,数据在存储网络上的传输技术 FC 和 ISCSI 技术以及在操作系统层面的特征。熟练掌握网络存储体系结构 DAS、NAS、SAN 的特点,应用场景、集成方案、设备选型等。

熟练掌握磁盘阵列的结构和工作原理,掌握各种 RAID 模式和设置方法。了解磁盘阵列的设备选型要点。对于存储体系而言,希望读者了解各种解决方案(DAS、NAS、SAN)的特点,根据网络系统的要求选择合适的存储方案。

思考与练习

（1）简述 SCSI 的工作原理。

（2）简述 RAID 卡的组成和各部件的功能。

（3）简述 RAID 模式的特征、设置方法和操作系统的关系。

（4）从数据传输角度分析 FC 与 ISCSI 的区别和联系。

（5）简述 LAN 与 FC SAN 的区别。

（6）预设一个应用场景并在此场景下,设计一套网络存储方案,说明理由。

实践课堂

实验机上完成有 4 个磁盘的磁盘阵列的 RAID 1 设置。

第7章

服务器集群与虚拟化技术

➡ **知识技能要求**

1. 掌握增强服务器性能的三种集群功能、结构特征、关键算法。
2. 用 Windows Server 操作系统完成 MSCS 集群和 NLB 集群设置。

7.1 服务器集群

长期以来,科学计算、数据中心等领域一直是高端 RISC 服务器的天下,它们不但价格昂贵,而且运行、维护成本高。随着网络应用的发展,对服务器的要求越来越高,而集群技术的出现为满足这种需求提供了有效的保证。它价格低廉,易于维护和使用,而且采用集群技术可以构造超级计算机,其超强的处理能力可以取带价格昂贵的中大计算机,使用户在付出较低价格的情况下获得性能、可靠性、灵活性方面相对较高的收益,是一种较好的技术选择。

集群将一组相互独立的、通过高速网络互联的计算机构成一个整体,并以单一系统的模式加以管理。一个客户与集群相互作用时,集群像是一个独立的服务器。

从应用上看,群集被分为三种类型:高性能科学计算群集、负载均衡群集和高可用性群集。科学计算群集用于运行为群集开发的并行编程的应用程序,来解决复杂的科学问题。这是并行计算的基础,尽管它不使用专门的并行超级计算机,但这种超级计算机内部也是由几个至上万个独立处理器组成。尽管它使用通用商业系统,如通过高速连接来链接的一组单处理器或双处理器 PC,并且在公共消息传递层上进行通信以运行并行应用程序,也能完成复杂的计算任务。因此,会常常听说又有一种便宜的超级计算机问世。但它实际是一个计算机群集,其处理能力与真的超级计算机相当。

负载均衡集群为企业需求提供了更实用的系统。负载均衡集群使负载可以在计算机集群中尽可能平均地分摊处理。负载通常包括应用程序处理负载和网络流量负载。这样的系统非常适合向使用同一组应用程序的大量用户提供服务。

每个节点都可以承担一定的处理负载,并且可以实现处理负载在节点之间的动态分配,以实现负载均衡。对于网络流量负载,当网络服务程序接受了高入网流量,以致无法迅速处理,这时,网络流量就会发送给在其他节点上运行的网络服务程序。

同时,还可以根据每个节点上不同的可用资源或网络的特殊环境来进行优化。与科学计算集群一样,负载均衡集群也在多节点之间分发计算处理负载。它们之间的最大区别在于缺少跨节点运行的单并行程序。大多数情况下,负载均衡集群中的每个节点都是运行单独软件的独立系统。但是,不管是在节点之间进行直接通信,还是通过中央负载均衡服务器来控制每个节点的负载,在节点之间都有一种公共关系。通常,使用特定的算法来分发该负载。

高可用性集群一般在下述情况使用。当集群中的一个系统发生故障时,集群软件迅速做出反应,将该系统的任务分配到集群中其他正在工作的系统上执行。考虑到计算机硬件和软件的易错性,高可用性集群的主要目的是为了使集群的整体服务尽可能可用。如果高可用性集群中的主节点发生了故障,那么这段时间内将由次节点代替它。

次节点通常是主节点的镜像。当它代替主节点时,它可以完全接管其身份,因此使系统环境对于用户是一致的。高可用性集群使服务器系统的运行速度和响应速度尽可能快。它们经常利用在多台机器上运行的冗余节点和服务,用来相互跟踪。如果某个节点失败,它的替补者将在几秒钟或更短时间内接管它的职责。因此,对于用户而言,集群永远不会停机。

在实际的使用中,集群的这三种类型相互交融,如高可用性集群也可以在其节点之间均衡用户负载。同样,也可以从要编写应用程序的集群中找到一个并行集群,它可以在节点之间执行负载均衡。从这个意义上讲,这种集群类别的划分是一个相对的概念,不是绝对的。

7.1.1　高可用性计算机集群

1. 高可用性计算机集群系统软件

在高可用性的集群系统中,是多台服务器在高可用性的集群系统软件的管理下为客户端提供服务,现在市场上流行的高可用性集群软件的品种比较多,较常见的为 IBM 公司出产的 IBM HACMP、Legato 公司的 Legato Automated Availability Manager(LAAM) Engreprise、SUN 公司的 SUN Cluster、Veritas 公司的 Veritas Cluster Server、Microsoft 公司的 Microsoft Cluster Server(MSCS)、Steel Eye Technology 公司的 LifeKeeper 等高可用性集群软件和 EDI 公司的 EDI High Availability System 双机热备系统等。

1) Windows 高可用性集群

微软服务器群集(Microsoft Cluster Server,MSCS)是一组运行 Windows Server 的独立的计算机系统(称为节点),像单个系统一样协同工作,从而确保执行关键任务的应用程序和资源始终可被客户端使用。通过交换称为检测信号的周期性的信息,群集中的节点保持恒定的通信。

如果群集中的某个节点由于故障或维护而不可用,另一个节点立即开始提供服务(被称作故障转移的过程)。和网络负载平衡不同的是,服务器群集的多台服务器中只有一台服务器在响应客户的请求,只有该服务器故障时其他服务器才会接替它响应客户的请求,服务器群集主要目的是在于实现服务器故障的冗余,保证关键业务的不中断。

服务器群集最多可以组合 8 个节点。服务器群集服务基于非共享的群集模型,尽管群集中有多个节点可以访问设备或资源,但该资源一次只能由一个系统占有和管理。群集硬件架构如图 7-1 所示。

服务器群集服务包含三个主要组件:群集服务、资源监视器和资源 DLL。此外,群集管理器还允许生成提供管理功能的扩展 DLL,如图 7-2 所示。

(1) 群集服务是核心组件,并作为高优先级的系统服务运行。群集服务控制群集活动并执行如下任务:协调事件通知、方便群集组件间的通信、处理故障转移操作和管理配置。每个群集节点都运行自己的群集服务。

(2) 资源监视器是群集服务和群集资源之间的接口,并作为独立进程运行。群集服务使用资源监视器与资源 DLL 进行通信。DLL 处理所有与资源的通信,因此在资源监视器上宿

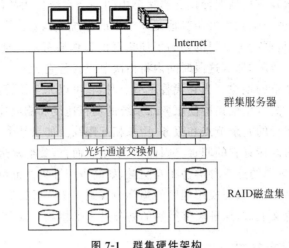

图 7-1　群集硬件架构

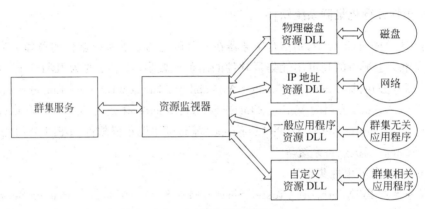

图 7-2　群集服务组件

主 DLL 可以保护群集服务免受错误运行或停止工作的资源造成的影响。资源监视器的多个副本可以在单个节点上运行,从而可以将无法预测的资源与其他资源隔离开。

群集服务在需要对资源执行操作时将向分配给该资源的资源监视器发送请求。如果资源监视器的进程中没有可以处理该类型资源的 DLL,则使用注册信息加载与该资源类型相关的 DLL。然后,将群集服务的请求传递至其中一个 DLL 的入口点函数。资源 DLL 将处理操作的详细信息以符合资源的特定需要。

(3) 资源监视器和资源 DLL 使用资源 API 进行通信。资源 API 是用于管理资源的入口点、回叫函数和相关结构及宏的集合。

对于群集服务而言,资源是任何可进行管理的物理或逻辑组件,例如磁盘、网络名、IP 地址、数据库、站点、应用程序和任何其他可以联机和脱机的实体。资源可按类型进行组织。资源类型包括物理硬件(如磁盘驱动器)和逻辑项(如 IP 地址、文件共享和一般应用程序)。

每个资源都使用资源 DLL,它主要是资源监视器和资源之间的被动转换层。资源监视器调用资源 DLL 的入口点函数查看资源的状态并使资源联机和脱机。资源 DLL 负责通过便利的 IPC 机制与其资源进行通信,以实现这些方法。

实现其自身资源 DLL 与群集服务通信的应用程序以及使用群集 API 请求和更新群集信

息的应用程序都被定义为群集相关应用程序。不使用群集或资源 API 以及群集控制代码函数的应用程序和服务都不识别群集,也无法识别群集服务是否正在运行。这些群集无关应用程序通常作为一般应用程序或服务进行管理。

群集相关和群集无关应用程序都可以在群集节点上运行,并且都可以作为群集资源进行管理。但是,只有群集相关应用程序可以利用群集服务通过群集 API 提供的功能。开发群集相关应用程序需要建立自定义资源类型。通过自定义资源类型,开发人员可以使应用程序在群集发生各种事件(如节点即将脱机,因此会关闭数据库连接)时,做出必要的响应并采取措施。

对于大多数需要在群集中运行的应用程序,最好花费一些时间和资源开发自定义资源类型。可先在群集环境中对应用程序进行测试,而不必修改应用程序的代码或创建新的资源类型。在 Windows Server 中,未经修改的应用程序可以作为群集相关应用程序在基础级别运行。群集服务专为此用途提供了一般应用程序资源类型。

群集管理器扩展 DLL 在群集管理器内提供特定于应用程序的管理功能,允许用户以同样的方式管理他们的应用程序,无论该应用程序是在群集内部还是在群集外部运行。开发人员可以在群集管理器框架内提供应用程序管理功能,或只是链接到现有的管理工具。

开发人员可通过编写扩展 DLL 扩展群集管理器的功能。群集管理器应用程序通过一组已定义的 COM 接口与扩展 DLL 进行通信。扩展 DLL 必须实现一组特定的接口并且在群集的每个节点都进行注册。

MS-SQL Server 自身提供的集群技术有两种:失败转移集群(MSCS)和镜像(Mirror)。

失败转移集群(MSCS),这是一种基于共享磁盘架构的高可用集群,是操作系统级别的集群;镜像(Mirror),是一种共享磁盘架构的高可用集群,是数据库级别的集群。它们共同的特点是可以保证系统的可用性,但是对性能没有丝毫的提升,甚至较单机还有下降,事实上 MS-SQL Server 数据库只运行在一个节点上,当出现故障时,另一个节点只是作为这个节点的备份;因为始终只有一个节点在运行,在性能上也得不到提升,系统也就不具备扩展的能力。当现有的机器不能满足应用的负载时只能更换更高配置的机器,而且是一次性更换两台。

2) IBM HACMP

高可靠性集群系统软件(High Availability Cluster Multi-Processing,HACMP)是一种运行在 RS/6000 服务器上的高可用的集群软件。此集群技术支持并行数据访问,能够帮助提供冗余和容错恢复能力,完全满足关键性商务应用的需求。HACMP 包含基于图形用户界面的工具,可以方便有效的管理群集系统,对集群系统进行安装、配置。

HACMP 的配置和使用十分灵活。单处理器和对称多处理器(SMP)都可以加入具有高可用性的群集系统之中。可将不同规模的 RS/6000 服务器与磁盘阵列的系统混合在一起,以满足各种应用需求。

按照用户所使用的不同的应用,HACMP 集群软件可以配置为多种模式,并发访问模式比较适合的环境是所有的处理器必须工作于同一工作负荷并共享数据;互备模式是处理器共享工作负荷并相互备份;热备份模式允许一个节点备份群集中任何其他的节点。无论选择哪种模式,HACMP 都将提供数据访问和备份计划,帮助您优化应用程序的执行和扩展性,同时还可避免代价高昂的系统故障和停机时间。HACMP 同样支持服务器针对应用恢复/重启进行配置,以便为关键性的商务应用提供保护。

3) HACMP/ES 和 RS/6000 集群技术

总体系统故障时间中有很大一部分是由计划内的故障时间引起的。HACMP 可以通过以并行方式执行硬件、软件和其他维护活动,使计划内的故障时间最小化,与此同时应用程序依然持续运作于其他节点上。服务可能会从某一集群节点上转移至另一个节点,当维护活动完成后再转回该节点。

集群软件 HACMP 能够做到当某台服务器的应用出现故障时立即自动将应用切换到其他服务器,而且能够做到当一台服务器运行的多个应用中的一个出现故障时,只将此应用切换到其他服务器上而其他应用仍可在原服务器上继续运行;同时,要有针对应用系统的实时监测功能,当硬件出现故障时能及时向管理员报告。

通过使用 RSCT,HACMP/ES 可以对整个软件基础架构提供保护。HACMP/ES 可以对这类故障进行监控、检测和响应,使系统具有持续运作的能力。通过对 HACMP/ES 进行配置,可以响应数以百计的系统事件。除了这种高级保护之外,RSCT 还允许 HACMP/ES 支持多达 32 个节点的集群系统。

在具有高可用性的环境中,HACMP 的并行资源管理器提供多达 8 路的共享磁盘并行访问能力,可以在接管期间采取不同的设计,可满足不同的应用。

HACMP 可与各种并行数据库产品,诸如 IB-MDB2、Oracle 通用数据库等协同工作,以便建立起松耦合的并行集群,提供高水平的系统可用性。HACMP 可创建复杂的并行访问集群,在该集群中,通过使用多达 8 台有效系统,并运行相同的应用、共享相同的物理资源,故障恢复启动的时间延迟能够达到最小。

它可使用户无须中断工作流程,进行系统升级和维护。它可建立灵活的、面向集群的应用,以用于分布式网络,并通过集群管理器工具套件对网络活动进行监控。通过与 AIX 的逻辑卷管理器磁盘镜像相融合,改进磁盘的可用性。通过使用本地和远程的管理实用工具,对系统级的硬件错误进行检测和补偿。

2. 高可用性集群的应用领域

1)高可用性

当用户需要数据和服务时,计算机能够根据请求完成响应则定义为可用性。可用性是以百分比形式表示的一种系统正常工作的时间。

高可用性系统(High Availability System)是由集群软件监控、具有多台服务器互相冗余的系统。此系统通过集群软件提供的故障监测和故障处理能力,可提供业务连续性的能力。高可用性系统的主要目的是将计划内及计划外宕机时间减少到最少;其次是减少恢复一个失败系统的时间,即应在最短的时间内恢复系统的运行。高可用性即确保计算机系统的运行时间达到 99.999%。

高可用性(High Availability)并不等同于容错(Fauh Tolerance)。容错仅仅是设计高可用性系统的一方面,并不能说明恢复系统错误的时间。

最终的高可用性系统应该是无单点故障的(Single Points of Failure,SPOFs)系统。

2)大容量存储服务器

在硬件技术飞速发展的今天,我们现在使用的存储服务器(即硬盘阵列柜)已不是单盘的概念。在存储服务器中我们总是将许多单棵硬盘按照某种原则组织起来,形成一个或多个大的逻辑硬盘来为用户服务。在高可用性集群系统中一定会使用到大容量的存储服务器。

大容量的存储服务器是指将存储服务器中的多棵硬盘通过 RAID 的技术,按 RAID LEVEL 组合成更大容量的逻辑硬盘空间(也称为 LUN),一般从 100GB、800GB 或到更大的

5000GB(5TB)不等。这样的超大容量的存储服务器(磁盘阵列)系统与服务器相连时,从主机端的操作系统上来看磁盘阵列的容量时,是一棵或多棵超大逻辑硬盘,而不是安装在存储服务器中的物理硬盘的数量和容量。

这些逻辑硬盘与单个物理盘一样可以分成不同的分区。现在用户的需求由目前的Gigabytes(GB)到 Terabytes(TB,1TB=1000GB)进而到 Petabytes(PB,1PB=1000TB),相当于 10 的 15 次方位元。

3) 常用的双机热备的工作方式

一般常见的集群是两个节点,常见的两个节点的工作模式有以下三种方式。

(1) 并发访问模式(concurrent):针对 Oracle Parallel Server 环境设计,允许多个节点在同一时刻访问同一块数据,不支持 AIX 的 JFS,因此应用必须建立在裸逻辑卷(Raw Logical Volumes)上。

(2) 互备模式(Active/Active):正常情况下,两台服务器均为前端客户提供各自的应用服务,并互相监视对方的运行情况。当一台服务器出现故障情况,不能对客户端提供正常服务时,另一台服务器将接管对方的应用,继续为客户端提供正常服务,从而保证信息系统的业务不间断。

(3) 热备模式(Active/Standby):正常情况下,一台服务器是工作机,另一台服务器为备份机。工作机在为信息系统提供服务时,备份机在监视工作机的工作。当工作机出现故障,不能对前端客户提供服务时,备份机接管工作机的应用,继续为客户端提供正常服务,从而保证信息系统的业务不间断。当工作机修复后,可重新要回自己的应用。

3. 高可用性的集群系统硬件组成

(1) 服务器组:在高可用性的集群系统中每个节点的服务器必须有自己的 CPU、内存和磁盘。每个服务器节点的磁盘是用于安装操作系统和集群软件程序。

(2) 对外提供服务的网络:集群系统中的服务器一般采用 TCP/IP 网络协议与客户端相连。每个服务器上都有自己的应用服务,客户端必须通过集群服务器中的网络通路来得到自己的服务。心跳信号通路:在高可用性的集群系统中每个节点必须有心跳接口,用于服务器节点之间互相监视和通信,以取得备援服务器的工作状态。常见的心跳信号可分别透过串行通信线路(RS-232)、TCP/IP 网络和共享磁盘阵列互相传递信息。心跳线路最好使用两条不同的通信路径,达到监视线路冗余的效果。

(3) 数据共享磁盘:在高可用性的集群系统中由于运行的都是关键业务,故使用的存储服务器都应是企业级的存储服务器,这些存储服务器应具有先进技术来保障其数据安全。一般数据放在企业级的存储服务器的共享磁盘的空间中,它是各服务器节点之间维持数据一致性的桥梁,各服务器节点在集群软件的控制下不会同时访问共享磁盘。

7.1.2　负载均衡集群

1. 负载均衡算法

负载均衡集群技术就是带均衡策略(算法)的服务器群集。负载均衡群集在多节点之间按照一定的策略(算法)分发网络或计算处理负载。负载均衡建立在现有网络结构之上,它提供了一种廉价有效的方法来扩展服务器带宽、增加吞吐量、提高数据处理能力。一般的框架结构如图 7-3 所示(以 Web 访问为例,其他应用类似)。后台的多个 Web 服务器上面有相同的 Web 内容,Internet 客户端的访问请求首先进入一台服务器,由它根据负载均衡策略(算法)合理地分配给某个 Web 服务器。下面介绍一些常用的均衡算法。

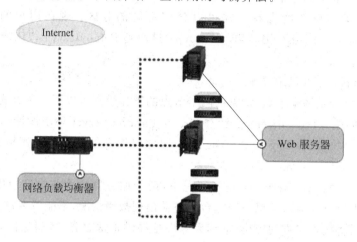

图 7-3 带均衡策略的服务器群集

目前,均衡算法主要有三种:轮循(Round-Robin)、最小连接数(Least Connections First) 和快速响应优先(Faster Response Precedence)。轮循算法是将来自网络的请求依次分配给集群中的服务器进行处理。最小连接数算法是为集群中的每台服务器设置一个计数器,记录每个服务器当前的连接数,负载均衡系统总是选择当前连接数最少的服务器分配任务。这要比轮循算法好很多,因为在有些场合中,简单的轮循不能判断哪个服务器的负载更低,也许新的工作又被分配给了一个已经很忙的服务器。

快速响应优先算法根据群集中的服务器状态(CPU、内存等主要处理部分)来分配任务。这一点很难做到,事实上到目前为止,采用这个算法的负载均衡系统还很少。尤其对于硬件负载均衡设备来说,只能在 TCP/IP 协议方面做工作,几乎不可能深入到服务器的处理系统中进行监测。但是它是未来发展的方向。

采用负载均衡群集的场合很多,这里将以 Web/FTP 服务器群集这个典型的应用为例进行介绍。

互联网的出现使信息访问产生了质的飞跃,但随之而来的是 Web 流量的激增(高并发访问),由于涉及的信息量十分庞大,用户访问的频率也高,许多基于 Web 的大型公共信息系统(如电子图书馆、BBS、搜索引擎和远程教育等)需要在实时性和吞吐量方面都具有较高性能的 Web 服务器支持。一些热门的 Web 站点由于负荷过重而变得反应迟缓。如何提高 Web 服务器的性能和效率成为一个亟待解决的问题。

实际上,服务器的处理能力和 I/O 已经成为提供 Web 服务的瓶颈。如果客户的增多导致通信量超出了服务器能承受的范围,那么其结果必然是服务质量下降。一台普通服务器的处理能力只能达到每秒几万个到几十万个请求,无法在一秒钟内处理上百万个甚至更多的请求。采用高性能的主机系统(小型机乃至大型计算机)是可行的。但是,除了其价格价格昂贵外,这种高速、高性能的主机系统,很多情况下也不能同时处理几万个并发。因为高速主机系统只是对于复杂单一任务和有限的并发处理显得高性能,而 Internet 中的 Web 服务器绝大多数处理是简单任务、高强度并发处理,因此,即便有大资金投入采用高性能、高价格的主机系统,也不能满足 Web 应用的需要。

这就为利用 Web 服务器群集实现负载均衡的创造了需求。Web 服务器群集的概念最早由伊利诺斯州立大学(University of Illinois at Urbana-Champaign,UIUC)的超级计算应用中心(National Center of Supercomputing Applications,NCSA)提出并实现了一个原型系统 NCSA Scalable Web Server Cluster 来实现。它通过连接一组计算机对客户同时提供服务,实现分布负载,降低对用户请求的响应时间,并扩展 Web 服务器的应用。

在 Web 负载均衡群集的设计中,网络拓扑被设计为对称结构。在对称结构中每台服务器都具备等价的地位,都可以单独对外提供服务。通过负载算法,分配设备将外部发送来的请求均匀分配到对称结构中的每台服务器上,接收到连接请求的服务器都独立回应客户的请求,如图 7-4 所示。

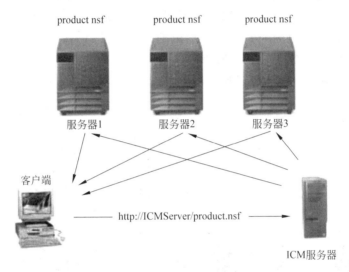

图 7-4　对称结构 Web 负载均衡群集

Web 负载均衡服务器群集有如下特点。

(1) 高性能。一个 Web 服务器群集系统由多台 Web 服务器组成,对外部而言,整个群集就如同一台高性能 Web 服务器,系统只有一个对外的网络地址(主机名或 IP 地址),所有的 HTTP 请求都发到这个地址上。系统中有专门的机制能够将这些请求按照一定原则分发到群集中的各台服务器上,让它们各自分担一部分工作。

(2) 可扩展性。它是采用同样的方法或技术高效率地支持较大规模系统的能力。Web 服务器群集系统的组成结构和工作原理决定了它能够比较容易地达到较好的可扩展性,因为扩大系统规模非常容易,只要在网络中增加新的 Web 服务器计算机即可。

(3) 高可用性。Web 服务器群集系统将会在各种商业应用领域中占有举足轻重的地位。商用系统最重视系统的可靠性和容错性,二者合在一起称为系统的可用性。常用的系统可用性指标有系统平均无故障时间、期望不间断工作时间及年平均故障率等。由于 Web 服务器群集系统中各台 Web 服务器之间相对独立,采用一些不太复杂的技术就能使 Web 服务器群集系统达到很高的可用性。

一些商用产品中已经部分实现了这种技术。此外,Web 服务器群集系统还具有价格便宜、能够保护原有投资等特点。目前比较成熟的产品主要有 Cisco 的 Local Director、IBM 的

Network Dispatcher、HydraWeb 的 HydraWeb Dispatcher 和 RND 的 Web Server Director 等。这些产品的应用非常广泛,如阿里、Net Center 和 MSN 都是用几百到几千台计算机组成 Web 服务器群集来对外提供服务。

2. Windows 网络负载平衡集群

1) 体系结构

网络负载平衡(Network Load Balancing,NLB)的硬件架构是一种多服务器的网络架构,如图 7-5 所示。在同一子网上的多台服务器(最多 32 台)共同构成一个群集,对于客户机来说就像一台真正的服务器,群集有自己的 IP 地址,客户机通过这个 IP 地址来进行访问。NLB 软件会控制 NLB 中的哪台服务器来响应客户机的请求,NLB 中的不同服务器会均等响应(管理员也可以控制为不均等),共同负担客户机的请求,从而达到负载平衡。

NLB 的核心是一个 wlbs.sys 的驱动程序,它工作在 TCP/IP 协议和网卡的驱动程序之间,这个驱动程序运行于 NLB 中的所有服务器上。NLB 技术常常用于 Web 服务、流媒体服务、终端服务、VPN 服务上,如图 7-6 所示。

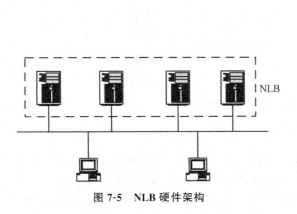

图 7-5　NLB 硬件架构

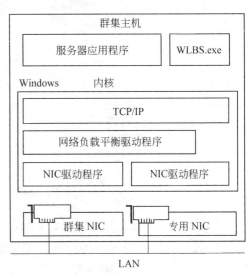

图 7-6　NLB 体系结构

2) 工作原理

NLB 的工作原理是当客户向 NLB 集群(NLB 的虚拟 IP 地址)发起请求时,客户的请求数据包是发送到所有的 NLB 节点,然后运行在 NLB 节点上的 NLB 服务,根据同样的 NLB 算法来确定是否应该由自己进行处理,如果不是则丢弃客户的请求数据包,如果是则进行处理。将请求数据包发送到 NLB 节点有两种方式:单播和多播。

单播是指 NLB 覆盖网络每个集群成员适配器上制造商提供的 MAC 地址。NLB 对所有成员都使用相同的单播 MAC 地址。这种模式的优点是它可以无缝地与大多数路由器和交换机协同工作。缺点是到达集群的流量会扩散到交换机虚拟 LAN(VLAN)上的所有端口,并且主机之间的通信不能通过 NLB 绑定到的适配器,也即实体主机间不可以互相通信。若我们在 NLB 创建时选择单播的模式,在群集 IP 配置中的网络地址是以 02-BF 开头,后面紧跟 IP 地址的十六进制表示,后续加入的主机也将修改为此 MAC 地址。

多播是指保留原厂 MAC 地址不变,但是向网络适配器中增加了一个第 2 层多播 MAC 地址。所有入站流量都会到达这个多播 MAC 地址。优点是这种方法可以通过在交换机的内容可寻址存储器(CAM)表中创建静态项,从而使得入站流量仅到达集群中的主机。缺点是因为 CAM 项必须静态关联一组交换机端口,如果没有这些 CAM 项,入站流量仍然会扩散到交换机 VLAN 上的所有端口。另外一个缺点就是很多路由器不会自动将单播 IP 地址(群集的虚拟 IP 地址)与多播 MAC 地址关联起来。如果进行静态配置的话,一些路由器可以存在这种关联。

若我们在 NLB 创建时选择多播的模式,在群集 IP 配置中的网络地址是以 03-BF 开头,后面紧跟 IP 地址的十六进制表示。在选择多播模式时,后面还有个复选项 IGMP Multicast (IGMP 多播),若复选此项,就像多播操作模式一样,NLB 保留原厂 MAC 地址不变,但是向网络适配器中增加了一个 IGMP 多播地址。

此外,NLB 主机会发出这个组的 IGMP 加入消息。这种集群模式的优点是:如果交换机探测到这些消息,它可以使用所需的多播地址来填充自己的 CAM 表,这样入站流量就不会扩散到 VLAN 上的所有端口;缺点是:有一些交换机不支持 IGMP 探测。除此之外,路由器仍然支持单播 IP 地址到多播 MAC 地址的转换。在 IGMP 多播模式下,将采用 01-00-5E 开头的 MAC 地址。在多播的模式下,实体主机之间可以互相通信。

总结上述 NLB 模式有以下四种。

(1)单播单网卡。单播单网卡模式只需要 1 个网卡,配置简单,所有路由器都支持该模式。由于网卡地址被改为同一 MAC,无法实现 NLB 服务器间的通信,和其他主机间的通信正常。单一网卡既作为群集检测信号(心跳信号)用,也作为客户机和集群(使用公用 IP)、客户机和集群(使用专用 IP)通信用,所以性能较差。

(2)单播多网卡。如图 7-7 所示,每个 NLB 服务器上增加一个网卡,该网卡为专用网卡。用于承担集群检测信号和 NLB 服务器之间的内部通信,性能较佳,所有路由器都支持该模式,缺点是需要增加额外的网卡。

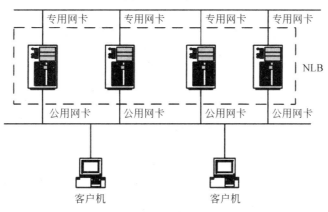

图 7-7　单播多网卡

(3)单网卡多播。单网卡多播模式只需一个网卡,并且 NLB 服务器之间可以通信(使用专用 IP 地址),然而有些路由器不支持组播,同样单一网卡承担了所有通信流量,性能较差。

（4）多网卡多播。专用网卡用于集群信号的检测以及 NLB 服务器间的通信,同样有的路由器可能不支持组播模式。

在 SQL Server 数据库平台上开发的,用于实现数据库的负载均衡,同时提高数据库可用性,保证数据安全性的综合集群方案。Moebius 集群基于每个数据库实现,粒度更小,应用起来更加灵活方便;结构上采用无共享磁盘架构,横向扩展,具有良好的伸缩性;设计上,采用与 SQL Server 高度集成的方式,将 Moebius 中间宿主于 SQL Server 的引擎中,将 Moebius 集群的配置管理器集成到 SQL Server Management Studio 管理工具中,不论是管理还是开发上,最大限度地顺应了用户的使用。

7.1.3　高性能计算机集群

1. 高性能计算集群的组成

在搭建高性能计算集群(HPC CLUSTER)之前,我们首先要根据具体的应用需求,在节点的部署、高速互联网络的选择、集群管理和通信软件三个方面做出配置。集群结构如图 7-8 所示。

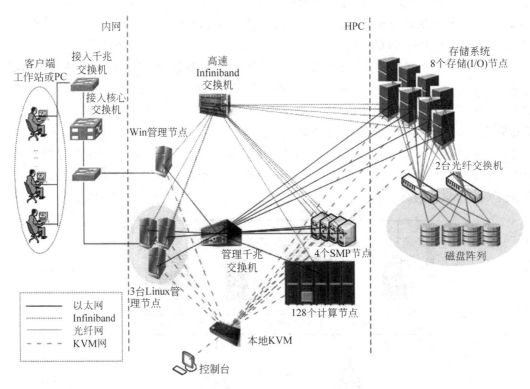

图 7-8　高性能计算机集群

可以把集群中的节点划分为 6 种类型:用户节点(User Node)、控制节点(Control Node)、管理节点(Management Node)、存储节点(Storage Node)、安装节点(Installation Node)、计算节点(Compute Node)。

虽然有多种类型的节点,但并不是说一台计算机只能是一种类型的节点。一台计算机所扮演的节点类型要由集群的实际需求和计算机的配置决定。在小型集群系统中,用户节点、控制节点、管理节点、存储节点和安装节点往往就是同一台计算机。下面我们分别解释这些类型节点的作用。

（1）用户节点(User Node)。用户节点是外部世界访问集群系统的网关。用户通常登录到这个节点上编译并运行作业。用户节点是外部访问集群系统强大计算或存储能力的唯一入口，是整个系统的关键点。为了保证用户节点的高可用性，应该采用硬件冗余的容错方法，如采用双机热备份。至少应该采用RAID(Redundant Array of Independent Disks)技术保证用户节点的数据安全性。

（2）控制节点(Control Node)。控制节点主要承担两种任务：为计算节点提供基本的网络服务，如DHCP、DNS和NFS；调度计算节点上的作业，通常集群的作业调度程序(如PBS)应该运行在这个节点上。通常控制节点是计算网络中的关键点，如果它失效，所有的计算节点都会失效。所以控制节点也应该有硬件冗余保护。

（3）管理节点(Management Node)。管理节点是集群系统各种管理措施的控制节点。管理网络的控制点，监控集群中各个节点和网络的运行状况。通常的集群的管理软件也运行在这个节点上。

（4）存储节点(Storage Node)。如果集群系统的应用运行需要大量的数据，还需要一个存储节点。顾名思义，存储节点就是集群系统的数据存储器和数据服务器。如果需要存储TB级的数据，一个存储节点是不够的，需要一个存储网络。通常存储节点需要如下配置：Server RAID保护数据的安全性、高速网保证足够的数据传输速度。

（5）安装节点(Installation Node)。安装节点提供安装集群系统的各种软件，包括操作系统、各种运行库、管理软件和应用。它还必须开放文件服务，如FTP或NFS。

（6）计算节点(Computing Node)。计算节点是整个集群系统的计算核心。它的功能是执行计算。通常需要根据需求和预算来决定采用什么样的配置。理想的说，最好一个计算节点一个CPU。但是如果考虑到预算限制，也可以采用SMP。从性价比的角度说，两个CPU的SMP优于3个或4个CPU的SMP机器。因为一个计算节点的失效通常不会影响其他节点，所以计算节点不需要冗余的硬件保护。

虽然有多种类型的节点，但并不是说一台计算机只能是一种类型的节点。一台计算机所扮演的节点类型要由集群的实际需求和计算机的配置决定。在小型集群系统中，用户节点、控制节点、管理节点、存储节点和安装节点往往就是同一台计算机，这台计算机通常成为主节点(Master Node)。在这种情况下，集群就是由多个计算节点和一个主节点构成。

在大型的集群系统中如何部署这些节点是一个比较复杂的问题，通常要综合应用需求，拓扑结构和预算等因素决定。

2. 高速互联网络

网络是集群最关键的部分，它的容量和性能直接影响了整个系统对高性能计算(HPC)的适用性。根据我们的调查，大多数高性能科学计算任务都是通信密集型的，因此如何尽可能地缩短节点间的通信延迟和提高吞吐量是一个核心问题。高速互联网络常用以下3种技术。

1) 快速以太网

快速以太网是运行于UTP或光缆上的100Mbps的高速局域网的总称。由于TCP/IP运行时对CPU的占用较多，并且理论上的传输速度和延迟都比较差，现在HPC集群中计算网络的选择上基本不考虑这个方案。

2）千兆以太网

Giganet 是用于 Linux 平台的虚拟接口（VI）体系结构卡的第一家供应商。VI 体系结构是独立于平台的软件和硬件系统，它由 Intel 公司开发，用于创建群集。它使用自己的网络通信协议在服务器之间直接交换数据，而不是使用 IP，并且它并不打算成为 WAN 可路由的系统。Giganet 产品当前可以在节点之间提供1Gbps 单向通信，理论最小延迟为 $7\mu s$，实测延迟为 $50\sim60\mu s$，并且运行时对 CPU 的占用也比较大。

3）IEEE SCI

IEEE SCI 的延迟更少（理论值 $1.46\mu s$，实测值 $3\sim4\mu s$），并且其单向速度可达到 10Gbps，与 InfiniBand 4X 的理论值一样。SCI 是基于环拓扑的网络系统，而以太网是星形拓扑。这将使在较大规模的节点之间通信速度更快。更有用的是环面拓扑网络，它在节点之间有许多环形结构。两维环面可以用 $n\times m$ 的网格表示，其中在每一行和每一列都有一个环形网络。三维环面也类似，可以用三维立体节点网格表示，每一层上有一个环形网络。密集超级计算并行系统使用环面拓扑网络，为成百上千个节点之间的通信提供相对最快的路径。

4）Myrinet 互联技术

Myrinet 提供网卡和交换机，其单向互联速度最高可达到 1.28Gbps。网卡有铜线型和光纤型两种形式。Myrinet 只提供直接点到点、基于集线器或基于交换机的网络配置，但在可以连接到一起的交换光纤数量方面没有限制。

添加交换光纤只会增加节点间的延迟。两个直接连接的节点之间的平均延迟是 $5\sim18\mu s$，比以太网快。由于 Myrinet 板上集成可编程微处理器，能满足一些研究者的特定需要。

5）InfiniBand 互联技术

InfiniBand（简称 IB）是由 InfiniBand 协会开发的体系结构技术，它是一种用于实现基于通道的交换式技术的通用 I/O 规范。由于 IB 的理论带宽极高为 30Gbps，因此备受业内关注。

InfiniBand 的解决方案包括一个连接多个独立处理器和 I/O 平台的系统区域网络，它所定义的通信和管理结构同时支持 I/O 和处理器与处理器之间的通信。InfiniBand 系统可以是只有少量 I/O 设备的单处理器服务器，也可以是大型的并行超级计算机。

InfiniBand 规范定义了 3 个基本组件：主机信道适配器（HCA）、目标信道适配器（TCA）、网络交换机。

InfiniBand 技术通过连接 HCAs、TCAs、交换机和路由器而发挥作用，如图 7-9 所示。位于叶节点的 InfiniBand 设备是产生和使用信息包的信道适配器。

HCA 和 TCA 可以提供一个无须 CPU 干预的高可靠端至端连接。HCA 驻留在处理器节点并提供从系统内存到 InfiniBand 网络的通路。它也有一个可编程的直接内存访问（DMA）引擎。该引擎具有特殊保护和地址翻译特性，从而使 DMA 操作可以本地进行或者通过另一个 HCA 或 TCA 远程进行。

TCA 驻留在 I/O 单元，并提供 I/O 设备（如一个磁盘驱动器）或 I/O 网络（如以太网或光纤通道）与 InfiniBand 网络的连接。它实现了 InfiniBand 协议的物理层、链接层和传输层。

交换机放置在信道适配器之间。它们使几个甚至几千个 InfiniBand 页节点可以在任意位置互联进一个单一网络，该网络同时支持多个连接。交换机既不产生，也不使用信息包。它们只是根据信息包中路由器报头的目的地地址将其传送过去。交换机对于节点而言是透明的，

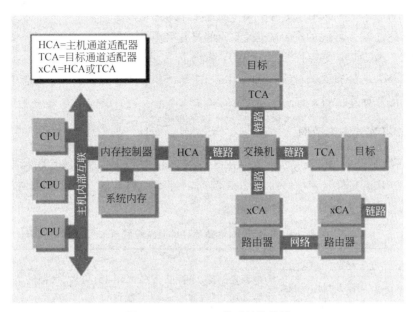

图 7-9 InfiniBand 体系结构模型

同时信息包完整无损地经过交换机网。

与目前的通信协议如 TCP/IP 相比,InfiniBand 技术的一个主要变化是 InfiniBand 硬件承担了原来由 CPU 完成的许多 I/O 通信工作,因此在处理并发的多路通信任务时没有现有通信协议所固有的额外开销。在无须系统核心层介入的情况下,它就能够提供零数据拷贝的传输,并使用硬件提供高可靠性和容错性的通信,最终改善了系统的带宽、延迟和可靠性等问题。

3. 集群管理和通信软件

国内和国际上有多种集群管理和通信软件可供挑选。本书推荐全球知名的 HPC 软件公司—挪威 Scali 公司的产品。

挪威 Scali 公司的基于 Linux 操作系统的集群管理软件符合 MPI 1.2 标准。利用图形化管理界面、高性能通讯库以及集成第三方的软件工具,用户可以方便地对集群各节点计算机进行任务分配及监控管理工作,并可通过它提供的一系列软件接口开发自己的应用软件产品,从而降低整个系统的开发时间和成本,并保证系统配置和升级的灵活性。Scali 软件最大特点是支持多种高速互联网络:千兆以太网、SCI、Myrinet 和 InfiniBand。除此之外,它还具有以下特点。

(1)性能优化。对零长度信息包,传输延迟小于 $3.5\mu s$,在 64 位/66MHz 的 PCI 总线上,持续传输带宽超过 300Mbps。

(2)支持多进程。可以充分利用 ScaMPI,能够同时进行请求服务和通信管理操作。

(3)容错性。ScaMPI 能迅速发现暂时的网络错误,重新选择互联排列或改变路由。

(4)自动选择物理传送路径。ScaMPI 可自动为 MPI 选择最佳的传送方式,共享存储,利用 SCI 将各结点连接。

(5)UNIX 命令复制。命令行自变量应用程序可自动提供全部 MPI 程序,避免冗余分析。

（6）MIMD 支持。ScaMPI 支持多指令流多数据流。

（7）图形化前端。可视的图形界面，方便的操作和管理。

（8）调试。ScaMPI 支持许多调试程序和分析工具，提供调试功能 ScaMPI 完全支持 Etnus 的 TotalView 分布式调试程序和 Pallas 的 Vampir MPI 分析工具，被选中的程序能够利用 GNU 全局数据库进行调试。

4. HPC 集群配置方案举例

（1）S 系列，如表 7-1 和表 7-2 所示。在 S 系列集群计算机中的高速互联网络采用 SCI 技术。高带宽（10Gbps）、低延迟（1.46μs），SCI 网络的环型网格和超立方体拓扑结构，保障了集群的高可靠性和系统扩展时成本的线形增长。

表 7-1　S 系列 HPC 集群硬件系统配置清单

名　称	说　明	配　置	单位
主机柜	专用服务器标准机柜	电源控制器、电源系统（3×20A）、风扇、机柜网络系统、系统控制机、前面板 LCD 触摸屏	个
系统通信网络	Cisco 2950-12 Switch	100M Ethernet	个
视频切换机	KVM		套
存储系统	NAS/RAID	VIA C3 处理器、缓存 256MB SDRAM、三个 10/100 以太网端口和一个可选的 Gigabit 以太网端口、可支持 8 块 Ultar DMA100 硬盘可选 UDMA 133 硬盘、环境监控单元、300W 热更换冗余电源	台
计算节点	INTEL/Super Micro	2×PⅣ Xeon2.4G、1G 内存、集成 100/1000 网卡、标准光驱、软驱、显卡、73G SCSI 硬盘	台
控制节点	INTEL/Super Micro	2×PⅣ Xeon2.4G、1G 内存、73G SCSI 硬盘、集成 100/1000 网卡、标准光驱、软驱、显卡	台
高速互联网	Dolphin D33X	高带宽（667Mbps）、低延迟（1.46 微秒）的网络通信卡	块
其他	显示器	15 寸	个
	鼠标、键盘	—	套

表 7-2　S 系列 HPC 集群软件系统配置清单

名　称	说　明	版本号	单位	数量
监控系统	系统监控软件	Ver 2.0	套	1
操作系统	RedHat	Ver 8.0	套	1
应用软件	—	—	套	1
其他系统	MPI（Message Passing Interface）、Mosix	—	套	1
集群管理系统	Scali 集群管理软件（for InfiniBand）	Ver 3.1	套	1

节点规模：2～256 个节点，可支持至 8000 个节点。

应用要求：分布计算，子任务之间联系很紧密，需要大量的数据交换，特别强调带宽和延迟这两个关键指标。

应用领域：地震预测预报、石油勘探、气候模拟与天气预报、人体基因与遗传工程、海洋环流和超导模拟、海量存储、科学计算等。

（2）G 系列，如表 7-3 和表 7-4 所示。G 系列集群计算机中的互联网络采用 Gigabit（千兆以太网）。千兆以太网的延迟是 SCI 和 InfiniBand 的 10 倍左右，并且运行时对 CPU 的占用也相对较高。但是由于一些用户的应用是基于原有百兆以太网集群的过渡，对延迟要求也不高，这样千兆以太网的集群就成了成本最低的方案。

表 7-3　G 系列 HPC 集群硬件系统配置清单

名　　称	说　　明	配　　置	单位
主机柜	专用服务器标准机柜	电源控制器、电源系统（3×20A）、风扇、机柜网络系统、系统控制机、前面板 LCD 触摸屏	个
系统通信网络	Cisco2950-12 Switch	100M Ethernet	个
视频切换机	KVM	—	套
存储系统	NAS/RAID	VIA C3 800MHz 处理器、缓存 256MB SDRAM、三个 10/100 以太网端口和一个可选的 Gigabit 以太网端口、可支持 8 块 Ultar DMA100 硬盘可选 UDMA 133 硬盘、环境监控单元 300W 热更换冗余电源	台
计算节点	INTEL/Super Micro	2×PⅣ Xeon2.4G、1G 内存、集成 100/1000 网卡、标准光驱、软驱、显卡、73G SCSI 硬盘	台
控制节点	INTEL/Super Micro	2×PⅣ Xeon2.4G、1G 内存、36G SCSI 硬盘、集成 100/1000 网卡、标准光驱、软驱、显卡	台
高速互联网	3COM 1000M 交换机	X-port 10/100/1000 Switch	块
其他	显示器	15 寸纯平	个
	鼠标、键盘	—	套

表 7-4　G 系列 HPC 集群软件系统配置清单

名　　称	说　　明	版本号	单位	数量
监控系统	系统监控软件	Ver 2.0	套	1
操作系统	RedHat	Ver 8.0	套	1
应用软件	—	—	套	1
其他系统	MPI（Message Passing Interface）、Mosix	—	套	1
集群管理系统	Scali 集群管理软件（for Giganet）	Ver 3.1	套	1

节点规模：2～1000 个节点。

应用要求：高吞吐计算，任务可以分成若干可以并行计算的子任务，而且各个子任务彼此间没有什么关联。

应用领域：石油勘探、武器设计、网络安全、电子商务、远程教育等。

7.2　Windows 负载均衡群集配置实例

7.2.1　实验环境

（1）在域环境下进行网络负载均衡的搭建。一台为 DC，IP 地址为 192.168.1.1。一台为成员服务器，IP 地址为 192.168.1.2。网络负载均衡使用的 IP 地址为 192.168.1.10 主机名为

www.benet.com。

（2）在 DNS 服务器上创建 www.benet.com 主机记录，IP 地址为 192.168.1.10。

（3）在两台计算机的第一块网卡上添加网络负载均衡服务，但是不勾选。

（4）为了管理的方便，在每台主机上添加第二块网卡，DC 上的 IP 地址为 10.1.1.1，成员服务器上的为 10.1.1.2。

（5）为了验证 NLB 群集的效果，还要事先在两台服务器上安装 IIS 服务，默认的网站首页内容不一致。

7.2.2 配置网络负载均衡群集

（1）启动配置命令，如图 7-10 所示。

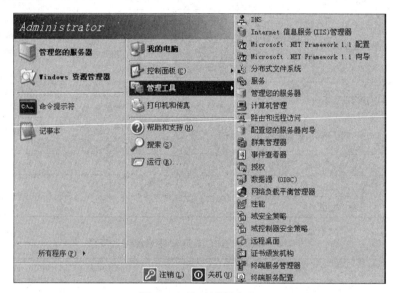

图 7-10 启动配置命令

（2）进入网络负载平衡界面，如图 7-11 所示。

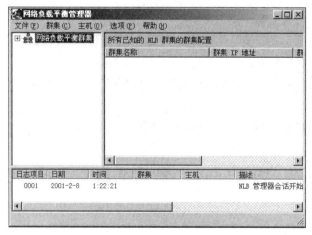

图 7-11 网络负载平衡界面

（3）在网络负载平衡群集上右击。选择"新建群集"选项，如图 7-12 所示。

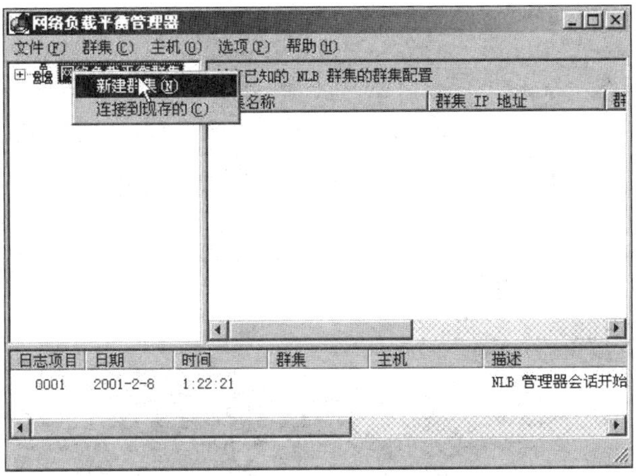

图 7-12　新建群集命令界面

（4）输入群集 IP 地址和完整的 Internet 名称，如图 7-13 所示。

图 7-13　输入群集参数界面

（5）单击"下一步"按钮，进一步输入可访问的 IP 地址，如图 7-14 所示。

（6）单击"下一步"按钮，进入端口规则设置界面，如图 7-15 所示。为了访问的方便，一般将此删除。

可以添加、编辑和删除端口规则。单击"编辑"按钮就可以对选中的端口规则进行编辑，进入该窗口，如图 7-16 所示。

① "群集 IP 地址"指定了端口规则可涉及的群集 IP 地址，如果选择所有，则该端口规则涵盖了所有与 NLB 相关的 IP。

② "端口范围"指定了规则可涉及的 TCP/IP 端口范围，由于这里只是 Web 群集，所以只涉及 80 端口。

③ "协议"选项区指定了规则涉及的 IP 协议。

图 7-14　添加可访问的 IP 地址

图 7-15　端口规则界面

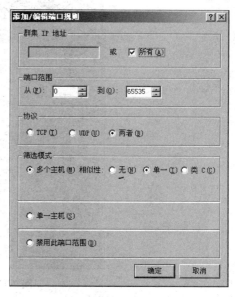

图 7-16　端口规则设置界面

④ "筛选模式"选项区中,如果需要负载平衡则应选择"多个主机"项;如果选择"单一"时, 则这时在群集中的服务器始终由优先级高的那一台服务器响应客户的请求,这时实际上没有了负载平衡的功能,然而当优先级高的服务器故障时,优先级次之的服务器会响应客户的请求;选择"禁用此端口范围"时则阻止相关端口规则的所有网络通信。

筛选模式如果是"多个主机",则应进一步选择"相似性"选项,相似性的不同选项含义如下。

- 无:即使来自同一客户端 IP 地址的多条连接也由不同的服务器进行响应,当网页是动态网页并且需要维护与客户端的会话时(如用户在网页登录后,查询自己的邮件),采用这种相似性会引起问题。

- 单一：指定网络将来自同一客户端 IP 的多个请求定向到同一台群集服务器上，这种相似性可以保持服务器与客户端的会话。
- 类：将来自同一个 C 类 IP 地址的请求定向到同一群集服务器上，这种相似性可以防止将来自同一网段的多个代理服务器看成不同源而把请求发送到不同的群集服务器上。

（7）单击"下一步"按钮，选择连接到主机的接口，选择对外的接口作为群集用的接口，如图 7-17 所示。

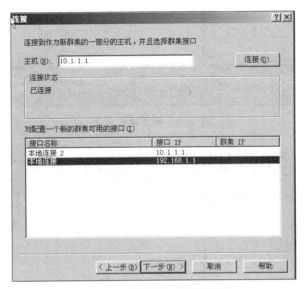

图 7-17 选择群集使用的接口

（8）单击"下一步"按钮，设置优先级，如图 7-18 所示。

图 7-18 优先级设置

（9）设置完成，效果如图 7-19 所示。

（10）在成员服务器上进行操作，连接到现存的群集中来，如图 7-20 所示。

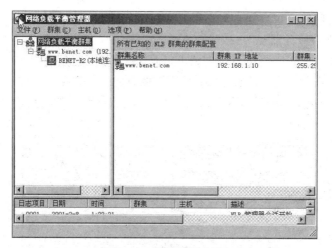

图 7-19　群集设置完成

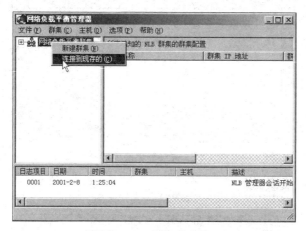

图 7-20　连接到群集

（11）输入要连接的群集的主机的 IP 地址进行连接，如图 7-21 所示。

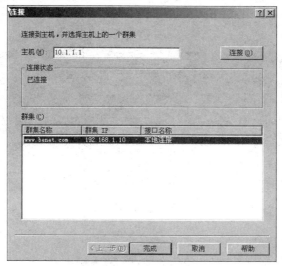

图 7-21　输入 IP 地址

（12）单击"添加主机到群集"命令，将成员服务器添加到群集中来，如图 7-22 所示。

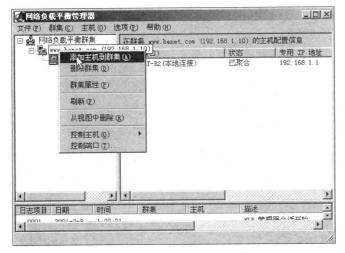

图 7-22 在群集上加入主机

（13）输入要添加的主机的 IP 地址，如图 7-23 所示。

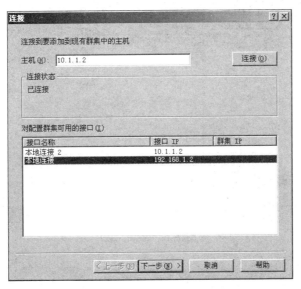

图 7-23 输入要加入主机的 IP 地址

（14）设置加入主机的优先级，如图 7-24 所示。

（15）最终的效果如图 7-25 所示，两台主机都已经聚合。

（16）进行验证。输入网址 www.benet.com 会默认显示网页内容，如图 7-26 所示。

（17）将公共网卡禁用，再进行登录，会发现网页的内容已经发生了改变。变成了成员服务器上的网页内容，如图 7-27 所示。

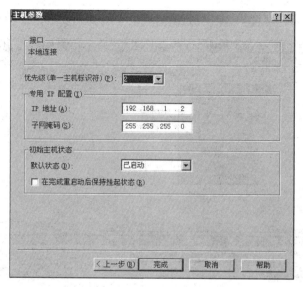

图 7-24 设置加入主机的优先级

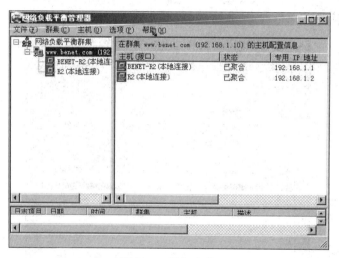

图 7-25 添加完成

图 7-26 验证界面(1)

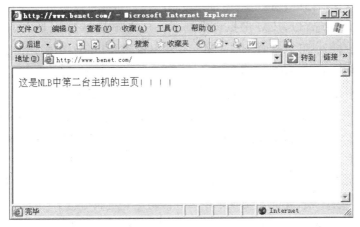

图 7-27 验证界面（2）

7.3 服务器虚拟化技术

将服务器物理资源抽象成逻辑资源，让一台服务器变成几台甚至上百台相互隔离的虚拟服务器，使服务器不再受限于物理上的界限，而是让 CPU、内存、磁盘、I/O 等硬件变成可以动态管理的资源池，从而提高资源的利用率，简化系统管理，实现服务器整合，让服务器对 IT 对业务的变化更具适应力。

7.3.1 服务器虚拟化分类

虚拟化（Virtualization）是一个广义的术语，简单来说，是指计算机相关模块在虚拟而不是真实独立的物理硬件基础上运行，这种把有限的固定的资源根据不同需求进行重新规划以达到最大利用率的思路，从而实现简化管理、优化资源等目的的解决方案叫作做虚拟化技术。

对于服务器来讲，按照虚拟层所处位置的不同，目前所有的虚拟技术大致可以分为逻辑虚拟、硬件虚拟、软件虚拟和应用虚拟几种模式。

1. 逻辑虚拟模式

最早的虚拟模式源自 IBM 大型主机的逻辑分区技术，这种技术的主要特点是在 IBM 的大型主机中，每一个虚拟机都是一台真正机器的完整拷贝，只是内存较少。根据这一概念，一个功能强大的大型主机可以被分割成许多虚拟机。这些虚拟机仅比原来的主机少一点内存资源。这一虚拟模式后来被业界广泛借鉴，包括 HP vPAR、VMware ESX Server 和 Xen 在内的虚拟技术都是这样的工作原理。

在逻辑虚拟模型中，虚拟机操作系统是整个 IBM 虚拟机体系结构的"大脑"，包括操作系统和硬件在内的整个系统被称作虚拟机系统（VM System）。每个虚拟机系统都被一个叫作控制程序的程序控制。控制程序除了管理实际的物理硬件，还要为每个系统用户创建一个虚拟机，这种虚拟机是 System/370 或 System/390 系统的全真模拟。IBM 虚拟机概念的重点在于每个用户都可以在他们的虚拟机上运行程序、存储数据,甚至虚拟机崩溃也不会影响系统本身和其他的系统用户。所以,IBM 虚拟机模型不仅允许资源共享,而且实现了系统资源的保护。在大型主机上,用户可以选择 Basic Mode(基本模式)、Logical Partition(逻辑分区方式)和 z/VM(Z 虚拟机方式)三种模式来配置系统。

在上述模型中,虚拟控制程序以固件形式直接运行在主机硬件层之上,位于操作系统之下,是虚拟机系统中最重要的一部分。控制程序要管理系统硬件,包括启动和关机在内的系统支持任务,以及请求的排队和执行。同时控制程序还要管理每个虚拟机的编程特征和每个虚拟机的建立和维护。

当 IBM 在 2001 年把大型主机上的 VM System 向下迁移到 p 系列和 i 系列上时,将虚拟控制程序称为 Hypervisor,并先后实现了逻辑分区与动态逻辑分区。

由于 IBM p 系列的设计思想是共享式的,即所有 CPU 可以同等地看到所有的内存和 I/O 的连接方式,即一种为数据/指令流提供足够的高速通路的体系结构。在 p 系列上,Hypervisor 能看到所有的真实资源(CPU、内存和 I/O 卡),并且通过一个控制台(HMC)来管理逻辑分区。通过 HMC 将上述提到的资源定义到不同的逻辑分区中去,每个逻辑分区所需的最小资源是 1/10 个 CPU(在 2004 年 8 月发布的 AIX 5L v5.3 上实现了 1/10 个 CPU 级别的分区粒度,以及 1/100 个 CPU 的微调量)、1GB 内存和一个 PCI 插槽。

2. 硬件虚拟模式

硬件虚拟技术是随着 Unix 服务器的发展而出现的。实际上,在 UNIX 服务器上,不少厂商和用户习惯于将电气级的虚拟技术称为硬分区或物理分区,而把通过软件或固件实现的逻辑分区技术则称为软分区。但无论如何称呼,实际上逻辑虚拟模式和硬件虚拟模式的共同点是与应用所在的操作系统无关,只与系统硬件相关。

HP 和 Sun 等厂商在 UNIX 服务器上采用的是 MBB(Modular Building Block)架构。MBB 由多个 BB(Building Block)构成,Sun 称为 Board,HP 称为 Cell。每个 BB 可包含 4 路 CPU、若干内存和 I/O 卡。不同 BB 内的 CPU 可以有不同的时钟频率。所有的 BB 通过一种称为 Crossbar Switch 的交换机制连接在一起。采用 MBB 技术可以比较容易地设计出拥有更多数量 CPU 的服务器。在这种服务器上既可以运行一个操作系统,也可以在一个或多个 BB 上运行多个操作系统。这就是服务器的硬分区。

基于 MBB 技术的服务器是由多个 BB 构成的,所以具有物理分区的特性,即可以热插拔 CPU 板和内存板。这是因为每一个 BB 是物理分开的,每个 4 路 CPU 板可以单独从系统中隔离出来并将其下电。

IBM 没有采用 MBB 的设计结构,所以在 p 系列服务器上不支持硬分区。由于 IBM 没有采用 Crossbar Switch 技术做 CPU 之间的连接,它不允许不同主频的 CPU 共存在同一台机器内。而 MBB 结构的服务器则允许这样做,但要求 Crossbar Switch 工作在相同的带宽上(MBB 之间的连接带宽恒定)。

比较而言,硬件虚拟模式的优点是 100% 的隔离度和安全性,不占用任何系统资源。缺点是操作相对复杂,且在进行分区资源变更的时候,移出 CPU 的分区需要重启操作系统。

逻辑虚拟模式的优点是配置灵活,操作相对简单而且分区粒度可达 1/20 个 CPU,资源变更时无须重启系统,甚至无须重启应用。但相对硬件虚拟模式而言,逻辑虚拟模式会占用一定比例的系统资源。目前大型主机的虚拟效率一般在 95% 以上,虚拟化损耗大约为 2%～3%;AIX 和 HP-UX 上的虚拟效率在 90% 以上,虚拟化损耗约为 5%;而 x86 架构上的虚拟效率则在 80% 左右,虚拟化损耗大约为 20%。

目前 Intel 和 AMD 也开始了对硬件级虚拟技术的关注,例如 Intel 和 AMD 已经推出采用 Intel Virtual Machine Monitor 和 AMD Pacifica 虚拟技术的处理器,它们将更好地支持 VMware ESX Server 和 Xen 这样的虚拟机软件。

3. 软件虚拟和应用虚拟模式

软件虚拟模式和应用虚拟模式在原理上也比较相似,虚拟层软件都需要运行在一个主操作系统上,而与系统硬件并不相关。二者的不同之处在于,前者在虚拟层上运行客户操作系统,因而被称为虚拟机,而后者则在虚拟层上运行应用软件。

软件虚拟模式最为普通用户熟悉,例如最近几年颇为火热的 VMware GSX Server 就是最广为人知的虚拟机产品。虚拟机技术是通过虚拟机软件来创建一个完整的系统环境,在这个软件生成的系统环境下可以运行各种服务器应用软件。由于虚拟机本身也是一个在 OS 上运行的应用,所以在一台物理服务器上可以运行很多个虚拟机,每个虚拟机内可以独立运行其应用,在虚拟机内运行的应用好像是在自己专有的一套 OS 环境下,这样应用就通过虚拟机相互隔离。虚拟机可以通过虚拟 I/O 来共享物理 I/O 设备,而不必配备专用的 I/O 设备如网卡等。

而应用虚拟模型出现的时间最晚,如 Sun 在 Solaris 10 里提供的 Solaris Container,也叫 N1 Grid Container,号称可以让每个 Solaris 10 创建多达 8192 个安全、无故障软件分区。这种模式无疑可以提高单一系统的资源利用率,在一个操作系统上实现系统资源的高利用率,只要用户的硬件足够强大,可以把众多业务系统运行在独立的动态系统域(Zone)里。需要说明的是,上述四种模式并非割裂的关系,可以混合使用。

四种虚拟模式比较如表 7-5 所示。

表 7-5　四种虚拟模式比较

分类	结　　构　　图		说　　明
硬件虚拟模式	应用	应用	这种模式直接对硬件进行划分。其基本目的在于实现服务器的整合。任一分区内的操作系统和硬件的故障不影响其他分区。代表产品如 HP nPAR
	操作系统	操作系统	
	虚拟层		
	硬件分区	硬件分区	
逻辑虚拟模式	应用	应用	这种模式虚拟层在系统硬件和操作系统之间,以软件和固件的形式存在,任一分区的操作系统故障不影响其他分区。这种模式下虚拟产品最多。代表产品如 IBM DLPARS、VMware ESX Server、Xen
	操作系统	操作系统	
	虚拟层		
	系统硬件		

续表

分类	结　构　图	说　明
软件虚拟模式	<table><tr><td>应用</td><td>应用</td></tr><tr><td>客户操作系统</td><td>客户操作系统</td></tr><tr><td colspan="2">虚拟层(软件)</td></tr><tr><td colspan="2">主操作系统</td></tr><tr><td colspan="2">系统硬件</td></tr></table>	这种模式先安装主操作系统,然后在主操作系统上运行虚拟层软件。任一客户操作系统故障不影响其他客户操作系统。代表产品如 VMware GSX Server、微软的部分产品
应用虚拟模式	<table><tr><td>应用包</td><td>应用包</td></tr><tr><td colspan="2">虚拟层(软件)</td></tr><tr><td colspan="2">主操作系统</td></tr><tr><td colspan="2">系统硬件</td></tr></table>	这种模式在单一操作系统上使用,虚拟层在操作系统与应用之间运行。任一应用包的故障不影响其他应用包。代表产品如 Solaris Container

7.3.2　服务器虚拟化主要产品 VMware

VMware 是服务器虚拟化领域的主要供应商,其最新的产品 vSphere 套件包括许多产品,其架构图,如图 7-28 所示。

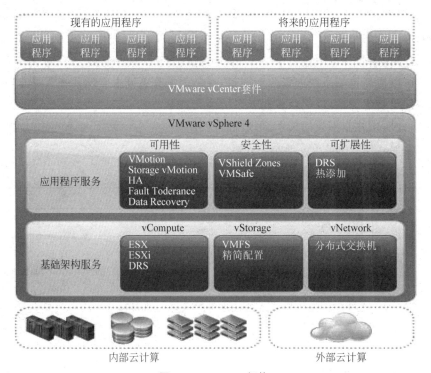

图 7-28　vSphere 架构

1. VMware ESX

VMware ESX 是 VMware vSphere 的构造块,ESX 直接安装在为虚拟基础架构提供资源的各个主机服务器的硬件或裸机上。ESX 提供了一个稳固的虚拟化层,从而使每个服务器能够容纳多个安全、可移植的虚拟机,这些虚拟机可在同一物理服务器上并行运行。

裸机结构使 ESX 能够完全控制分配给各个虚拟机的服务器资源,并可提供接近本机水平的虚拟机性能以及企业级的可扩展性。

单个 ESX 最多可以容纳 320 个运行中的虚拟机;假设处于典型工作负载下,每个主机处理器通常支持大约 20 个运行中的虚拟机。使用 VMware Virtual Symmetric Multi-Processing (SMP)时,可以将每个虚拟机配置为最多访问 255GB 内存和 8 个处理器。在多个虚拟机之间共享物理服务器资源可大大提高硬件的利用率并降低资金成本。

ESX 可提供细致入微的资源管理,通过它可以在运行中的虚拟机之间共享物理服务器的资源,以使服务器利用率最大化,同时确保虚拟机相互隔离。虚拟化起到了资源倍增器的作用,可以让具有 32GB 内存的 4 路服务器从存储区域网络引导 32 个虚拟机,这样就共有 64GB 内存、32 个虚拟磁盘和 64 个虚拟网卡。

实际的情况是,有时候没有工作负载,不同的应用程序受制于不同的硬件资源(即有些应用程序受制于内存,而有些应用程序则受制于 CPU),而且不同工作负载的利用率峰值发生在不同的时间。IT 经理可以根据这些实际情况来合理配置资源。

可以使用最小值、最大值和按比例份额数量来为虚拟机分配 CPU、内存、磁盘和网络带宽等资源,这样,应用程序就可以安全地间歇性使用更多数量的物理资源,而不需要固定的分配额。如果将 ESX 与 vCenter 一起部署,就可以实现对企业数据中心的管理。虚拟机内置了高可用性、资源管理和安全性等特性,这些特性为软件应用程序提供了比静态物理环境更高的服务级别。

VMware vSphere 可以运行在各种经认证的硬件上:从具有多个双核处理器和高端光纤通道 SAN 存储阵列的最大 X86 数据中心系统,到采用低成本的 NAS 和 iSCSI 存储的入门级白盒服务器。

2. VMware Virtual SMP 提供了多处理器虚拟机以处理过重的工作负载

借助 VMware Virtual SMP™,单个虚拟机可以同时使用主机服务器中的多个物理处理器或 CPU,从而增强了虚拟机的性能。Virtual SMP 可协助调度非闲置的虚拟处理器,同时又允许处理器过载。通过在虚拟机内部运行的客户操作系统,可取消对闲置虚拟处理器的调度,然后将其重新应用于其他任务。Virtual SMP 会定期在可用的处理器之间移动正在处理的任务,以重新平衡工作负载。VMware 还提供了一项独特的功能,即 Virtual SMP 支持大多数处理器密集型企业应用程序(如数据库、ERP 和 CRM)的虚拟化,如图 7-29 所示。

3. VMware VMFS 支持新型分布式服务

虚拟机完全封装在虚拟磁盘文件中,这些文件既可以存储在 ESX 本地,也可以集中存储在共享的 SAN、NAS 或 iSCSI 存储中。集中存储方式在企业环境中更为常见,其他 ESX 也可以使用共享的 SAN、NAS 或 iSCSI 存储以及 Virtual Machine File System(VMFS)来集中访问各个虚拟机。这种配置的功能要强大得多,因为它允许资源池中包含的多个 ESX 并行访

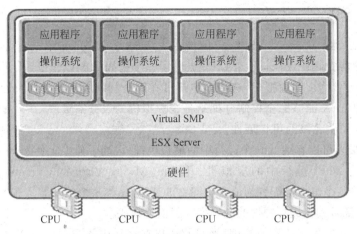

图 7-29   **Virtual SMP 架构**

问若干相同的文件来引导和运行虚拟机,并能对虚拟机存储进行有效的虚拟化。

常规文件系统只允许一台服务器在指定的时间读写文件系统,而 VMware VMFS 是一种高性能的群集文件系统,它允许多个 ESX 同时对同一个虚拟机存储进行读写。VMFS 提供了磁盘锁定功能,以避免多个服务器同时启动同一个虚拟机。假如某个服务器出现故障,该服务器针对各个虚拟机的磁盘锁将会解除,这样便可以在其他物理服务器上重新启动这些虚拟机。群集文件系统支持一些基于虚拟化的、独特的新型分布式服务。这些服务包括:在两个物理服务器之间实时迁移运行中的虚拟机,在其他物理服务器上自动重启发生了故障的虚拟机,以及跨多个不同物理服务器建立虚拟机群集。由于所有虚拟机均将其存储视为本地连接的 SCSI 磁盘,因此如果将虚拟机迁移到其他物理服务器上,并不需要对虚拟机存储配置进行任何更改,如图 7-30 所示。

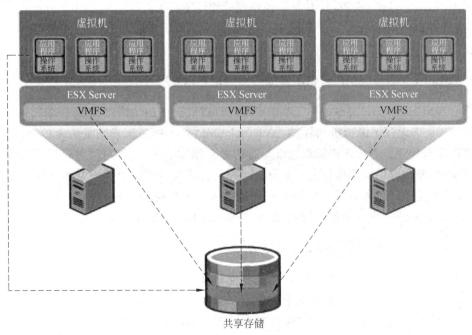

图 7-30   **VMFS 架构**

4. VMware vCenter 用于管理所有 VMware vSphere

vCenter Server 可以集中管理数百个 ESX 主机以及数千个虚拟机,使 IT 环境具备了操作自动化、资源优化以及高可用性等优势。vCenter 提供了单个 Windows 管理客户端来管理所有任务,该客户端称为 vSphere Client。通过键盘和鼠标可置备、配置、启动、停止、删除、重新定位和远程访问虚拟机。vSphere Client 也可以与 Web 浏览器结合使用,以便通过任一联网设备访问虚拟机。浏览器形式的客户端使用户可以像发送书签 URL 一样轻松地访问虚拟机。

无论管理多大规模的虚拟化 IT 环境,vCenter 都可以实现最简便、最高效、最安全、最可靠的管理,如图 7-31 所示。

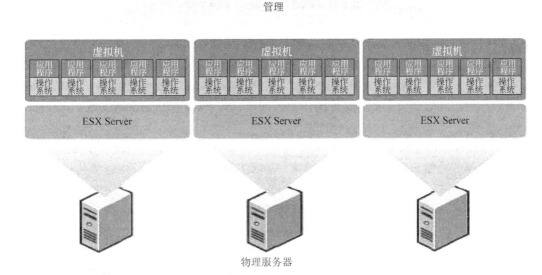

图 7-31　VMware vCenter 架构

vCenter 的主要功能包括以下几个。

(1) 集中管理功能,使管理员能够通过单一界面来组织、监控和配置整个环境,从而降低运营成本。vCenter 提供了多个组织结构分层视图以及拓扑视图,清楚地表明了主机与虚拟机的关系。如图 7-32 所示。

(2) 性能监控功能,包括 CPU、内存、磁盘 I/O 和网络 I/O 的利用率图表,可提供必要的详细信息,用于分析主机服务器和虚拟机的性能。

(3) 操作自动化,通过任务调度和警报等功能提高了对业务需求的响应能力,并确保优先执行最紧急的操作。

(4) 利用部署向导和虚拟机模板进行的快速置备,大幅缩减了创建和部署虚拟机所需的时间和精力。只需单击几下鼠标就可以完成操作。

(5) 安全的访问控制机制、强大的权限管理机制以及与 Microsoft® Active Directory 的集

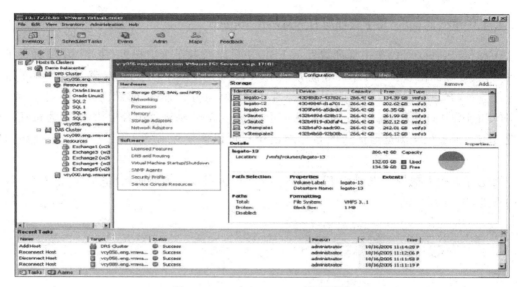

图 7-32　VMware vCenter 管理界面

成,可确保只能对 VMware vSphere 及其虚拟机进行经过授权的访问。通过为经过授权的管理员和最终用户指派可自定义的角色和权限,可以安全地限制对虚拟机的访问。无论数据中心的访问控制策略多么详尽,也能完全遵守。此外,vCenter 还包括全面的审核跟踪功能,用于保留数据中心内每一项重要更改或操作的详细记录,以便支持新的政府法规,如 Sarbanes-Oxley。

(6) 编程接口,VMware vSphere SDK 提供了 Web Services API,以便可以通过图形用户界面访问提供的功能和数据,并可以集成第三方系统管理产品以及对核心功能进行自定义扩展。

VMware vCenter 支持将 ESX 主机及其虚拟机组织到群集和资源池中,这样就大大简化了资源管理工作。群集是虚拟基础架构管理中的一个新概念,它同时具有多个主机服务器的强大功能与管理单个实体的便利性。利用资源池功能和内在高可用性,群集可将多个独立的主机聚集到单个群集中,从而大大简化了服务器的管理工作。现在可以将虚拟机置备到群集中而不是单个 ESX 主机上,这样虚拟机便可使用群集中的所有资源。vCenter 可以为虚拟机选择最适合的主机,并可以在情况发生变化时在群集内部移动虚拟机,如图 7-33 所示。

由于虚拟机现在是运行在群集上而不是独立的 ESX 主机上,因此 VMware 群集具有内在的高可用性。如果某个 VMware 主机出现故障,则可以在群集中的其他主机上重新启动该主机上的虚拟机。当在群集中添加或删除了主机时,群集中的虚拟机可使用的资源就会随之动态地增多或减少。

资源池通过将独立主机或群集的资源细分到更小的池中,进一步简化了虚拟基础架构的管理工作并提高了灵活性。资源池是用来容纳虚拟机的容器,配置有一组 CPU 和内存资源,供该资源池中运行的虚拟机共享。资源池的一般用法是,将对一组精确指定的资源的控制权指派给一组或一个用户,但不授予他们对底层物理环境的访问权。

资源池是一种理想的解决方案,适合用来为用户授予创建和管理其虚拟机的权限,同时限制他们对资源的使用。例如,可以为需要管理虚拟机的开发小组提供一个如图 7-34 所示的资源池,该资源池共有 12GHz 的 CPU 容量和 12GB 的内存。然后,开发小组可以创建和控制自

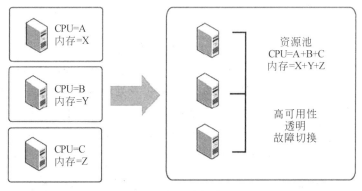

图 7-33 资源池

己的虚拟机,但无论启动多少个虚拟机,资源消耗量绝不会超过资源池的容量。

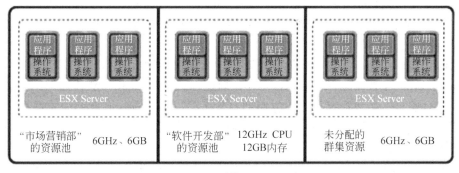

图 7-34 资源池使用示例

　　资源池可以进一步细分,可以将 12GHz 的大型开发资源池进一步划分成更小的资源池,供各开发人员单独使用。这样,资源池就简化了虚拟基础架构的管理,无须在置备虚拟机时单独为虚拟机预先配置资源分配额。为充分利用共享的虚拟基础架构,可以对资源池进行配置,允许它们在活动高峰期爆发,以使用群集上邻近资源池中任何可用的浮动容量甚至闲置资源。

　　资源池的资源分配也可以动态变更,这一特性对工作负载不断发生波动的企业应用程序来说非常有利。例如,可以将一个多层 SAP 安装包配置为单个资源池中的若干联网虚拟机。如果预计将出现 SAP 活动高峰期,系统管理员只需为 SAP 资源池分配更多的 CPU 和内存即可,而不必逐个调整各个 SAP 虚拟机的资源分配。资源池灵活的分层结构使用户能够在业务部门之间轻松协调可用的 IT 资源。各业务部门可以采用专用基础架构,同时仍然能够受益于资源池的高效性。

5. VMware VMotion

VMware VMotion 支持虚拟机在主机之间的实时迁移。作为动态、自动化并自我优化的数据中心的一个关键启动组件,VMware VMotion 支持在物理服务器之间实时迁移运行中的虚拟机,同时又可以避免宕机、确保连续的服务供应以及处理过程的完整性。借助虚拟机实时迁移技术,公司在执行硬件维护时就无须安排宕机和中断业务操作。VMotion 还可以使资源池内的虚拟机持续进行自动优化,最大限度地提高硬件的利用率、灵活性和可用性。使用 VMotion 在物理服务器之间实时迁移虚拟机是通过三项基础技术实现的,如图 7-35 所示。

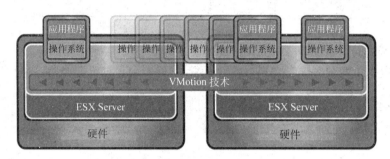

图 7-35　VMotion 示意图

(1) 虚拟机的整个状况封装在共享存储区,如光纤通道、iSCSI 存储区域网络(SAN)或网络连接存储(NAS)上的一组文件中。VMware 的群集虚拟机文件系统(VMFS)允许多个 ESX 并行访问同一组虚拟机文件。

(2) 虚拟机的内存映像和精确的执行状况可通过高速网络在各 ESX 主机之间迅速传递。VMotion 通过在一个位图中保持对现行内存处理过程的跟踪,使用户在传递期间察觉不到性能变化。一旦整个内存和系统状况被复制到目标 ESX 后,VMotion 就会中止源虚拟机的运行,将位图复制到目标 ESX,并在目标 ESX 上继续运行该虚拟机。整个过程在千兆位以太网上只需要不到两秒钟的时间。

(3) 虚拟机使用的网络也被底层 ESX 虚拟化,确保即使在迁移之后,虚拟机的网络身份标识和网络连接也能保留下来。VMotion 会在此过程中管理虚拟 MAC 地址。一旦目标虚拟机被激活,VMotion 就会对网络路由器执行 ping 指令,以确保它知道该虚拟 MAC 地址的新物理位置。由于使用 VMotion 进行虚拟机迁移可保留精确的执行状况、网络身份标识和活动的网络连接,因此可以实现零宕机,不会对用户造成干扰。

6. VMware DRS

VMware Distributed Resource Scheduler(DRS)可达到 80% 的利用率,同时能够保证较高的服务级别。VMware DRS 与 VMware vSphere 配合使用,可以在虚拟基础架构中不断自动平衡同一群集中各虚拟机的工作负载。在群集中首次启动某个虚拟机时,VMware DRS 会自动找出具有足够资源的 ESX 主机来运行该虚拟机。

如果所选主机的情况发生变化,如其他虚拟机的活动增加,使该虚拟机无法实现最低资源分配保障,VMware DRS 将会发现这一情况,并在群集上搜索能够满足该虚拟机资源分配需求的备用 ESX 主机。然后,VMware DRS 会使用 VMotion 自动将虚拟机迁移到新主机上,用户操作和应用程序均不会受到任何影响。这样,在虚拟基础架构中,所有服务器工作负载便可实现持续平衡。

VMware DRS 通过 ESX Local Scheduler 和 vCenter Global Scheduler 来进行操作。ESX Local Scheduler 可根据当前的工作负载来决定将主机中的哪些处理器用于虚拟机的执行,只要发现其他的主机处理器能够提供更多容量,便会重新分配虚拟机,也许每隔几毫秒便会重新分配一次。与此不同,vCenter Global Scheduler 则会在 ESX 主机所在的整个群集内持续评估放置虚拟机的最佳位置。

Global Scheduler 会决定由哪个 ESX 容纳新启动的虚拟机。如果其他 ESX 主机能够提供更适合的资源集,Global Scheduler 就会使用 DRS 重新分配虚拟机。

VMware DRS 可以配置为以自动或手动模式运行。在自动模式中,VMware DRS 会将虚拟机迁移到群集中最适合的主机上,无须进行任何干预。在手动模式中,VMware DRS 会就虚拟机的最佳位置提出建议,然后让系统管理员决定是否进行更改。借助 VMware DRS,可以将新的虚拟机放置到群集上,而不是特定的主机服务器上。

对于放置的位置以及启动的时间,VMware DRS 会做出明智的决定。VMware DRS 还支持在特定使用情况下应用关联性和反关联性规则。例如,反关联性规则可使群集中各虚拟机始终在不同的物理服务器上运行,以便实现硬件冗余。相反,关联性规则可使两个具有内部联网要求的虚拟机始终位于同一物理主机上。

迁移虚拟机后,VMware DRS 将会保留全部已分配的资源。如果在具有 3GHz 处理器的8路主机上,虚拟机分配到 10% 的 CPU 资源,则迁移到处理器速度较慢的双路主机上以后,该虚拟机就需要获得更高比例的主机资源。

在群集中添加新的 ESX 主机时(这在 vCenter 内只是一个简单的拖放操作),VMware DRS 将立即做出响应。新的主机将会扩展群集中各虚拟机可以使用的资源池,而 VMware DRS 会适当地将虚拟机迁移到新的主机上,以重新平衡工作负载。同样,从群集中删除主机时,VMware DRS 也会做出响应,将该主机上的虚拟机迁移到群集中的其他主机上。

使用 VMware DRS 的最终结果是数据中心能够以 80% 以上的利用率水平可靠地运行,同时可以保障所有应用程序的服务级别。利用 VMware DRS,只需进行最少的容量规划工作,便可从 X86 服务器的投资中获取更高的回报率。

7. VMware High Availability

VMware High Availability(简称 HA)为虚拟机中运行的应用程序提供了易于使用、经济高效的高可用性功能。由硬件故障所导致的 ESX 主机的缺失不再是灾难性的事件,而只是意味着群集可以使用的资源池缩减了。在这种情况下,HA 会在群集中的其他 ESX 主机上为故障主机上的虚拟机重新分配资源并重新启动这些虚拟机,vCenter Global Scheduler 则会决定放置这些虚拟机的最佳位置以满足资源需求,如图 7-36 所示。

通常可以借助故障切换群集产品(如 Microsoft Cluster Services 或 Veritas Cluster Services)来实现应用程序的高可用性,但这些产品不仅价格昂贵,而且难以配置和管理。故障切换群集需要企业支付不菲的费用来升级操作系统或购买第三方软件,并且所保护的应用程序还必须支持群集。

故障切换群集还会消耗大量资源,因为备用群集节点需要独占硬件,即便它们未处于活动状态也是如此。

VMware HA 无须进行任何配置即可提供高可用性。只要为群集或主机选择 VMware

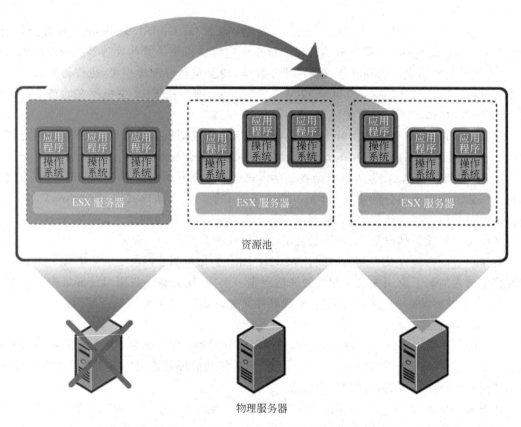

图 7-36　VMware High Availability 示意图

HA 选项,其所有虚拟机均会得到保护,使虚拟机在主机发生故障之后可以自动重新启动。VMware HA 与故障切换群集的不同之处在于,重新启动虚拟机时会有一小段宕机时间,但对于大多数应用程序而言,极其短暂的中断是可以接受的;而且 VMware HA 可以避免故障切换群集所引起的费用和复杂性。

需要注意的一点是,在受 VMware HA 保护的群集中,vCenter Management Server 不会发生单点故障。在每台服务器上安装的 VMware HA 代理会不断向资源池中的其他服务器发出"心跳"信号,一旦"心跳"信号丢失,所有受影响的虚拟机都会立即在其他服务器上重新启动。正是由于 VMFS 群集文件系统允许多个 ESX 拥有对相同虚拟机文件的读写权限,才使虚拟机的重新启动得以实现。VMware HA 可确保资源池中始终有充足的资源,以便当某个服务器出现故障时,能够在其他物理服务器上重新启动虚拟机。

8. VMware Consolidated Backup

VMware Consolidated Backup 提供了不经局域网的备份功能(LAN-free Backup)实现了零宕机,如图 7-37 所示。VMware Consolidated Backup 提供了一个易于使用的集中式工具来执行不经局域网的备份操作,这种操作可保留文件级别的可视性。

VMware Consolidated Backup 将在停止虚拟机中的应用程序后为运行中的虚拟机创建快照,从而在磁盘中集中处理备份工作,以确保文件系统的一致性。然后,由一个 Windows 备份代理服务器来装载这些虚拟磁盘快照,该服务器可以使用标准的备份代理程序将备份存

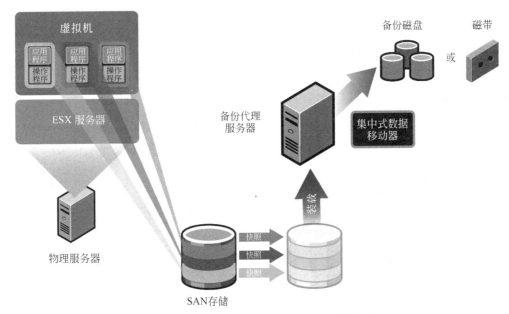

图 7-37　**VMware Consolidated Backup** 示意图

储到磁带或磁盘设备中。VMware Consolidated Backup 预先集成了常用的备份实用程序,并且提供了预处理和后处理脚本,无须任何额外准备工作便可轻松实施。

VMware Consolidated Backup 将透明地运行,而不需要中断虚拟机的活动。备份处理过程在 ESX 主机外部进行,因此不会对虚拟机中重要应用程序所需的 CPU 和网络资源造成影响。备份期间,不会发生系统中断,也不会影响到生产服务器。由于 Consolidated Backup 只需在代理服务器(而不是每个虚拟机)上运行一个备份代理程序,因此减少了所需的备份代理程序许可证数量,并提高了可管理性。

使用代理服务器还可以降低 ESX 的负载,使 ESX 可以在同一物理服务器上运行更多的虚拟机。基于文件的完整增量备份在运行 Microsoft® Windows 操作系统的虚拟机上受支持;而针对灾难恢复方案的完整映像备份则适用于所有虚拟机,无论虚拟机的客户操作系统是什么。

🌸 本章小结

本章从服务器的和与分的角度讲述了集群和虚拟化技术。在服务器硬件资源一定的前提下,将多台服务器逻辑地看成一个整体就需要使用集群技术,在技术上一般添加软件、硬件就能实现;将一台服务器逻辑地分成多台服务器就需要虚拟化技术来实现。

通过本章的学习,要求掌握各类集群的特点,结构特征以及实现技术,并能根据需要选择相应的集群技术。要求熟练掌握服务器虚拟化的分类方法,掌握各种类型虚拟机的特征和应用场景,了解它的实现技术及需要的软件。学会在 Windows Server 操作系统制作简单集群的方法,了解用 VMware 技术制作服务器虚拟机的基本方法。同时能举一反三地学会处理此类问题。

🔖 思考与练习

1. 简述对服务器使用集群、虚拟化技术的意义和优点。

2. 简述常用集群的种类和应用场合。

3. 简述制作集群常用的工具软件和使用条件、步骤。

4. 简述服务器虚拟模式的分类、典型代表。

5. 用一款虚拟化软件制作出虚拟机并在其上安装操作系统。

 实践课堂

用 Windows Server 操作系统完成 MSCS 集群和 NLB 集群设置。

第 8 章

网络系统安全和管理

知识技能要求

1. 掌握增强网络安全性的常用方法、工作原理。

2. 了解网络管理内容,掌握 SiteView NNM 管理方法。

8.1 防火墙技术

8.1.1 什么是防火墙

防火墙(Firewall)是一种隔离技术,是在两个网络通信时执行的一种访问控制手段,常在内部网和公众网络(如 Internet)之间使用。它作为两个网络间信息通信的通道,可以根据用户设定的安全标准来判断是否让信息通过这个关口,从而达到保护用户网络的目的。防火墙的示意图如图 8-1 所示。

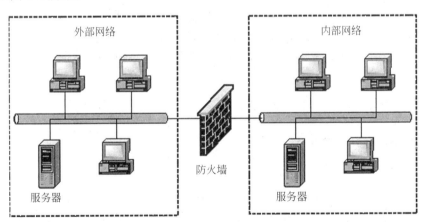

图 8-1　防火墙的示意图

防火墙的核心技术包括包过滤、应用代理和状态监测三种。防火墙产品都是在这三种技术基础上建立起来的。

包过滤防火墙适应用包过滤技术对网络层进行保护,对进出网络的单个包进行检查,安全策略允许的就通过,否则就丢弃。因此具有性能较好和对应用透明的优点,目前绝大多数路由器都提供这种功能。但是,由于它不能跟踪 TCP 状态,所以对 TCP 层的控制有漏洞。如当它配置了仅允许从内到外的 TCP 访问时,一些以 TCP 应答包的形式从外部对内网进行的攻击仍可以穿透防火墙。因此,主流防火墙产品中已经很少使用该技术。

应用代理防火墙也可称为应用网关防火墙。应用代理的原理是彻底隔断通信两端的直接通信,所有通信都必须经应用层代理层转发,访问者任何时候都不能与服务器建立直接的 TCP 连接,应用层的协议会话过程必须符合代理的安全策略要求。断掉所有的连接,由防火墙重新建立连接,应用代理防火墙具有极高的安全性。

但是,这种高安全性是以牺牲性能和对应用的透明性为代价的。它不能支持大规模的并发连接,对速度敏感的行业不宜使用这类防火墙。另外,防火墙核心要求预先内置一些已知应用程序的代理,使得一些新出现的应用在代理防火墙内被阻断,不能很好地支持新应用。在 IT 领域中,新应用、新技术、新协议层出不穷,代理防火墙很难适应这种局面。因此,在一些重要的领域和行业的核心业务应用中,使用代理防火墙的越来越少。

但是,自适应代理技术的出现让应用代理防火墙技术出现了新的转机,它结合了代理防火墙的安全性和包过滤防火墙的高速度等优点,在不损失安全性的基础上使代理防火墙的性能有了极大的提高。目前,应用代理防火墙依然有很大的市场空间,仍然是主流的防火墙之一。尤其在那些应用比较单一(如仅访问 WWW 站点等)、对性能要求不高的中小企业内部网中,具有实用价值。

状态监测防火墙是 Check Point 公司推出的防火墙的核心架构—状态监测。目前已经成为防火墙的标准。这种防火墙在包过滤防火墙的架构之上进行了改进,它摒弃了包过滤防火墙仅考查进出网络的数据包,而不关心数据包状态的缺点,在防火墙的核心部分建立状态连接表,并将进出网络的数据当成会话,利用状态表跟踪每一个会话状态。状态监测对每一个包的检查不仅根据规则表,更考虑了数据包是否符合会话所处的状态,因此提供了完整的对传输层的控制能力。

状态监测技术还采用了一系列优化技术,使防火墙性能大幅度提升,能应用在各类网络环境中,尤其是在一些规则复杂的大型网络上。因此,它是目前最流行的防火墙技术。目前,业界很多优秀的防火墙产品都采用了状态监测体系结构,如 Cisco 的 PIX 防火墙、NetScreen 防火墙等。

8.1.2　防火墙的分类

1. 从防火墙的存在形式分

1) 软件防火墙

软件防火墙运行于特定的计算机上,它需要客户预先安装好的计算机操作系统的支持,一般来说这台计算机就是整个网络的网关。俗称个人防火墙。软件防火墙就像其他的软件产品一样需要先在计算机上安装并做好配置才可以使用。防火墙厂商中做网络版软件防火墙最出名的莫过于 Checkpoint。使用这类防火墙,需要网管对所工作的操作系统平台比较熟悉。

2) 硬件防火墙

这里说的硬件防火墙是指“所谓的硬件防火墙”。之所以加上“所谓”二字是针对芯片级防火墙。它们最大的差别在于是否基于专用的硬件平台。目前市场上大多数防火墙都是这种所谓的硬件防火墙,它们都基于 PC 架构,和普通的家庭用的 PC 没有太大区别。在这些 PC 架构计算机上运行一些经过裁剪和简化的操作系统,最常用的有老版本的 Unix、Linux 和 FreeBSD 系统。值得注意的是,由于此类防火墙采用的依然是别人的内核,因此依然会受到 OS(操作系统)本身的安全性影响。

传统硬件防火墙一般至少应具备三个端口,分别接内网、外网和 DMZ 区(非军事化区),现在一些新的硬件防火墙往往扩展了端口,常见四端口防火墙一般将第四个端口作为配置口、管理端口。很多防火墙还可以进一步扩展端口数目。

3) 芯片级防火墙

芯片级防火墙基于专门的硬件平台,没有操作系统。专有的 ASIC 芯片促使它们比其他种类的防火墙速度更快、处理能力更强、性能更高。做这类防火墙最出名的厂商有 NetScreen、FortiNet、Cisco 等。这类防火墙由于是专用 OS(操作系统),因此防火墙本身的漏洞比较少,不过价格相对比较高昂。

2. 从防火墙的结构上分

从防火墙的结构上分,防火墙主要有单一主机防火墙、路由器集成防火墙和分布式防火墙 3 种。

单一主机防火墙是最为传统的防火墙,独立于其他网络设备,它位于网络边界。这种防火墙其实与一台计算机结构差不多(见图 8-2),同样包括 CPU、内存、硬盘主板等基本组件,且主板上也有南桥、北桥芯片。

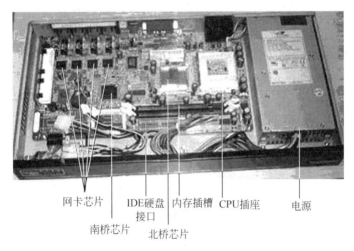

网卡芯片　IDE硬盘　内存插槽　CPU插座　电源
　　　　　接口
南桥芯片　　　北桥芯片

图 8-2　单一主机防火墙

它与一般计算机最主要的区别是一般防火墙都集成了两个以上的以太网卡,因为它需要连接一个以上的内、外部网络。其中的硬盘就是用来存储防火墙所用的基本程序,如包过滤程序和代理服务器程序等,有的防火墙还把日志记录也记录在此硬盘上。虽然如此,但它与常见的 PC 机不一样,因为它的工作性质,决定了它要具备非常高的稳定性、实用性、系统吞吐性能。正因如此,看似与 PC 机差不多的配置,价格相差甚远。

随着防火墙技术的发展及应用需求的提高,原来作为单一主机的防火墙现在已发生了许多变化。最明显的变化就是现在许多中、高档的路由器中已集成了防火墙功能,还有的防火墙已不再是一个独立的硬件实体,而是由多个软件、硬件组成的系统,这种防火墙俗称分布式防火墙。

分布式防火墙再也不是只位于网络边界,而是渗透于网络的每一台主机,对整个内部网络的主机实施保护。在网络服务器中,通常会安装一个用于防火墙系统的管理软件,在服务器及各主机上安装有集成网卡功能的 PCI 防火墙卡,这样的防火墙卡同时兼有网卡和防火墙的双重功能,这样一个防火墙系统就可以彻底保护内部网络。各主机把任何其他主机发送的通信连接都视为"不可信"的,都需要严格过滤。而不是传统边界防火墙那样,仅对外部网络发出的通信请求"不信任"。

8.1.3　防火墙的部署

在防火墙的部署上,目前比较流行的有以下 3 种防火墙配置方案。

1. 双宿主机网关

双宿主机网关配置是用一台装有两个网络适配器的双宿主机做防火墙。双宿主机用两个网络适配器分别连接两个网络,又称堡垒主机。堡垒主机上运行着防火墙软件(通常是代理服务器),可以转发应用程序,提供服务等。双宿主机网关有一个致命弱点,一旦入侵者侵入堡垒主机并使该主机只具有路由器功能,则任何网上用户均可以随便访问有保护的内部网络,如图 8-3 所示。

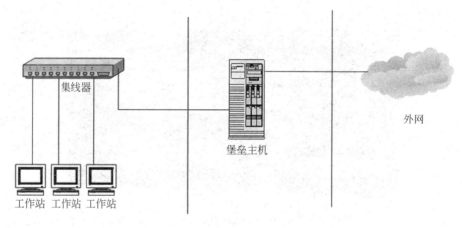

图 8-3　双宿主机网关

2. 屏蔽主机网关

屏蔽主机网关易于实现、安全性好、应用广泛。它又分为单宿堡垒主机和双宿堡垒主机两种类型。单宿堡垒主机,一个包过滤路由器连接外部网络,同时一个堡垒主机安装在内部网络上。堡垒主机只有一个网卡,与内部网络连接。通常在路由器上设立过滤规则,并使这个单宿堡垒主机成为从 Internet 唯一可以访问的主机,确保了内部网络不受未被授权的外部用户的攻击。而 Intranet 内部的客户机,可以受控制地通过屏蔽主机和路由器访问 Internet,如图 8-4 所示。

双宿堡垒主机型与单宿堡垒主机型的区别是双堡垒主机有两块网卡,一块连接内部网络,一块连接包过滤路由器(见图 8-5)。双宿堡垒主机在应用层提供代理服务,与单宿型相比更加安全。

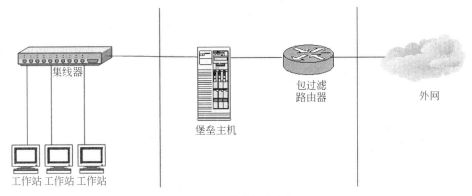

图 8-4   单宿堡垒主机

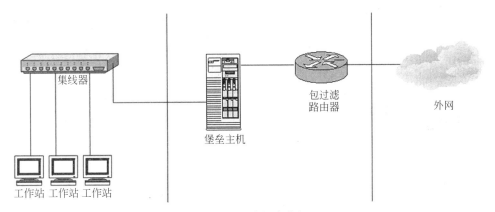

图 8-5   双宿堡垒主机

3. 屏蔽子网

屏蔽子网是在 Intranet 和 Internet 之间建立一个被隔离的子网,用两个包过滤路由器将这一子网分别与 Intranet 和 Internet 分开。两个包过滤路由器放在子网的两端,在子网内构成一个"缓冲地带"。如图 8-6 所示,两个路由器一个控制 Intranet 数据流,另一个控制 Internet 数据流,Intranet 和 Internet 均可访问屏蔽子网,但禁止它们穿过屏蔽子网通信。

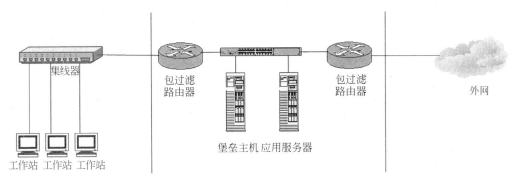

图 8-6   屏蔽子网

可根据需要在屏蔽子网中安装堡垒主机,为内部网络和外部网络的互相访问提供代理服务,但是来自两网络的访问都必须通过两个包过滤路由器的检查。对于向 Internet 公开的服务器,像 WWW、FTP、Mail 等 Internet 服务器也可安装在屏蔽子网内,这样无论是外部用户,还是内部用户都可访问。这种结构的防火墙安全性能高,具有很强的抗攻击能力,但需要的设备多,造价高。

当然,防火墙本身也有其局限性,如不能防范绕过防火墙的入侵,像一般的防火墙不能防止受到病毒感染的软件或文件的传输;难以避免来自内部的攻击等。总之,防火墙只是一种整体安全防范策略的一部分,仅有防火墙是不够的,安全策略还必须包括全面的安全准则,即网络访问、本地和远程用户认证、拨出拨入呼叫、磁盘和数据加密以及病毒防护等有关的安全策略。

8.1.4　防火墙的设计策略、优缺点与发展趋势

想要防火墙能够对更好地发挥保护作用,必须首先制定安全策略。制定一个完善的安全策略必须要考虑的问题有:用户需要使用的网络服务有哪些? 使用这些服务带来的风险有哪些? 抵御这些风险所需要的代价是什么? 总之,企业的安全策略就是要在对商务需求做细致全面分析的基础上来制定的。

防火墙安全策略主要分为以下两个层次:网络服务访问策略和防火墙安全设计策略。

1. 网络服务访问策略

①不允许从外部的互联网访问内部网络,但从"内"到"外"的访问是允许的;②只允许从外部的互联网访问例如邮件服务器之类的特定系统。防火墙只允许执行①和②中的一个。它是一种具体到事件的策略,决定了防火墙对哪些网络协议或服务进行过滤。

2. 防火墙安全设计策略

(1) 除非特别的拒绝,否则允许所有服务。这种策略相对来说防护能力较弱,因为它默认情况下除了管理员明确禁止的服务,其他服务都允许,但是管理员不可能考虑到全部有危险的服务,攻击者很容易就可以利用新的服务或绕过防火墙(如利用协议隧道绕过防火墙)来入侵或攻击内部网络。因此,这种策略在一般情况下是不可取的。

(2) 除非特别的允许,否则拒绝所有服务。这种策略默认情况下除了管理员明确规定允许的服务以外,拒绝其他所有的服务,相较(1)来说更为安全,但是它的要求较为严格,如果设置不好就会导致一些必要的服务无法使用,给内部网络用户的工作带来不便。

一般说来,防火墙必须执行(1)和(2)其中的一种。它是具体针对防火墙制定相应的规章制度来实施网络服务访问的策略。

总之,防火墙安全策略的设定没有一个统一的标准,也不是设定的越严格就越好,关键是要根据用户的实际情况来"量身定做",最终防火墙的好坏还要取决于系统对安全性和灵活性的要求。

防火墙将内部网络与外部网络之间隔离开来,通过一定的安全策略来保护内部网络不受侵害,它的特点主要有:能对内部网络实行集中的安全管理;能监视、统计并记录所有网络访问,并在必要的时候拦截危险性的操作或发出警报;利用防火墙还可以对内部网络进行划分,从而使问题被局限在一个很小的范围内,防止因为网络的连通性而使问题扩散开来。

但目前防火墙仍然存在一定的局限性:防火墙为了更好地保护内部网络,往往会限制很

多的网络服务,因此会禁止一些有用但也存在一定风险的网络服务;防火墙只能保护内部网络部受外来攻击者的攻击,但如果攻击者本身是在内部网络的,就无法起到保护作用;目前有许多绕过防火墙的攻击手段是无法防护的(如利用协议隧道绕过防火墙);不能防范已感染病毒的文件传输、数据驱动型攻击及一些位未知的网络安全问题。

3. 未来防火墙的发展

未来防火墙的发展应该朝着界面友好、操作简单、高效的方向发展,并将在以下几个方面有所作为。

1)透明接入技术

对用户透明,不需要设置 IP 地址,以无 IP 方式运行,不让用户觉察到防火墙的存在,这样就大大简化了用户的操作。

2)分布式防火墙技术

在各网络、子网、节点间的边界位置设置防火墙,从而形成一个多层次、多协议,内外皆防的全方位安全体系。

3)以防火墙为核心的网络信息安全体系

防火墙是防止网络攻击的重要技术手段,但仍有许多安全问题是它不能防护的,因此需要与其他网络安全产品及服务结合起来使用,才能进一步保护好内部网络。

总之,防火墙在发展本身防护技术及完善安全策略的同时,也要注意与其他网络安全产品的兼容与结合,取长补短,更好地发挥它在网络安全防护中的作用。

8.2 防火墙应用配置实例——锐捷硬件防火墙配置

1. 硬件防火墙设备的安装

硬件防火墙通常除了初始配置端口(Console 口)外,一般还提供三个以上的 LAN 端口,分别用于连接内部网络(LAN)、外部网络(WAN)及非军事区域(DMZ)。非军事区域主要用于存放单位/企业的网络服务器,如 WEB 服务器、FTP 服务器、E-mail 服务器等。

下面以图 8-7 锐捷硬件防火墙(RG-WALL 120)为例,介绍设备的物理端口的功能。面板的第一个端口为 Console 端口,第二个端口为 AUX 端口,该端口可通过 Modem 设备实现远程配置防火墙。接下来四个端口为 LAN 端口。而防火墙的电源接口位置在防火墙的后面板。

图 8-7 锐捷硬件防火墙

设备的安装过程如下。

(1)将防火墙安装于机柜中,并用螺丝钉固定。

(2)使用电源线连接防火墙的电源接口(位置于后面板)至电源插排上。

(3)分别将连接外部网络及连接内部网络的双绞线随意选择一个 LAN 端口插入。不过在登录防火墙配置接口 IP 地址时,要根据相应的接口配置对应的 IP 地址。

(4)如果内部网络安装了网络服务器,并需要向外网提供网络服务。此时,可再随意选择一个 LAN 端口作为 DMZ 端口,通过双绞线网线连接防火墙到交换机上,交换机上再通过双绞线网线可连接多台服务器,如 Web 服务器、FTP 服务器等。

2. 与配置主机的连接

使用双绞线网线连接 PC 机的网卡至防火墙的 LAN 端口,配置 PC 机的 IP 地址、子网掩码及网关如下:IP 地址设置为防火墙出厂默认的管理主机 IP 地址 192.168.10.200,网关为防火墙的出厂默认接口 IP 地址 192.168.10.100,如图 8-8 所示。

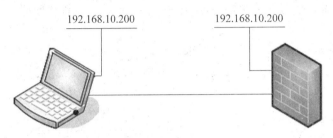

192.168.10.200　　　　192.168.10.200

图 8-8　防火墙与主机连接配置图

3. 锐捷防火墙的管理配置、安全策略配置及抗攻击配置

(1) 打开 IE 浏览器,在地址栏中输入 https://192.168.10.100:6666/,回车后打开登录界面,如图 8-9 所示。

图 8-9　登录界面

(2) 输入默认的账号及口令,单击"登录"按钮,打开防火墙配置窗口,如图 8-10 所示。

(3) 单击窗口左侧列表中的"管理配置"→"管理方式",设置如图 8-11 所示。

(4) 单击窗口左侧列表中的"管理配置"→"管理主机",单击"添加"按钮,输入管理主机的 IP 地址 172.16.0.1:6666,设置完成后将保存在列表中,如图 8-12 所示。

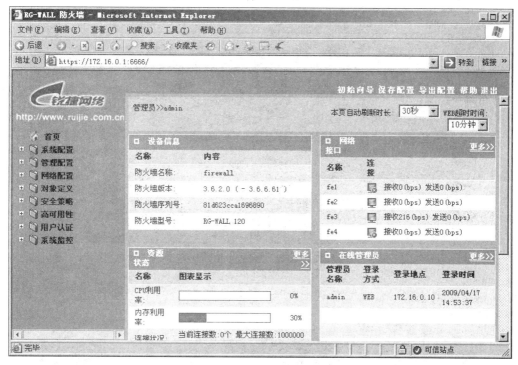

图 8-10 防火墙配置窗口

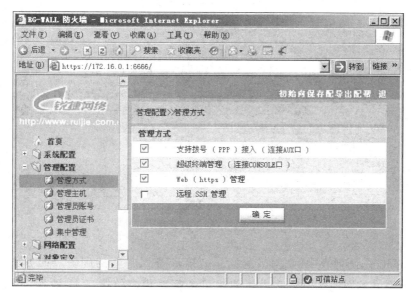

图 8-11 管理方式

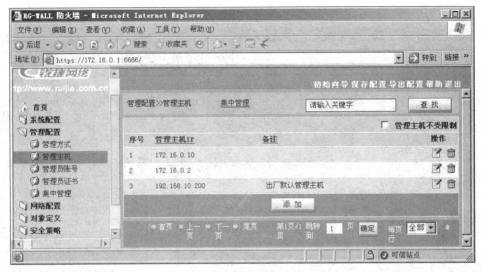

图 8-12　管理主机

（5）单击窗口左侧列表中的"管理配置"→"管理员账号"，打开配置窗口进行账户设置，如图 8-13 所示。

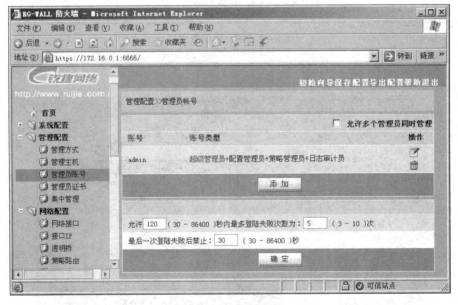

图 8-13　管理员账号

（6）单击窗口左侧列表中的"网络配置"→"接口 IP"，打开的配置界面如图 8-14 所示。接着根据内外网络的网线所插入防火墙的接口来配置相应的接口 IP 地址。设 fe2 网络接口连接内部网络，IP 地址为 182.16.0.1；fe3 网络接口连接外部网络，外网真实 IP 地址为 61.131.24.244。

（7）单击窗口左侧列表中的"网络配置"→"策略路由"，打开配置界面如图 8-15 所示。单击"添加"按钮，打开"添加、编辑策略路由"对话框，如图 8-16 所示。

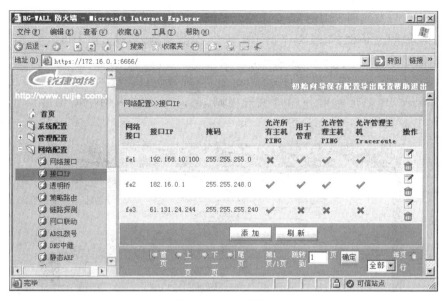

图 8-14　接口设置

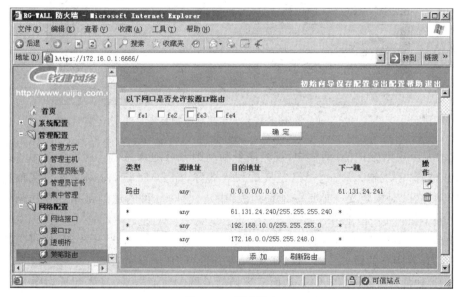

图 8-15　策略路由

图 8-16　"添加、编辑策略路由"对话框

(8) 单击窗口左侧列表中的"安全策略"→"安全规则",在右窗口中的单击"添加"按钮,弹出"安全规则维护"对话框,如图 8-17 所示。在"安全规则维护"对话框中可以添加网络地址转换(NAT)、包过滤、IP 地址映射、端口映射等类型的安全规则。配置 NAT 规则,可以使内部网络中使用私有 IP 地址的主机访问 Internet 资源;配置包过滤规则,可以阻止非法用户访问网络资源;配置 IP 地址映射和端口映射规则,可以实现将内网中的网络服务器公布于Internet 上,以供外网用户访问。

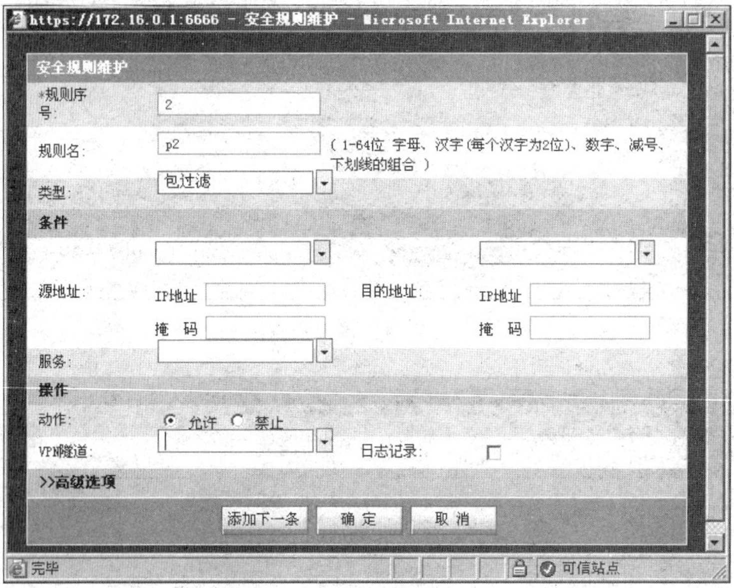

图 8-17   安全规则维护

① 在"安全规则维护"对话框中,规则序号和规则名可随意命名。源地址表示本地网络的地址,可以选择"手工输入"或选择已定义的列表名称,如 DMZ 名称(列表各个名称所对应的地址必须预先在"对象定义→地址→地址列表"中定义好)。目的地址是指你要访问的目标网络,选择 any,表示到任何地方。

服务选项中可以选择具体的某个服务(如 http、ftp 等),表示只开放该服务项,如果选择any,则表示开放所有的服务。本例以配置内网中私有 IP 地址为 182.16.0.0-182.16.8.254 转换成公网 IP 地址为 61.131.24.244,从而实现访问外网的所有服务,具体配置如图 8-18 所示。

② 添加包过滤规则相当于在路由器的命令行方式下配置访问控制列表,以允许或禁止相应的用户访问网络资源,具体配置如图 8-19 和图 8-20 所示。图 8-19 中所配置的包过滤规则内容是:允许源 IP 地址为 192.168.10.200 的主机访问目的 IP 地址为 192.168.10.5 这台 Web服务器。图 8-20 中所配置的包过滤规则内容是:允许源 IP 地址为 192.168.10.200 的主机访问目的 IP 地址为 192.168.10.5 这台 FTP 服务器。

③ IP 映射通常是一对一的,即一个内网私有 IP 地址和一个公网 IP 地址建立映射关系。方法是将内网中使用私有 IP 地址的服务器映射成一个具体的公网 IP 地址,或者说将公网 IP地址映射到内网中的某个具体的私有 IP 地址。这样,当外网用户访问该公网 IP 地址时,系统会自动转到所映射的内网私有 IP 地址的主机,该主机通常提供某种网络服务,如 Web 服务、FTP 服务器。所以,IP 映射主要应用于将内网的服务器发布于 Internet 上,以供外网用户访

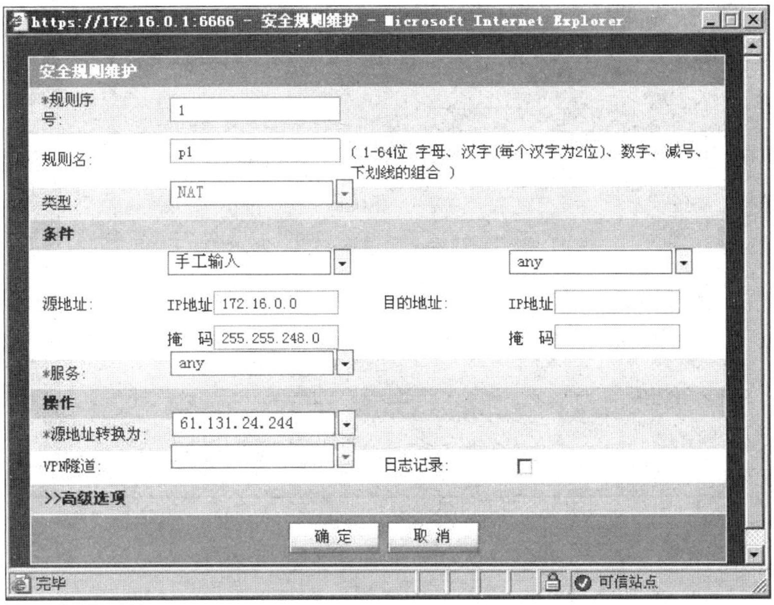

图 8-18 安全规则维护

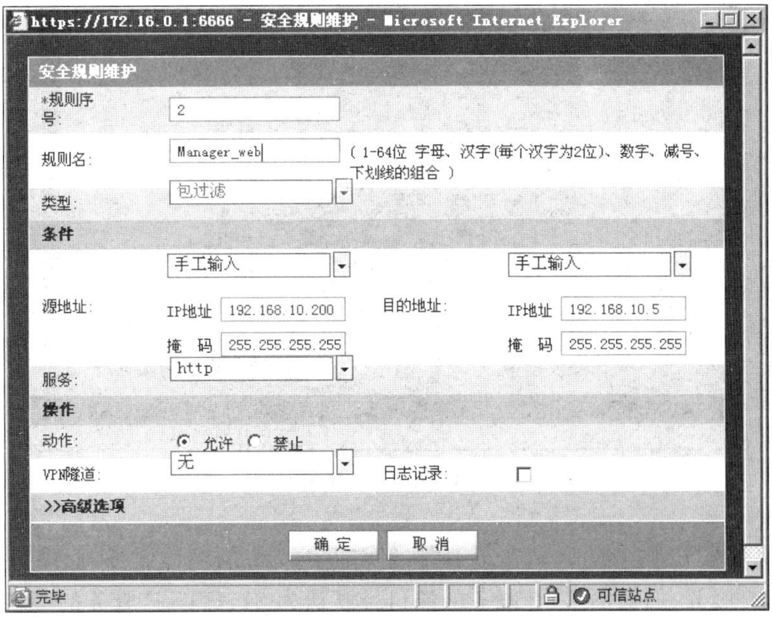

图 8-19 包过滤(1)

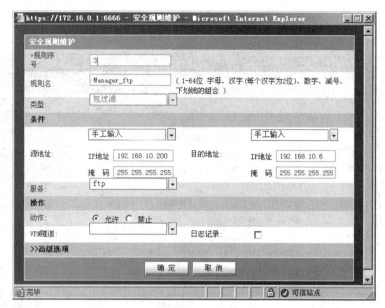

图 8-20　包过滤（2）

问，如 Web 服务器、FTP 服务器、E-mail 服务器等。配置如图 8-21 所示。

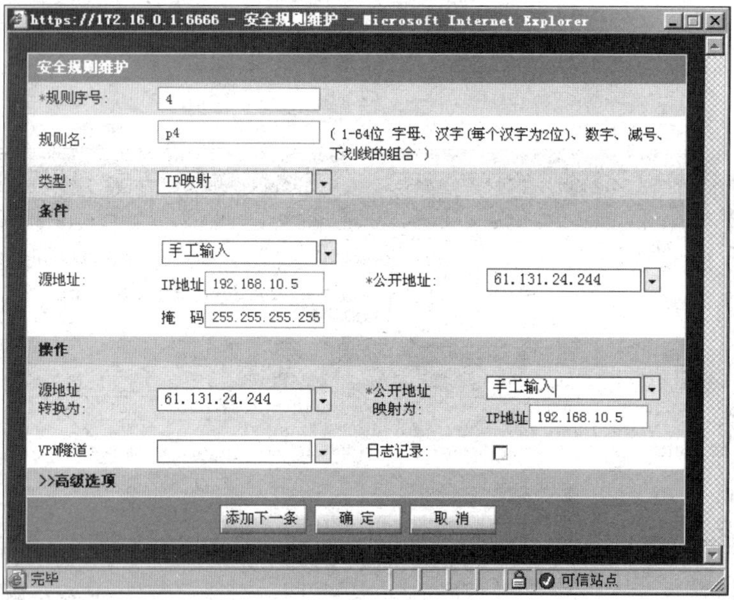

图 8-21　IP 映射

④ 端口映射与 IP 映射的区别在于 IP 映射将提供所有的端口服务，而端口映射是指提供具体的某个端口服务，如提供 FTP 服务的端口号默认为 21、HTTP 服务的端口号默认为 80。本例中假设内网 FTP 服务器使用私有 IP 地址为 192.168.10.6，当该内网 IP 地址与公网 IP 地址 61.131.24.244 建立映射关系后，外网用户访问 61.131.24.244 这个公网 IP 地址时，防火墙将自动转到内网中 IP 地址为 192.168.10.6 这台 FTP 服务器。这样，就实现将内网 FTP 服务器发布于 Internet 上了。具体配置如图 8-22 所示。

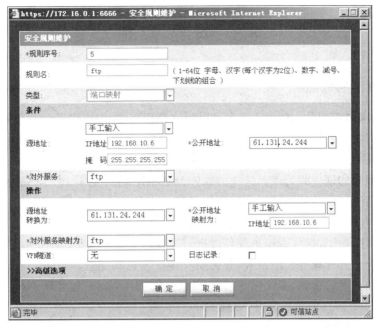

图 8-22 端口映射

（9）单击窗口左侧列表中的"安全策略"→"抗攻击"，选择窗口右侧列表相应的接口，然后单击"编辑"按钮，弹出该接口的抗攻击设置对话框，如图 8-23 所示。选中"启用抗攻击"复选框及相应的抗攻击类型，单击"确定"按钮，完成设置。

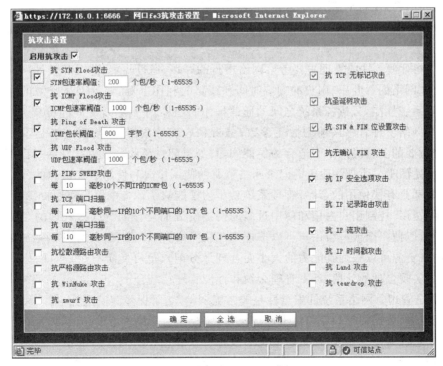

图 8-23 抗攻击设置

8.3 网 络 管 理

8.3.1 网络管理的概念

广义地讲,网络管理分为两类:一类是对网络应用程序、用户账号和文件权限的管理。它们都是与软件有关的网络管理问题,一般由操作系统提供的管理工具和一些专业软、硬件解决,如 Windows 中的活动目录、网康互联网控制网关、网路岗、sniffer 等就是此类的代表产品。另一类是构成网络的硬件的管理。这类的硬件包括工作站、服务器、网卡、路由器、交换机和集线器等。通常情况下这些设备可能离网络管理员所在的地方很远。当发生问题时,如果管理员不能及时处理,将发生灾难性后果。为了解决这个问题,硬件生产厂商们已经在一些设备中设立了网络管理的功能,这样管理员就可以远程地询问它们的状态,让它们在有一种特定类型的事件发生时能够向管理员发出警告,并接受管理员的远程配置管理等。本部分讲的网络管理就是基于这种情况的管理,即使用 SNMP 协议的管理。当然对这些硬件设备的管理也可以使用不基于 SNMP 协议的管理工具,如此 cisco_ios 等。

狭义地讲,网络管理一般有以下五大功能。

(1) 配置管理。配置管理就是定义、收集、监控和管理系统的配置参数,以使网络性能能够达到最优。

(2) 故障管理。故障管理是网络管理中最基本的功能,通过采集、分析网络对象的性能数据和监测网络对象的性能,并对网络线路的质量进行分析,最终找出故障的位置并进行恢复的管理操作。其目标是自动监测、记录网络故障并通知网络管理员,以便网络正确、有效地运行。在实际的应用中,网络故障管理包括检测故障、判断故障、隔离故障、修复故障和记录故障等步骤。

(3) 性能管理。性能管理主要考察网络运行的好坏,通过收集、监视和统计网络运行的参数数据,比如网络的吞吐率、用户的响应时间和线路的利用率等,评价网络资源的运行状况和通信效率等系统性能,分析各系统之间的通信操作的趋势,平衡系统之间的负载。性能管理一般包括收集网络管理者感兴趣的性能参数;分析相应统计数据,以判断网络是否处于正常水平;为每个重要的变量决定一个适合的性能阀值,如果超过该阀值就意味着网络出现故障。

(4) 计费管理。计费管理负责记录网络资源的使用情况和使用这些资源的代价。网络中的许多资源都是有偿使用的,计费管理系统就是为了能够统计各个用户使用资源的情况,计算用户应付的费用,控制用户占用和使用过多的网络资源而设计的。计费管理的目标是衡量网络的利用率,以便一个或一组用户可以按规则利用网络资源,这样的规则使网络故障降低到最小(因为网络资源可以根据其能力的大小而合理地分配),也可使所有用户对网络的访问更加公平。为了实现合理的计费,计费管理必须和性能管理相结合。

(5) 安全管理。网络系统的安全性是非常脆弱的,为了保障其安全性,需要结合使用用户认证、访问控制、数据加密和完整性机制等技术,来控制对网络资源的访问,以保证网络不被有意识地或无意识地侵害,并保证重要信息不被未授权的用户访问。网络安全管理主要包括授权管理、访问控制管理、安全检查跟踪、事件处理和密钥管理。

8.3.2　SNMP 概述

SNMP(Simple Network Management Protocol,简单网络管理协议)是目前 TCP/IP 网络中应用最为广泛的网络管理协议,它提供了一个管理框架来监控和维护互联网设备。SNMP 结构简单,使用方便,并且能够屏蔽不同设备的物理差异,实现对不同设备的自动化管理,所以得到了广泛的支持和应用,目前大多数网络管理系统和平台都是基于 SNMP 的。SNMP 的最大优势是设计简单,它既不需要复杂的实现过程,也不会占用太多的网络资源,便于使用。

SNMP 的管理框架包含四个组成元素:SNMP 管理者、SNMP 代理、MIB 库、SNMP 通信。SNMP 工作模式如图 8-24 所示。

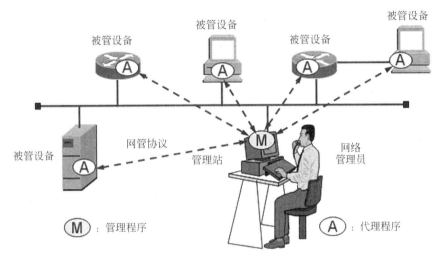

图 8-24　SNMP 工作模式

（1）SNMP 管理者。运行着 SNMP 管理程序,它提供了非常友好的人机交互页面,方便网络管理员完成绝大多数的网络设备管理工作。

（2）SNMP 代理。驻留在被管理设备上的一个进程,负责接受、处理来自 SNMP 管理者的请求报文。在一些紧急情况下,SNMP 代理也会通知 SNMP 管理者事件的变化。

（3）MIB 库。被管理对象的集合。它定义了被管理对象的一系列的属性:对象的名字、对象的访问权限和对象的数据类型等。每个 SNMP 代理都有自己的 MIB。SNMP 管理者根据权限可以对 MIB 中的对象进行读/写操作。

（4）SNMP 通信。是 SNMP 管理者和 SNMP 代理之间异步请求和相应的约定。通过利用 SNMP 的报文来在两者之间互通管理信息。每个报文都是完整的和独立的,用 UDP 传输单个数据报。

SNMP 管理者是 SNMP 服务的管理者,SNMP 代理是 SNMP 服务的被管理者,他们之间通过 SNMP 协议来交互管理信息。从数据传输的角度看 SNMP 管理者、SNMP 代理、SNMP 协议、MIB 库四者的关系如图 8-25 所示。

8.3.3　MIB

管理信息库(Management Information Base,MIB),它是一个以层次式树形结构为组织结构的管理信息的集合,所有的管理对象都分布在这个树型结构中。MIB 被 SNMP 协议访问和

图 8-25　SNMP 的数据传输模型

使用。

管理信息结构(Structure of Management Information,SMI),它为命名和定义管理对象指定了一套规则。上百家厂商的产品都遵循这个结构,以使它们能够相互兼容。

所有的管理信息和对象在实际的设备中都存放在库中(MIB),但为了方便用户的记忆和管理,设计者使用了一个有层次的树形结构来表示这些管理对象。SMI 对于 MIB 来说就相当于模式对于数据库。SMI 定义了每一个对象"看上去像什么"。图 8-26 显示了 SMI 定义的MIB 树的顶部。

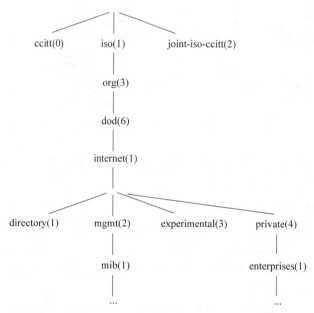

图 8-26　RFC1155(SMI)定义的 MIB 树的顶部图

在这个树形结构中,Internet 对象可以由以下代码标识:

```
{iso(1) org(3) dod(6) internet(1) }
```

或者可以简记为 1.3.6.1。

这种标识方法叫作对象标识符(Object Identifier,OID),用于标识一个管理对象,以及在MIB 中如何访问该对象,每一个 OID 在整个 MIB 树中都是唯一的,就如同实际生活中每一个中华人民共和国的公民都会有一个与自己相对应的身份证号,这个号码由省(或直辖市等)号、市号、出生年月、编号以及校验码组成,这种按层次的组成方法可以保证每一个人都有一个唯一的号码,而且通过这种方法可以非常容易地记忆和查询。

换句话讲,MIB 是以树状结构进行存储的。树的节点表示被管理对象,它可以用从根开始的一条路径唯一地识别,被管理对象可以用一串数字唯一确定,这串数字是被管理对象的 OID。

SMI 不定义 MIB 对象,但其规定了定义管理对象的格式。一个对象定义通常包括以下 5 个域。

(1) OBJECT:一个字符串名,即 OBJECT DESCRIPTOR,它指定对象类型,这个类型和 OBJECT IDENTIFIER 相对应。

(2) SYNTAX:对象类型的抽象语法。它必须可以解析到 ASN.1 类型 ObjectSyntax 的一个实例上。

(3) DEFINITION:对象类型语义的文本描述。实现中必须保证对象的实例满足这个定义,因为这个 MIB 是用于多厂商环境中的,要照顾到它们的情况。对象在不同的机器上有相同的意义是很重要的,这要靠文本约束。

(4) ACCESS:取"只读""读写""只写"或"不能访问"这四个值。

(5) STATUS:强制(mandatory)、可选(optional)或过时的(obsolete)。

其中,语法是根据对象类型定义对象结构,定义时使用 ASN.1,但 ASN.1 中的一些通用化需要加以限制。SMI 中使用三种语法:原始类型、构造类型和自定义类型。

在 RFC1156 文档中定义了 SNMP 的第一个版本的管理信息库(MIB-Ⅰ),随后又在 RFC1213 文档中定义了第二个版本的管理信息库(MIB-Ⅱ)。MIB-Ⅱ是对 MIB-Ⅰ进行的扩展和修改,现在的 SNMP 都是以 MIB-Ⅱ为基准。

MIB-Ⅱ功能组由 9 个功能组组成,分别如下。

(1) system 组:提供运行代理的设备或系统的全部信息。

(2) interfaces 组:包含关于系统中网络接口的信息。

(3) at 组:用于 IP 地址到数据链路地址的地址转换表,但是这个组随着 RFC1213 的引退而逐渐被放弃了,其内容也被移到了其他的文档(组)中。

(4) ip 组:包含关于设备的 IP 地址的信息。

(5) icmp 组:包含关于设备的 Internet 控制消息协议的信息。

(6) tcp 组:包含关于设备的传输控制协议的信息。

(7) udp 组:包含关于设备的用户数据报协议的信息。

(8) egp 组:包含关于设备的外部网关协议的信息,随着 SNMP 的发展,这个组现在也已经不再使用了。

(9) SNMP 组:包含关于设备的简单网络管理协议的信息。

图 8-27 显示了 MIB-Ⅱ的组成图。

图 8-27 MIB-Ⅱ组成图

8.3.4 SNMP 通信模型

SNMP 被设计成与协议无关,可以在 IP、IPX、AppleTalk、OSI 以及其他用到的传输协议上使用。SNMP 包括一系列协议组和规范,它提供了一种从网络上的设备中收集网络管理信息的方法,同时它也为设备向网络管理站报告问题。

管理者从代理中收集数据有两种方法:一种是轮询的方法,另一种是基于中断的方法。轮询的方法,是由管理者每间隔一段时间,向各个代理依次发送询问信息,然后由代理返回查询结果,这种方法可以使代理总是在管理者的控制之下。但这种方法的缺陷在于信息的实时性比较差。因为如果轮询间隔太小,那么将产生太多不必要的通信量。如果轮询间隔太大,并且在轮询时顺序不对,那么对于一些大的灾难性的事件的通知就会太慢。基于中断的方法是当有异常事件发生时,由代理主动向管理者发送信息,使管理者可以及时地了解网络设备的状态。但是这种方法也有一定的缺陷,当异常事件发生且要传送的信息量较大时,这种方法需要消耗大量的系统资源,从而影响了代理执行主要的功能,另外当多个代理同时发生中断时,网络将变得非常拥挤。

基于上述两种方法的优点和缺点,SNMP 把它们结合使用,形成了面向自陷的轮询方法,它是执行网络管理最为有效的方法。一般情况下,管理者通过轮询代理进行信息收集,在控制台上用数字或图形来显示这些信息,提供对网络设备工作状态和网络通信量的分析和管理功能。当代理设备出现异常状态时,代理通过 SNMP 自陷立即向网络管理者发送通知。SNMP 定义了 get、get-next 和 set 三种基于轮询的操作,并且还定义了基于中断的 trap 操作,如图 8-28 所示。

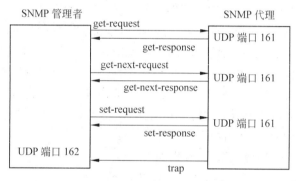

图 8-28　SNMP 通信模型图

8.3.5　SNMP 的代理设置

1. 在 Windows Server 2003 系统上设置 SNMP 代理

在 Windows 操作系统中,SNMP 服务是默认不安装的,如果想使用这个代理服务就要在 Windows 的安装盘中进行组件安装。

在控制面板中,双击"添加/删除"程序图标,勾选"简单网络管理协议(SNMP)"复选框,选择添加 Windows 组件,如图 8-29 所示,安装 SNMP 协议。

在控制面板中,双击"管理工具"图标,选择"服务"命令,可以看到如图 8-30 所示的界面。

双击 SNMP 服务,设置团体名称和密码,如图 8-31 所示。

2. 在路由器及交换机上设置 SNMP 代理

在 Cisco 路由器和交换机上设置 SNMP 代理几乎是一样的。下面是在路由器上开启 SNMP 代理的命令行。如果用户使用的是神州数码的网络设备,那么也完全可以参照下面的命令。即使是其他品牌的设备,其原理都是一样的,只是命令行稍有不同。

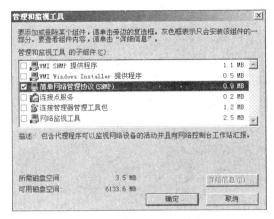

图 8-29　安装 SNMP 协议

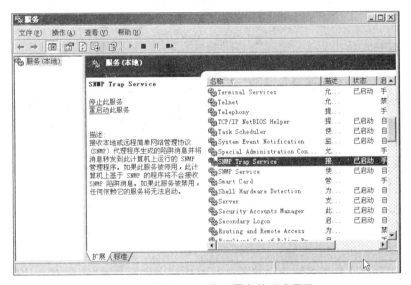

图 8-30　安装 SNMP 代理服务的形式显示

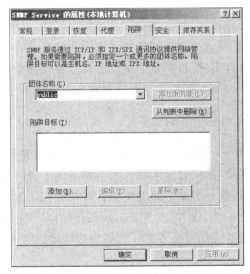

图 8-31　设置团体名称和密码

```
#show ip int brief
#conf t                                          //进入配置模式
(config)#snmp-server enable informs
(config)#snmp-server enable traps
(config)#snmp-server community public ro         //设置只读共同体
(config)#snmp-server community tt1234 rw         //设置读写共同体
(config)#snmp-server ?                           //帮助查看都有什么命令
(config)#snmp-server contact tangtang            //填写联系人姓名
(config)#snmp-server location L3-1102            //填写联系人地址
(config)#snmp-server trap authentication         //为 snmp 陷阱授权
(config)#exit                                    //退出配置模式,进入全局模式
#show run                                        //查看当前设置状态
```

8.4 支持 SNMP 网络管理软件

8.4.1 网管系统

网络管理系统就是利用网络管理软件实现网络管理功能的系统,简称网管系统。借助于网管系统,网络管理员不仅可以经由网络管理者与被管理系统中的代理交换网络信息,而且可以开发网络管理应用程序。网络管理系统的性能完全取决于所使用的网络管理软件。

网管软件到现在已经发展到第三代了。其中第一代网管软件是以最常用的命令行方式,并结合一些简单的网络监测工具进行管理的。它不仅要求使用者精通网络理论,还要求使用者了解不同厂商不同网络设备的配置方法。

第二代网管软件有很好的图形化界面,用户无须过多了解不同设备间的不同配置方法就能对多台设备同时进行配置和监控,大大提高了工作效率,但这依然要求使用者精通网络原理。

第三代网管软件是真正将网络和管理进行有机结合的软件系统,具有自动配置和自动调整功能。网管软件管理的已不是一个具体的配置,而仅仅是一个关系。对网管人员来说,只要把用户情况、设备情况以及用户与网络资源之间的分配关系输入网管系统,系统就能自动地建立网络的配置并且支持图形化,同时整个网络安全可得以保证;即使是只懂得少许技术知识的高级管理人员,也可以通过某种方式知道网络是如何运作的。

现在的网络管理软件非常多,但价格也非常贵。所以在许多中小企业中,这些网络管理软件还并没有得到广泛应用。目前主流的常用网络管理软件有以下几种。

1. 惠普公司的 HP OpenView

HP OpenView 是 HP 公司开发的网络管理平台,是一种当前网络管理领域比较流行的、开放式、模块化、分布式的网络/系统管理解决方案。它集成了网络管理和系统管理的优点,并把二者有机地结合在一起,形成一个单一而完整的管理系统。作为业界领先的网络管理平台,Network Node Manager 和 Network Node Manager Extended Topology 共同构成了业界最为全面、开放、广泛和易用的网络管理解决方案。该解决方案可以管理用户的交换式第二层和路由式第三层综合环境。

Network Node Manager 和 Network Node Manager Extended Topology 可以让用户知道

用户的网络什么时候出了问题,并帮助用户在这个问题发展成为严重故障之前解决它。与此同时,它们还可以帮助用户智能化地采集和报告关键性的网络信息,以及为网络的发展制订计划。Network Node Manager 可以自动地搜索用户的网络,帮助用户了解网络环境。对第三层和第二层环境进行问题根本原因分析;提供故障诊断工具,帮助用户快速解决复杂问题。收集主要网络信息,帮助用户发现问题并主动进行管理。

为用户提供即时可用的报告,帮助用户提前为网络的扩展制订计划。让网络维护人员、管理人员和客户可以通过 Web 从任何地方进行远程访问。通过它的分布式体系管理大型的网络。提供有针对性的事件视图,以便迅速地发现和诊断问题。提供一个增强的 Web 用户界面和一些用于动态更新设备状态的新视图(这种功能需要采用 Network Node Manager Extended Topology)。提供可以显示设备之间复杂关系的视图等其他功能。

2. Cisco 公司的 Cisco Works

Cisco Works 是 Cisco 公司为网络系统管理提供的一个基于 SNMP 的管理软件系列,它可集成在多个现行的网络管理系统上,如 SunNet Manager、HP Open View 以及 IBM Net View 等。Cisco Works 为路由器管理提供了强有力的支持工具,它主要为网络管理员提供以下几个方面的应用:可执行自动安装任务,简化手工配置;提供调试、配置和拓扑等信息,并生成相应的 Drofile 文件;提供动态的统计、状态和综合配置信息以及基本故障监测功能;收集网络数据并生成相应图表和流量趋势以提供性能分析;具有安全管理和设备软件管理功能。

3. IBM Tivoli NetView

IBM Tivoli NetView 为网络管理人员提供一种功能强大的解决方案,应用也非常广泛。它可在短时间内对大量信息进行分类,捕获解决网络问题的数据,确保问题迅速解决,并保证关键业务系统的可用性。Tivoli NetView 软件中包含一种全新的网络客户程序,这种基于 Java 的控制台比以前的控制台具有更大的灵活性、可扩展性和直观性,可允许网络管理人员从网络上的任何位置访问 Tivoli NetView 数据。

IBM Tivoli NetView 的新的位置敏感性拓扑(Location Sensitive Topology)特性可让网管人员通过简单的配置说明来指导 Tivoli NetView 的映像布局过程。它可自动生成一些与管理人员对网络的直观认识更加贴近的拓扑视图,将有关网络的地理、层次与优先信息直接合并到拓扑视图中。

此外,Tivoli NetView 的开放性体系结构可让网管员对来自其他单元管理器的拓扑数据加以集成,以便从一个中央控制台对多种网络资源进行管理。IBM Tivoli 网络管理解决方案是以 Tivoli NetView 作为网络管理平台,同时配合 Tivoli Switch Analyzer 可以对网络第二层实施监控。所有网络监控的事件,可以发送到 Tivoli Enterprise Console,与其他系统管理监控事件关联。同时,所有网络性能数据可以通过 Tivoli Data Warehouse 进行存储,以便生成网络管理性能报告。

4. Solarwinds

Solarwinds 改变了各种规模公司网络的监控、管理模式,和同类软件 HP OPENVIEW 与 BMC 的相比,功能上虽然没有那么强大,但其自己也有非常大的优势:首先价格比较便宜,这是各个企业考虑的重要因素之一。其次操作简单、配置方便,不像 HP OPENVIEW 之类的软件需要专门人员进行配置,界面友好,逻辑性很强,一般的技术人员就可以操作。另外被管理设备只需开启 SNMP 协议即可,不必安装 Agent,不必重启,对当前业务系统无影响。同时 Solarwinds 系列网管主要分为三大功能:故障和性能管理、配置管理、网管必备工具集成。

5. 游龙科技 SiteView 网络管理系统

SiteView 是中国游龙科技自主研发的、专注于网络应用的故障诊断和性能管理的运营级的监测管理系统,主要服务于各种规模的企业内网和网站,可以广泛地应用于对局域网、广域网和互联网上的服务器、网络设备及其关键应用的监测管理。SiteView 产品包括 ITSM(IT服务管理)、ECC(综合系统管理)、NNM(网络设备管理)、LM(系统日志管理)、EIM(互联网行为网关)、DM(桌面管理)、VLAN(虚拟局域网)、TR089(智能设备管理)。

SiteView 具有以下特点:对网络、服务器、中间件、数据库、电子邮件、WWW 系统、DNS 服务器、文件服务、电子商务等应用实现全面深入监测;采用非代理、集中式监测模式,被监测机器无须安装任何代理软件;跨各种异构操作平台的监测,监测平台包括各种 UNIX、Linux 和 Windows NT/2000 系统;故障实时监测报警,报警可以通过 SMS、邮件、声音、电话语音卡等多种方式发送;网络标准故障的自动化诊断恢复;自动生成网络拓扑结构,快速获得并且随时更新网络的拓扑图;网络应用拓扑直观显示真实网络环境的运行状况;标准化、个性化的报表系统,可定时发送到网管人员的邮箱;智能模拟用户行为监测业务流程(如网上购书、网络报税、网上年检等);系统采用分布式架构、支持多国语言等。

6. 其他厂用国产网管软件

锐捷网络 StarView 网络管理软件是锐捷网络(原实达网络)推出的网管软件 StarView,实现了简约的集中化管理。它操作灵活,利于用户定制,网络拓扑管理、设备管理、事件管理、性能监测与预警管理等网管智能性大大提高;通过强大的后台数据库支持,结合报表统计等功能,使网管的定量化分析成为可能。

华为 QuidView 网元管理软件是华为公司针对 IP 网络开发的适合各种规模的网络管理的网管软件,是华为 iManager 系列网管产品之一,主要用于管理华为公司的 Quidway 系列路由器、交换机、VoIP、视频会议系统及接入服务器。它是一个简洁的网络管理工具,充分利用设备自己的管理信息库完成设备配置、浏览设备配置信息、监视设备运行状态等网管功能,不但能够和华为的 N2000 结合完成从设备级到网络级的网络管理,并且还能集成到 SNMPc、HP OpenView NNM、IBM Tivoli NetView 等一些通用的网管平台上,实现从设备级到网络级全方位的网络管理,力求帮助用户在降低产品成本的同时满足更丰富的功能需求。

8.4.2　SiteView NNM 功能介绍

SiteView NNM 是一个通用的网络设备管理平台,不同于设备厂商提供的专用管理工具,表现为如下特点。

(1) 跨厂商设备支持,只要设备支持标准 SNMP 协议,并正确配置,就能监视并管理,如 Cisco、3COM、华为、Nortel、Avavy、神州数码等。

(2) 网络拓扑结构实时刷新,多视图展示网络拓扑结构。

(3) 能实现对全网的拓扑结构和关键链路的管理和监控而不是仅仅局限于单纯的设备管理。

（4）具备一定的主机和常见应用的管理能力。

（5）提供了强大的报表功能，提供丰富的图形展示功能。

（6）无须在被管理设备上安装任何监测管理代理。

（7）提供了完全中文化的网络管理平台，符合国内客户的使用习惯。

1. SiteView NNM 结构特性

SiteView NNM 从结构上分为 5 个层次：WinUI、RemoteClient、Interface、RemoteServer、DB。WinUI 为客户端界面层，WinUI 并不直接与服务端交互，由 RemoteClient 层提供方法，通过 Interface 层与 RemoteServer 层交互。DB 层是一组数据存储的组件，在 SiteView NNM 中，有三种方式来保存数据，一是配置类数据，使用 XML 文件保存；二是持久性对象，使用 DB4O 保存；三是结构化的数据，使用 AccessDB 保存，如图 8-32 所示。

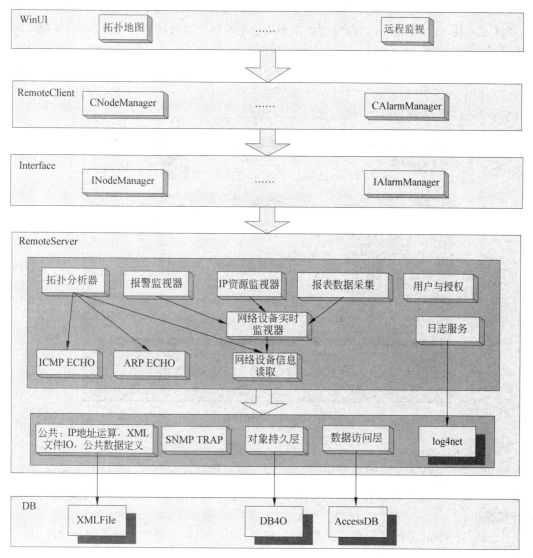

图 8-32 SiteView NNM 结构

2. SiteView NNM 功能模块

SiteView NNM 由九大功能模块组成。SiteView NNM 的功能是由它们实现的。

1) 拓扑发现模块

扫描配置部分,搜索算法提供了 ARP 发现算法和 ICMP 发现算法,其中 ARP 发现算法是基于 ARP 通信来发现设备,发现速率高,不受主机防火墙影响;ICMP 发现算法是基于 ICMP 包检测技术来发现设备,属于通用算法。搜索参数有搜索深度、并行线程数、重试次数以及重试时间,用户在扫描网络之前可以根据具体情况对这些参数进行设置。搜索范围分两种,一种是"增加的地址范围",另一种是"跳过的地址范围"。增加的地址范围内的合适设备会被加进拓扑图,"跳过的地址范围"是指不需要搜索的地址范围,这样可以加快生成拓扑图的速度,避免浪费系统资源。

扫描网络部分,SiteView NNM 通过发现代理来发现设备。发现代理从一个种子节点开始,通过 SNMP 和 ICMP(ping)两种方式来搜索整个网络。高效的自动拓扑发现,采用高效率的增量后台发现算法,以多线程方式发现网络设备,发现的设备数量大、速度快。可以轻松方便地自动发现所有可网管的网络设备、服务器和 PC 设备。支持扫描指定 IP 地址的子网络,能搜索到指定种子 IP 地址的子网络。能够跨越公网直接定位到下属子网。扫描网络时可以通过窗体看到整个发现设备的过程,如图 8-33 所示。

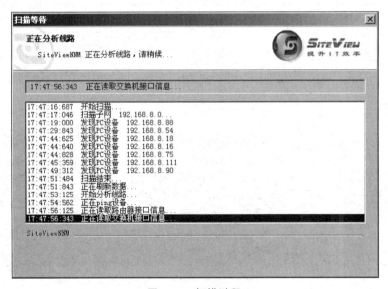

图 8-33　扫描过程

2) 拓扑图管理模块

SiteView NNM 的拓扑图管理功能全面、展示效果优美、运行平稳、系统资源要求低、安全可靠。SiteView NNM 以图形界面的形式显示,以便系统管理员一目了然地了解整个系统的运行状况。

SiteView NNM 采用了成熟的图形控件,网络拓扑图可以直观显示整个网络状况,与一般的网络拓扑不同,它的拓扑节点上不仅可以表示为一个实际的网络设备,如三层交换机、路由器、交换机、PC 设备等,而且可以表示一个节点的 IP、MAC 等。

网络应用拓扑使用户可以在鼠标移到设备和线路上时显示动态菜单,查看设备和线路的一些基本信息。也可以通过鼠标右击某个拓扑节点或线路,获取对应该节点或线路的属性动态菜单。单击某个菜单项可以进入相应的报告,菜单内容丰富。

拓扑图上能够通过图形进行告警标注,当设备有告警时,设备图标旁边会有红色叹号标记,表示该设备有告警信息,当告警消除时,标记会随着消失。设备有多种标注方式,也有多种颜色显示的方式,可以按 CPU 情况、内存情况和连续运行时间显示。

线路可以进行实时流量标注,这些都可以让用户对设备以及线路的实时状况有很直观的了解。系统还提供了刷新链路的功能,即重新分析线路,生成最新的线路。线路分析的时间相对比较长,所以提供了线路分析等待窗体,窗体中可以看到整个分析线路的过程,如图 8-34 所示。

图 8-34 分析过程

当设备很多不方便观察时,用户就可以创建一个子图,然后将关心的设备放进来,这样一来就可以很清晰地操作了。在根图的基础上可以创建多个子图,也可以在子图的基础上再创建子图,非常方便全面。创建子图后,可以对子图进行管理。对子图的管理包括展开子图、删除子图以及将子图设为默认打开,创建后的子图会自动保存,展开子图就是将保存的子图重新打开,对于不再需要的子图可以从数据库中删除,如果用户只关心某一个子图,可以设该子图为默认打开,下次用户登录该系统时,当前界面中打开的就是默认的子图,这是根据用户而定的,不同的用户可以设置不同的默认打开子图,具有很大的灵活性。

拓扑图可以进行背景设置,可以设置不同的背景颜色和图片,使拓扑图更美观更人性化。可以对拓扑图进行放大、缩小、刷新和重绘操作。可以将已经生成的拓扑图导出成任何图形格式,也可以将图形文件保存在本机的任何位置。默认的后缀名为.bmp。支持网络打印功能,集成了预览拓扑图,可以通过预览拓扑效果图来摆布主窗体中的设备,如图 8-35 所示。

SiteView NNM 系统能够自动生成三层网络拓扑图和子网的物理视图,并且支持手动设备拓扑伸展。

3) IP 资源管理模块

IP 资源管理模块支持 IP(设备)定位、IP-MAC 绑定、端口连接设备统计、IP 网段分配统计和子网管理这些功能。

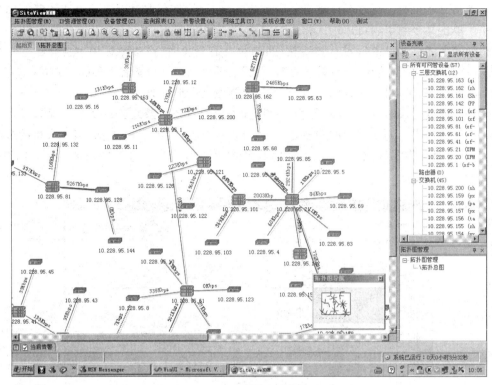

图 8-35　网络拓扑图

IP(设备)定位主要是从将设备定位到所连的上级设备的某个端口上。可以通过设备 IP、主机名、设备 Mac 三种方式定位设备,定位准确。

IP-MAC 绑定该功能提供的是对 IP-Mac 进行绑定和锁定未分配的 IP,监测子网内 IP-MAC 异动的情况以及 IP 被占用情况。

端口连接设备统计主要是对设备的一些基本信息、所在设备、所在端口以及端口管理状态的统计。相当于列出了所有设备的 IP(设备)定位信息。可以对端口进行远程操作,改变端口的管理状态,打开端口或者关闭端口。

IP 网段分配统计是对子网内的 IP 使用情况进行统计,查看可分配 IP 总数、已经使用的 IP 列表和数量以及未使用的 IP 列表和数量。

子网管理提供的是对子网进行查找、删除、查看属性以及展开子网。查看子网属性时可以修改子网命名。删除子网时会弹出确认窗体,因为子网一旦删除,则该子网所有信息就从数据库中全部删除,所以删除子网时要谨慎。

4) 设备管理模块

设备管理模块支持设备、设备之间线路的手动添加与删除。设备手动添加时系统可以自动判别设备类型,也可以由用户指定类型,还需要指定设备的只读共同体和读写共同体,一般默认为 public 和 private。对于不支持网络管理协议的设备可以手动添加,更加真实地体现网络拓扑结构,逼真地显示 Cisco、HuaWei、3COM、NORTEL、神州数码等各主流厂商网络设备的背板图。用户可直接在逼真的各设备上选择查看各模块和端口的各类网络和连接设备的信息,如图 8-36 所示。

支持设备之间线路的手动添加,其中线路分为实际线和示意线。示意性连接是指用户添

图 8-36　设备图

加的、代表了某种意义的线路，它的表现形式是一条虚线。如某两个设备间有一条不活动的冗余线路（因其不活动，所以生成拓扑图时是不会画上的），用户可以将它加入，使拓扑图更完整些；另外用户也可以使用"示意性连接"将用户的未来规划提前体现在拓扑图上。能够设置设备的面板图，还可以对设备进行分类设置，即手动添加分类方式对设备对象进行管理，根据用户的习惯自定义设备分类方式。

比如（地理位置、部门等）提供了对全网设备进行统计，用户能查看拓扑图中设备的设备属性、端口和链路的实时状态信息，能够查看设备连接图状况，能够查看设备的逻辑面板图与真实面板图，并且通过面板图能对设备的端口进行查看和端口管理操作。系统还提供了设备刷新功能，能对设备重新进行扫描并在拓扑图上显示。

5）监测报表模块

为了方便网络管理人员掌握系统的整体状况，SiteView NNM 提供了丰富直观的报告图表功能，如图 8-37 所示。系统中所有的设备 24 小时都处于被监视状态。监测报表模块提供了对设备端口状态分析、设备 CPU/MEM 分析图以及监测配置。

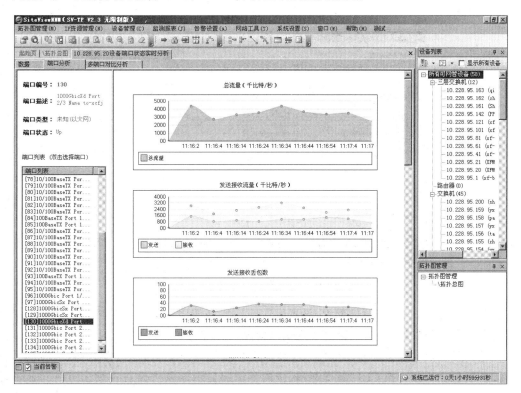

图 8-37　报告图表功能

设备端口状态分析包括实时分析和历史分析，实时分析包括设备所有端口数据查询、端口流量分析以及多端口对比分析,能查看所有设备的端口信息以及端口流量分析,能对设备的单个端口的总流量、发送接收流量等进行图表分析,能对设备的多个端口进行总流量、发送接收流量等分析项进行各项图表分析对比;历史分析时能对历史数据进行日报表、周报表和月报表统计,且提供了表格和图表两种展现形式,并能够将表格内数据导出为其他格式的文件保存。

　　CPU&MEM分析图也分为实时分析和历史分析,实时分析是通过图表方式分析设备当前的CPU利用百分比和内存占用百分比,通过设置刷新间隔可以看到CPU和内存利用率在一段时间内的变化曲线图,可以对CPU和内存情况有一个直观的了解;历史分析同端口状态历史分析一样,也能对历史数据进行日报表、周报表和月报表统计,且提供了表格和图表两种方式,并能够将表格内数据导出为其他格式的文件保存。监测配置是对指定的设备进行实时信息采集并存入服务器,以便日后进行历史记录分析,包括CPU监测配置、内存监测配置和端口监测配置。

　　6) 告警设置模块

　　该模块是进行告警的阈值、发送、接收配置以及设备和线路的颜色告警设置。告警的阀值设置可以按设备设置,也可以按告警类型设置。告警类型丰富,包括SNMP连接、CPU使用、内存占用、发送率、接收率、总流量、流量、丢包率以及错包率等。

　　发送配置是提供给用户自己订制自己关心的告警以及当出现告警时的告警通知方式,这种方式提供了很大的灵活性,用户可以设置只针对特定的设备和特定的告警类型,也可以选择自己喜欢的告警接收方式。通过对于此项的配置可以把系统的告警信息及时地反馈给用户,如图8-38所示。

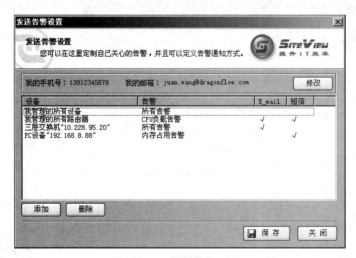

图8-38　发送警告设置

　　接收配置就是E-mail/短信配置,设置发送邮件报警的服务器和账户信息以及Web短信报警的用户名、密码以及短信报警的手机端口信息,可以测试是否设置正确。

　　颜色设置包括对设备的显示颜色以及线路颜色粗细进行设置,也可以达到直观报警的目的。设备颜色显示分为按CPU情况显示、按内存情况显示以及按设备连续运行时间显示,通过不同的颜色显示可以大概知道设备的运行状况;线路颜色和粗细也可以反映流量的大小,同样可以起到告警作用。设备颜色显示在地图右键菜单中进行设定。

　　当设备有告警信息时,在设备的右下角会有红色叹号标注,表示此设备有告警信息,可以通过右键菜单中的查看设备告警项查看当前告警和当天内的告警信息,当设备恢复正常后,会给出恢复正常的告警信息,红色叹号也会随着消除,所有的告警信息都写入告警日志。

7）网络工具模块

SiteView NNM 集成了常用的网络诊断工具,使管理员不需要脱离本系统的操作界面,就能对一些常见的网络故障进行诊断和排除,真正做到了方便、快捷。

系统支持 Telnet 管理、支持 ping 工具、支持 traceroute 工具、支持 SNMP 检测工具,系统还能对设备的 MIB 信息进行查询。查询 MIB 信息时,提供了表格和图表两种方式查看,但是其中只有接口表信息和端口表信息提供了图表方式观察各接口端口的流量状况,如图 8-39 所示。

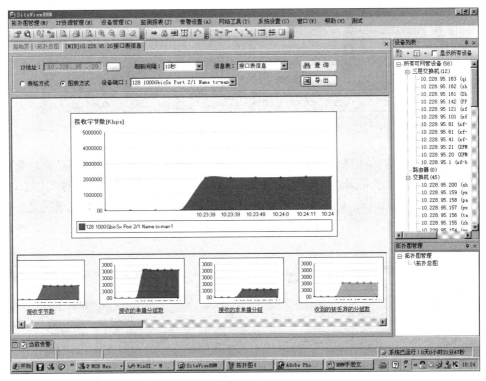

图 8-39　MIB 信息显示

8）系统设置模块

（1）用户管理。登录系统的验证。SiteView 系统在用户登录的过程中,进行用户名和密码的验证,这样可以最大限度地防止挂接密码词典的密码发生器破解用户名和密码。

① 账户的安全。SiteViewNNM 系统在运行时,将使用用户提供的账户。这些账户的用户操作权限依赖于自己所扮演的角色(如超级管理员拥有系统所有权限等),以保障被测设备的安全和历史数据不被修改、查看等。

② 用户和访问控制。首先需要说明的是只有拥有用户管理操作权限的用户才可以进入用户管理菜单对用户进行添加、修改、删除操作。用户管理模块可以对用户进行添加、禁用和修改,可以自定义角色,每个角色都限制了它可以管理的对象和进行的操作。这样用户扮演不同的角色就被赋予了不同权限。

SiteViewNNM 中拥有最高权限的超级管理员以及拥有用户管理操作权限的管理员可以为其他系统操作人员配置不同的账户和角色,对不同的角色配置不同的设备管理集合和可进行的操作,可以自定义设备集合,对设备进行分类管理,用户管理中还有相关系统的一些操作说明。不同的系统管理员用不同的用户名和密码登录系统,可对系统进行的操作权限也大相径庭,这样系统管理职责不同的人拥有不同权限,权责分明,系统管理规范化,如图 8-40 所示。

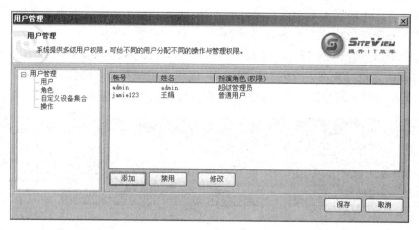

图 8-40　用户管理

(2) 日志。日志有操作日志、告警日志和扫描日志三种。其中操作日志记录的是用户对系统的所有操作,包括登录、添加、删除、修改等一切操作,并且按不同的用户写入日志,方便查询;告警日志记录是系统产生的所有告警信息以及告警恢复信息;扫描日志记录的是扫描时发现的设备以及线路信息。日志丰富且都提供了条件查询和导出为 Excel 文件功能,如图 8-41 所示。

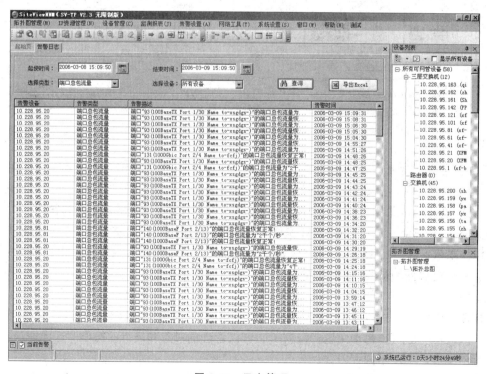

图 8-41　日志管理

9）窗口布局管理模块

SiteViewNNM 的系统界面美观大方、操作简单，如图 8-42 所示。工具栏里面功能快捷图标丰富，方便用户进行功能快捷操作。窗口右边分布有设备列表和拓扑图管理窗口，设备列表中以设备树的形式列出了所有的设备，设备可以按照不同的分类方式进行分类，设备列表中的设备右键菜单拥有和拓扑图中设备右键菜单一样的菜单项，方便对设备进行各项操作；双击设备列表中的设备可以将该设备在地图中定位，方便找出设备在地图中的位置。

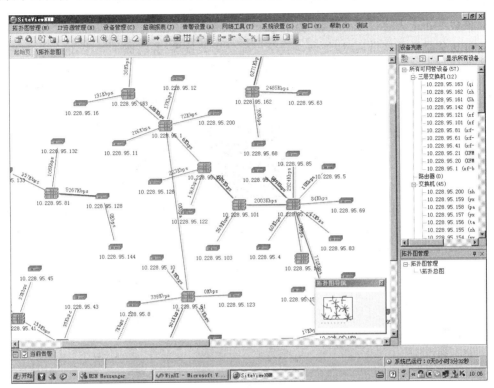

图 8-42　窗口布局管理

拓扑图管理窗口中列出了拓扑总图以及所有子图的名称，方便用户进行打开、查看、关闭等操作。系统窗口下方操作日志和当前告警浮动窗口，当有需要的时候可以进行操作日志和当前告警查看。右侧的窗口以及下方的窗口都可以固定或关闭，全部关闭时可以全屏查看地图界面部分。

本章小结

本章主要从系统集成的角度介绍了网络安全与管理使用的主要技术。要求读者掌握防火墙和网络管理的基本原理、产品特点、部署方式，并了解它们的作用及局限性，从网络安全的角度看防火墙只是在网络的边界上设立了一个检查点，它不能解决网络安全的所有问题，常用的手段还有防病毒技术，网络访问控制技术等。从网络管理的角度看，除了使用基于 SNMP 协议的管理系统外，还有其他工具可以使用。

思考与练习

1. 简述防火墙分类及技术特点。

2. 简述防火墙的常用部署的方式。

3. 简述 SNMP 协议的组成要素。

4. 从网上下载 SiteView NNM 试用版,在实验室中对一个网络环境进行管理。

5. 对 Windows 防火墙进行设置,对某一程序放行。

6. 从网上调查现在流行的防火墙产品特点及部署方式。

实践课堂

1. 完成一个个人防火墙的安装与设置。

2. 分析你熟悉的网络,在增加网络安全方面使用的技术,并写成 1500 字的报告。

附 录

参 考 文 献

[1] 魏大新,李育龙. CISCO 网络技术教程[M]. 北京：电子工业出版社,2005.

[2] 斯桃枝,李战国. 计算机网络系统集成[M]. 北京：北京大学出版社,2006.

[3] 刘化君. 网络综合布线[M]. 北京：电子工业出版社,2006.

[4] 王达. Cisco/H3C 交换机配置与管理完全手册[M]. 北京：中国水利水电出版社,2009.

[5] 赵立群. 计算机网络管理与安全[M]. 北京：清华大学出版社,2010.

[6] 王达. 路由器配置与管理完全手册[M]. 武汉：华中科技大学出版社,2011.

[7] 刘晓晓. 网络系统集成[M]. 北京：清华大学出版社,2012.

[8] 周俊杰. 计算机网络系统集成与工程设计案例教程[M]. 北京：北京大学出版社,2013.

[9] 张宜. 网络工程组网技术实用教程[M]. 北京：中国水利水电出版社,2013.

[10] 赵立群. 网络系统集成[M]. 北京：电子工业出版社,2014.

[11] 李娜,孙晓冬. 网络安全管理[M]. 北京：清华大学出版社,2014.

[12] 徐务棠. 服务器管理与维护[M]. 广州：暨南大学出版社,2014.

[13] 许克静. 计算机网络实验基础与进阶[M]. 北京：清华大学出版社,2014.

[14] 杨陟卓. 网络工程设计与系统集成[M]. 3 版. 北京：人民邮电出版社,2014.

[15] 古凌岚,石硕. 计算机网络系统集成[M]. 北京：高等教育出版社,2015.

[16] 鲁先志,唐继勇. 网络安全系统集成[M]. 北京：中国水利水电出版社,2015.

[17] 唐继勇,童均. 网络系统集成[M]. 北京：电子工业出版社,2015.

[18] 刘天华. 网络系统集成与综合布线[M]. 北京：人民邮电出版社,2016.

[19] 秦智. 网络系统集成[M]. 西安：西安电子科技大学出版社,2017.

[20] 刘晓晓. 网络系统集成[M]. 北京：清华大学出版社,2016.

[21] 吴应良,网络计算环境下信息系统的综合集成：技术、组织和管理[M]. 北京：科学出版社,2018.

[22] 刘晓辉. 王勇. 网络系统集成与工程设计[M]. 北京：科学出版社,2019.

参考网站：

[1] 中国教程网,http://bbs.jcwcn.com/.

[2] 网易学院,http://design.yesky.com.

[3] PhotoShop 联盟,http://www.uocy.cn/.

[4] 21 互联远程教育网,http://dx.21hulian.com.

[5] 敏学网,http://www.minxue.net.

[6] 百度文库,http://wenku.baidu.com.

[7] 中国领先的 IT 技术网站,http://www.51cto.com/.

[8] 赛迪网中国信息产业风向标信息化网络领航者,http://www.ccidnet.com/.

[9] 搜狐,http://www.sohu.com.

[10] 游龙科技,http://www.siteview.com.